［物理の考え方 3］

固体物理学

川畑有郷 著

朝倉書店

はしがき

文明は物質の性質をうまく生かして使うことによって成り立っている．性質といっても，いろいろな側面がある．はじめは，固いとか柔らかいとかいう機械的な性質や形に着目したのだろうが，自然にあるものを道具として使うのは，動物でもすることである．人間が動物と違うところは，自然にあるものを加工したり，さらに進んで新しい物質を作ることができる点にある．人間が最初に作った新しい物質は，おそらく青銅だろう．銅よりも強く，いろいろな用途に使われたのは周知の通りである．また，鉄でも鍛造によって性質が非常に変わるので，これも新しい物質の開発といってもよいかもしれない．鍛造の技術は日本でよく発達した．中国の豪傑たちが馬鹿馬鹿しく大きな青龍刀を振り回すのは，それが鋳造品であるために細いと折れてしまうからである．おそらく，切れ味も悪かっただろう．細身で切れ味鋭い日本刀は大いに人気があったようで中世の主要輸出品の一つであった．当時のハイテク製品といえるだろう．

後には，鉄の機械的な強さだけでなく，磁性も大いに利用されるわけだが，この点に関しても中世の日本の技術は水準が高かったようで，来日したヨーロッパ人も安来鋼（はがね）の羅針盤をほしがったとのことである．

このような伝統があるためか，近代科学の世になっても日本では鉄等の磁性の研究は世界の中でも高水準を保ってきた．その後，半導体や低温物理学でも多くの優れた研究が出たのも，この伝統があったからと考えられる．優れた研究には,「潜伏期間」が必要である．例えば，1980 年代の固体物理学の花形であったアンダーソン局在や量子ホール効果で日本の貢献が大きかったのは，1950 年代からの地道な半導体の研究の基礎があったからである．そのような伝統を受け継いでさらに発展させるには，過去の研究成果の蓄積をよく知っておかなければならない．それを学ぶうえで重要なのは，成果のどこが独創的か，ということを理解することである．ある理論や，実験的な発見がいかに独創的ですばらしいものであるかということを実感できることが，自分が独創的な成果を上げることにつながるのである．この本に限らず，本を読むときは，はじめて問題を考えた人がどのように考えて新しいことを行ったのか，ということを推察しながら読んでいただきたい．

この本で取り上げている内容には，数学的に洗練された形ができているものと，直感に頼らざるをえないものがある．後者の方は読みにくいかもしれないが，先人の苦心を読み取るにはよい題材だと思って読んでいただければよいと思う．

どんな問題でも，開拓者的な仕事は洗練されていない場合が多く，後からきれいにまとめたものの方が見栄えがする．しかし，この本では，独創性重視の立場から，実験に関してはなるべく古いものを優先した．その方が，はじめての発見の興奮が伝わってくると思うからである．

古い実験を引用する一方で，現在盛んに研究されている新しい話題も取り入れた．カーボン・ナノチューブ，パイエルス転移，2 次元電子系等である．これらは，基礎的な知識のみでかなりの部分を理解できるところがこの本にふさわしいと考えたからである．

超伝導に関しては，現象論であるギンズブルグ–ランダウの理論を紹介することにした．ミクロな理論を紹介するには多くの段階を経なければならず，無理があると思ったからである．ミクロな機構が全くわからないにもかかわらず，超伝導をほとんど正しく記述する理論を作った天才たちの頭の中をちょっとでも覗いていただきたい．

2007 年 7 月

川 畑 有 郷

目　　次

記号の説明

$e \cdots$ 電子の電荷の絶対値．電子の電荷は，$-e$

$\mathrm{e} \cdots$ 自然対数の底

$m_{\mathrm{e}} \cdots$ 真空中の電子の質量

$k_{\mathrm{B}} \cdots$ ボルツマン定数

$N_0 \cdots$ アボガドロ数

$h \equiv 2\pi\hbar$

$\Delta \cdots$ ラプラース演算子

$\varDelta A \cdots A$ の変化分

$\nabla \cdots$ 微分演算子 $\left(\dfrac{\partial}{\partial x}, \dfrac{\partial}{\partial y}, \dfrac{\partial}{\partial z}\right)$

演算子には，すべて $\hat{p}$ のように，$\hat{}$ をつける

$\displaystyle\sum_{n' \neq n}$ は，n 以外のすべての n' の値についての和を意味する

$\boldsymbol{a} \cdot \boldsymbol{b} \cdots$ ベクトルの内積

$a \equiv b$ は，b が a の定義であることを示す

$[\hat{A}, \hat{B}] \equiv \hat{A}\hat{B} - \hat{B}\hat{A}$

第1章

固体の構造と電子状態

■ 1.1　固体の分類

固体をどう分類するかは，どのような性質に着目するかによって様々である．電気的な性質に着目すれば，絶縁体と導体に大別できる．また，磁性に着目すれば，強磁性体（永久磁石になるもの）とその他に分けられる．このような性質の違いは，ほとんどの場合，固体内の電子の振舞の違いによるものである．常温における比熱のように，固体を構成する原子の運動で決まるものもあるが，その運動を決めるのは，これらの原子を結びつけている電子の振舞である．このような意味で，固体内で電子がどのように行動するか，ということを知ればその固体の性質を理解することができる．

ある固体が「どの物質であるか」というのは，それを構成する原子で決まる．鉄は鉄の原子で構成され，シリコンはシリコンの原子で構成されている．しかし，原子の種類とともに，その空間的な配置も重要である．ダイヤモンドと石墨は同じ炭素原子からなるが，前者は絶縁体で，後者は半金属と呼ばれる金属と絶縁体の中間の性質をもつ物質である．この違いは原子の配置によるものであるから，ダイヤモンドはその配置に価値があるということになる．これが金やプラチナと違うところである．

それでは，ある物質中の原子の配置が特定の構造をとることを理論的に導けるかというと，これはなかなか難しい．これを行うためには，固体全体の自由エネルギーが最低になるような構造を見つける必要がある．しかし，このような構造には非常に多くの可能性があり，そのすべてを調べるのは大変なことである．構造を小数の種類に限ったとしても，それらの自由エネルギーの差は非常に小さい場合が多く，かなりの精度の計算が必要である．また，現実に存在する物質は，必ずしも自由エネルギーが最低の原子配置をとるわけではない．上にあげた炭素の例でも，自然には2種類の構造をもつ物質が存在する．

もちろん，この問題に取り組んでいる研究者もいるわけではあるが，この本の範囲では，この問題には立ち入らず，自然が与えてくれた構造を認めて，そこでの電子の振舞を考えることにしよう．

■ 1.2 1次元固体中の電子の振舞

物理学では，固体といえば，原子が規則正しく並んでいるものをいう．ここでいう「規則正しい」とは何であるかという議論は後にして，問題の本質を理解するために，1次元の場合を考える．例えば，図1.1(a)のように，同じ種類の原子が，等間隔に並んでいれば「規則正しい」と誰でも思うだろう．

このようなモデルにおける電子の振舞を考えるのに以下の考え方がある．

1) 原子核と電子からなる電気的に中性の原子を並べる．

2) 原子核から離れた電子は，原子核が作るポテンシャル・エネルギーの中を運動する．

ここでは，まず2)の考え方からはじめよう．ただし，現実には，すべての電子をこの方法で扱うのは得策ではない．一つの原子の中でのエネルギーの低い固有状態は，固体になることであまり影響を受けず，逆に，固体の性質にも影響を与えない．したがって，各原子のこれらの状態には電子が入っていて，他

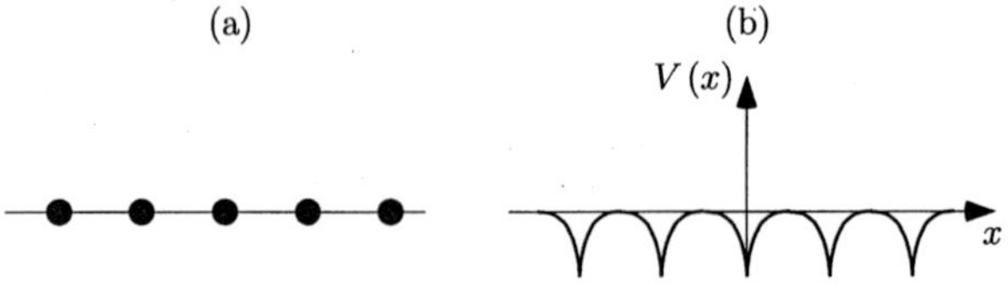

図 1.1　1次元固体のモデル
(a)の黒丸は原子を表す．(b)には，これらの原子（イオン）が作るポテンシャル・エネルギーを示す．

の電子が，これらのイオンが作るポテンシャル・エネルギーの中を運動すると考えるのが現実的である．例えば，炭素の場合には，1s にいる 2 個の電子はそのままにして，残りの 4 個の電子が 4 価のイオンが作るポテンシャル・エネルギーの中を運動すると考える*1.

■ 1.2.1　周期的ポテンシャル中での電子の運動

原子が並んでいる直線上の位置を x で表すと，イオンが作るポテンシャル $V(x)$ は図 1.1(b) のようになる．$x=0$ にある一つのイオンが作るポテンシャルを $v(x)$ として，原子が間隔 a で並んでいるとすると

$$V(x)=\sum_{l=-\infty}^{\infty} v(x-la) \tag{1.1}$$

である．以下では，このポテンシャル中での電子の振舞を議論するが，この式からわかるように

$$V(x+a)=V(x) \tag{1.2}$$

である．即ち，$V(x)$ は周期 a の周期関数である．周期的なポテンシャル中での電子の固有状態には特別な性質があり，それが固体の性質と強く結びついている．それをこれから見ていこう．なお，以下では，電子同士のクーロン相互作用は考えない．

電子の波動関数に対するシュレディンガー方程式は

$$\hat{H}\psi(x)=E\psi(x) \tag{1.3}$$

$$\hat{H}\equiv\frac{\hat{p}^2}{2m_{\rm e}}+V(x) \tag{1.4}$$

である．ここで，$m_{\rm e}$ は電子の質量，$\hat{p}\equiv -i\hbar d/dx$ は運動量演算子である．式 (1.1) では原子の列は無限に長いとしているが，いきなり無限に長い系での波動関数を求めるのは規格化に関していささか面倒な議論が必要である．そこで，ここでは，長さ L の系を考えて，波動関数にいわゆる周期的境界条件

---

*1　実際には，電子同士のクーロン相互作用をどう取り扱うかが重要な問題であるが，ここでは議論しないことにする．

$$\psi(x+L) = \psi(x) \tag{1.5}$$

を課すことにする．ただし，L は a に比べて十分に長く，$N \equiv L/a$ は整数であるとする．

まず，ポテンシャルがないとしたときの電子の固有状態の波動関数は

$$\psi_k(x) = \frac{1}{\sqrt{L}} e^{ikx} \tag{1.6}$$

であり，境界条件 (式 (1.5)) から

$$k = \frac{2\pi m}{L}, \quad (m = 0, \pm 1, \pm 2, \cdots) \tag{1.7}$$

である．

次に，周期的なポテンシャル・エネルギー中での固有波動関数は，同じ周期をもつ周期関数 $u(x)$ によって

$$\psi(x) = \frac{1}{\sqrt{L}} e^{ikx} u(x) \tag{1.8}$$

の形に書けることを示そう．

1.2.2 ブロッホの定理とブロッホ関数

演算子 $\hat{T}_a$ を，任意の関数 $f(x)$ に対して

$$\hat{T}_a f(x) = f(x+a) \tag{1.9}$$

という変換を行う演算子とする（並進演算子）．具体的には

$$\hat{T}_a = \exp\left\{ a \frac{d}{dx} \right\} \tag{1.10}$$

である（付録 A 参照）．ハミルトニアンはこの変換に関して不変であり $\hat{T}_a$ とは交換するので，固有状態は $\hat{T}_a$ の固有状態でもあるようにとることができる[1)]．その固有値を τ とすると

$$\hat{T}_a \psi(x) = \psi(x+a) = \tau \psi(x) \tag{1.11}$$

である．これから，式 (1.5) は

$$\psi(x+Na)=\tau^N\psi(x)=\psi(x) \tag{1.12}$$

となる．したがって，$\tau^N=1$ であるから

$$\tau = \mathrm{e}^{i\alpha} \tag{1.13}$$

$$\alpha=\frac{2\pi m}{N}, \quad (m=-\frac{N}{2}+1,-\frac{N}{2}+2,\cdots,\frac{N}{2}) \tag{1.14}$$

でなければならないことがわかる（N は偶数とする）．ここで，m の値を上の範囲に制限するのは，m を N の整数倍だけずらしても τ の値は同じになるからである．

そこで，$k=\alpha/a$ とすれば，式 (1.7) の条件を満たすので，波動関数を式 (1.8) の形に書くと，式 (1.13) を使えば，式 (1.11) の 2 番目の等式は

$$\mathrm{e}^{i(kx+\alpha)}u(x+a)=\tau\mathrm{e}^{ikx}u(x+a)=\tau\mathrm{e}^{ikx}u(x) \tag{1.15}$$

となって，$u(x)$ は周期関数でなければならないことがわかる．式 (1.8) のような波動関数を**ブロッホ関数**，この関数で表される固有状態を**ブロッホ状態**と呼ぶ．また，周期ポテンシャル中では固有状態の波動関数をブロッホ関数の形にとれることを**ブロッホの定理**と呼ぶ[*1]．

ここで注意すべきことは，上の議論によれば，k の値は，$-\pi/a<k\leq\pi/a$ の範囲にあることである．一方，ポテンシャル・エネルギーが 0 の極限では，固有波動関数は式 (1.6) のようになり，k は式 (1.7) で表されて範囲に制限はないはずである．これらは一見矛盾するようであるが，以下のように考えればよい．

整数 ν に対して

$$G_\nu \equiv \frac{2\pi\nu}{a} \tag{1.16}$$

と定義すると，式 (1.6) の k がどのような値であっても，$-\pi/a<k-G_\nu\leq\pi/a$ となるような ν が一つ存在する．したがって，$k'\equiv k-G_\nu$ として

[*1] ただし，これ以外の形はありえないというのではない．違う k をもつ固有状態が縮退していれば，それらの線形結合も固有状態ではあるが，一般に ブロッホ関数の形にはならない．ハミルトニアンの固有状態は必ずしも $\hat{T}_a$ の固有状態である必要はないのである．

$$u(x) = u_\nu(x) \equiv \mathrm{e}^{iG_\nu x} \tag{1.17}$$

とすれば $u(x)$ は周期関数であり，式 (1.6) の波動関数は，式 (1.8) で k を k' とした形に書くことができる．

これは，単なる書き換えではあるが，周期的なポテンシャル・エネルギーの中の電子の固有状態を議論する出発点として非常に有用であるので，ポテンシャル・エネルギーが 0 の極限の固有波動関数を

$$\psi_{\nu k}(x) = \frac{1}{\sqrt{L}}\mathrm{e}^{ikx}u_\nu(x), \quad (-\frac{\pi}{a} < k \leq \frac{\pi}{a}) \tag{1.18}$$

と書くことにしよう．この状態の固有エネルギーは

$$\varepsilon_\nu(k) = \frac{\hbar^2(k+G_\nu)^2}{2m_\mathrm{e}} \tag{1.19}$$

である．図 1.2 にその様子を示す．

以上のように，周期的なポテンシャル・エネルギーの中では，波数を $-\pi/a + G_\nu < k \leq \pi/a + G_\nu$ の範囲に区切って考えると便利であり，この区間を**ブリユアン・ゾーン**と呼ぶ．特に，$\nu = 0$ のものを，**第 1 ブリユアン・ゾーン**と呼ぶ．

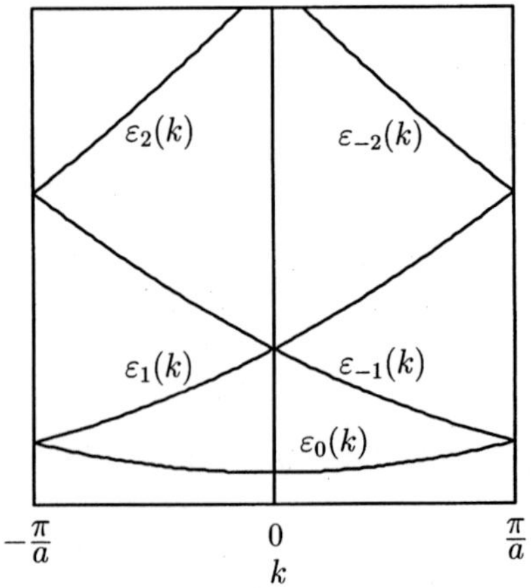

図 1.2 周期的なポテンシャル・エネルギーが 0 の極限での電子の固有エネルギー

■ 1.2.3　摂動論による固有エネルギーと波動関数

次に，ポテンシャル・エネルギー $V(x)$ が 0 でない場合の固有状態を摂動論で議論しよう．そのためには，式 (1.18) の波動関数の間の $V(x)$ の行列要素を計算しておく必要がある．行列要素は

$$\begin{aligned}\langle \nu' k'|V|\nu k\rangle &\equiv \int_0^L \psi^*_{\nu k'}(x)V(x)\psi_{\nu k}(x)dx \\ &= \frac{1}{L}\int_0^L \mathrm{e}^{i(k-k')x}u^*_{\nu'}(x)V(x)u_\nu(x)dx \end{aligned} \tag{1.20}$$

で与えられるが，$V(x)$ と $u_{\nu'}(x)$，$u_\nu(x)$ が周期 a の周期関数であることから，右辺の積分を a ずつの間隔に区切っていくと

$$\langle \nu' k'|V|\nu k\rangle = F(k',k)\int_0^a \mathrm{e}^{i(k-k')x}u^*_{\nu'}(x)V(x)u_\nu(x)dx \tag{1.21}$$

$$F(k',k) \equiv \frac{1}{L}\sum_{l=0}^{N-1}\mathrm{e}^{i(k-k')la} \tag{1.22}$$

となる．この式の $F(k',k)$ の右辺は等比級数であるから簡単に計算できる．$\mathrm{e}^{i(k-k')a} \neq 1$ の場合には

$$F(k',k) = \frac{1}{L}\frac{1-\mathrm{e}^{i(k-k')Na}}{1-\mathrm{e}^{i(k-k')a}} \tag{1.23}$$

となるが，式 (1.7) に従って $k = 2\pi m/L$，$k' = 2\pi m'/L$ と書くと，$Na = L$ から，$(k-k')Na = 2\pi(m-m')$ となり，右辺は 0 である．

$\mathrm{e}^{i(k-k')a} = 1$ の場合には，当然

$$F(k',k) = \frac{N}{L} = \frac{1}{a} \tag{1.24}$$

であるが，k'，k は第 1 ブリユアン・ゾーンにあるので，こうなるのは $k' = k$ の場合のみである．したがって

$$\langle \nu' k'|V|\nu k\rangle = \begin{cases} 0, & (k' \neq k) \\ V_{\nu',\nu}, & (k' = k) \end{cases} \tag{1.25}$$

$$V_{\nu',\nu} \equiv \frac{1}{a}\int_0^a u^*_{\nu'}(x)V(x)u_\nu(x)dx \tag{1.26}$$

であることがわかる．このように，$V(x)$ の行列要素が $k \neq k'$ の場合は 0 であるのが周期的なポテンシャル・エネルギーの特殊性である．

この結果，$V(x)$ の中で運動する電子の固有状態の波動関数を，式 (1.18) を第 0 近似として 1 次の摂動で計算すると

$$\psi_{\nu k}^{(1)}(x) = \frac{\mathrm{e}^{ikx}}{\sqrt{L}}\left[u_\nu(x) + {\sum_{\nu'=-\infty}^{\infty}}' \frac{u_{\nu'}(x)V_{\nu',\nu}}{\varepsilon_\nu(k) - \varepsilon_{\nu'}(k)}\right] \tag{1.27}$$

となる（$\sum'$ は，$\nu' = \nu$ を除くことを意味する）．また，この状態の固有エネルギーは

$$E(k) = \varepsilon_\nu(k) + {\sum_{\nu'=-\infty}^{\infty}}' \frac{|V_{\nu',\nu}|^2}{\varepsilon_\nu(k) - \varepsilon_{\nu'}(k)} \tag{1.28}$$

で与えられる．

式 (1.27) の右辺の [　] の中身が周期 a の周期関数になっているのは，当然である．

■ 1.2.4　摂動論が使えない場合

ポテンシャル・エネルギー $V(x)$ が十分に弱い場合には，摂動論はよい近似になっているかというと，必ずしもそうではない．式 (1.27)，(1.28) の ν' に関する和の中で，分母が非常に小さくなる項があれば摂動による補正が大きくなり，近似はよいとはいえない．そのような場合とは，図 1.2 からわかるように，k が 0 またはブリユアン・ゾーンの端に近い場合である．このような k に対しては，縮退のある場合の摂動論を使わなくてはならない[2)]．

例えば，$k \approx \pi/a$ では，式 (1.19) から明らかなように，$\varepsilon_{\nu-1}(k)$ と $\varepsilon_{-\nu}(k)$ は非常に近くなる．したがって，これらに近いエネルギーをもつ固有状態を求めるためには，0 次近似の波動関数を

$$\psi(x) = \frac{\mathrm{e}^{ikx}}{\sqrt{L}}\{c_1 u_{\nu-1}(x) + c_2 u_{-\nu}(x)\} \tag{1.29}$$

とおいて，方程式

$$\begin{pmatrix} \varepsilon_{\nu-1}(k) & V_{\nu-1,-\nu} \\ V_{-\nu,\nu-1} & \varepsilon_{-\nu}(k) \end{pmatrix}\begin{pmatrix} c_1 \\ c_2 \end{pmatrix} = E\begin{pmatrix} c_1 \\ c_2 \end{pmatrix} \tag{1.30}$$

を解かなければならない．

固有エネルギーは，固有値方程式

$$\begin{vmatrix} \varepsilon_{\nu-1}(k)-E & V_{\nu-1,-\nu} \\ V_{-\nu,\nu-1} & \varepsilon_{-\nu}(k)-E \end{vmatrix} = 0 \tag{1.31}$$

を解けば

$$\begin{aligned} E = E_{\pm}(k) \equiv \frac{1}{2}\Big\{&\varepsilon_{\nu-1}(k)+\varepsilon_{-\nu}(k) \\ &\pm\sqrt{(\varepsilon_{\nu-1}(k)-\varepsilon_{-\nu}(k))^2+4|V_{\nu-1,-\nu}|^2}\Big\} \end{aligned} \tag{1.32}$$

で与えられることは容易にわかる（複号同順）．

まず，$k=\pi/a$ の場合は，$\varepsilon_{\nu-1}(k)=\varepsilon_{-\nu}(k)$ であるから

$$E_{\pm}(k)=\varepsilon_{\nu-1}(k)\mp|V_{\nu-1,-\nu}| \tag{1.33}$$

となる．即ち，縮退していたエネルギーが，ポテンシャル·エネルギーのために分裂することがわかる．k が π/a から離れていって，$\varepsilon_{-\nu}(k)-\varepsilon_{\nu-1}(k) \gg |V_{\nu-1,-\nu}|$ となれば，$E_+(k)\approx\varepsilon_{-\nu}(k)$，$E_-(k)\approx\varepsilon_{\nu-1}(k)$ となることも簡単にわかる．

このようなことは，k が 0 または $-\pi/a$ に近いところでも起こるので，周期

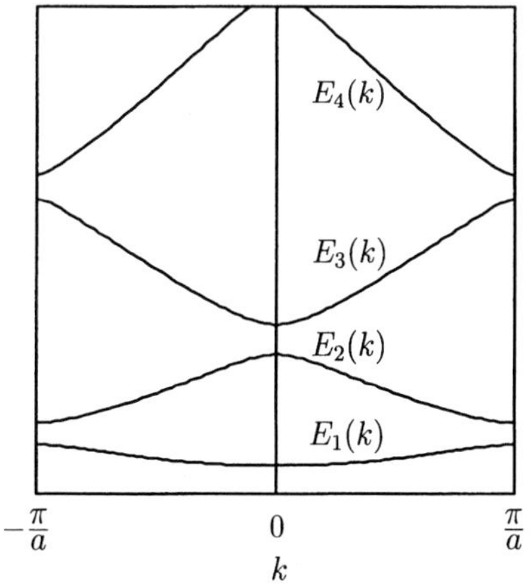

図 1.3 周期的ポテンシャル中の電子の固有エネルギー（エネルギー・バンド構造）

的なポテンシャル・エネルギーの中の電子の固有エネルギーは，図 1.3 のようになる．図に示してあるような，一つの曲線上にある固有エネルギーの集合を**エネルギー・バンド**と呼ぶ．これらのエネルギー・バンドに低い順から，$E_1(k)$, $E_2(k)$, $\cdots$ と番号をつけておく．図 1.2 の $\varepsilon_\nu(k)$ とは必ずしも対応していない点に注意していただきたい．

波動関数についていえば，$k=\pi/a$ の場合には，式 (1.30) を解いて

$$\psi_{k\pm}(x)=\frac{\mathrm{e}^{ikx}}{\sqrt{2L}}\{u_{\nu-1}(x)\mp u_{-\nu}(x)\} \tag{1.34}$$

を得る．ただし，右辺の $\mp$ については仮定が必要で，ここでは $V_{\nu-1,-\nu}$ は負の実数としている（章末問題 (1)）．

なお，$k=\pi/a$ での $\psi_{\nu-1k}(x)$，$\psi_{-\nu k}(x)$ は，$k=-\pi/a$ での $\psi_{\nu k}(x)$，$\psi_{1-\nu k}(x)$ とそれぞれ同じものであるから，摂動論によって得られる固有波動関数も同じものである．これは，摂動論によらなくともいえることである．

1.2.5 エネルギー・バンド

ここまでは摂動論で問題を考えてきたが，1.2.2 項で示したように，周期的なポテンシャル・エネルギーの中では固有波動関数が式 (1.8) のように書けることはポテンシャル・エネルギーの強さによらないことであるし，摂動論がよい近似でない場合でも固有エネルギーがだいたい図 1.3 のようになることも，以下のような議論から理解できる．

固有波動関数を式 (1.8) のようにおけば，シュレディンガー方程式（式 (1.3)）から，$u(x)$ に関する方程式

$$\left[\frac{(k+\hat{p})^2}{2m_\mathrm{e}}+V(x)\right]u(x)=Eu(x) \tag{1.35}$$

を得る．この方程式を境界条件 $u(x+a)=u(x)$ のもとで解けば，一般には無限個の解を得る．これらの解を区別する量子数を n として，固有エネルギーを $E_n(k)$ と書く．1 次元の問題では一般にはエネルギーの縮退はないので，固有エネルギーの小さい順に $n=1,2,3,\cdots$ とすれば，$V(x)$ が十分弱い場合には $E_n(k)$ は摂動論の結果と一致して図 1.3 のようになるはずである．$V(x)$ をあ

る程度強くしていっても，$E_n(k)$ が連続的に変わるとすれば，基本的な様子は変わらないと考えられる．なお，n を**バンド指数**と呼ぶ．

波動関数に関しては，$u(x)$ も n と k に依存するので，これを $u_{nk}(x)$ と書いて，固有波動関数を

$$\psi_{nk}(x) \equiv \frac{1}{\sqrt{L}} \mathrm{e}^{ikx} u_{nk}(x) \tag{1.36}$$

と書くことにする．

以上のように，固有エネルギーがエネルギー・バンドをなすのが周期的なポテンシャル・エネルギーの中の電子の特徴であり，以下に見るように，その構造と電子がどのようにエネルギー・バンド中の状態を占めるかによって物質の性質が決まっているのである．

図 1.3 では，あるエネルギーの領域（例えば，$E_1(\pi/a) < E < E_2(\pi/a)$，あるいは，$E_2(0) < E < E_3(0)$ の範囲）には固有エネルギーが存在しない．このような領域を**バンド・ギャップ**または**エネルギー・ギャップ**と呼ぶ．バンド・ギャップの存在は，個体の性質を決める要素として非常に重要である．

現実の固体のエネルギー・バンドの構造を細部まで実験によって求めるのは難しいが，例えば，バンド・ギャップの大きさは，光の吸収によって測定することができる．詳しいことは，第 5 章で説明する．

■ 1.3 クロニッヒ–ペニーモデル

1.2 節での考察で，エネルギー・バンド構造のだいたいの様子を知ることができた．これを具体的なモデルに関して計算してみたいところであるが，すべてを解析的に計算できるようなモデルは存在しない．その中で，かなりのところまで解析的な取扱いが可能なのがクロニッヒ（Kronig）とペニー（Penney）が考えたモデルである．即ち，式 (1.1) の $v(x)$ を

$$v(x) = \begin{cases} -U_0, & (|x| \le b) \\ 0, & (b < |x|) \end{cases} \tag{1.37}$$

のような井戸型ポテンシャルとする．ただし，$b < a/2$，$0 < U_0$ である．ここでは，以後 $b = a/4$ とすると，周期ポテンシャル $V(x)$ は図 1.4 のようになる．

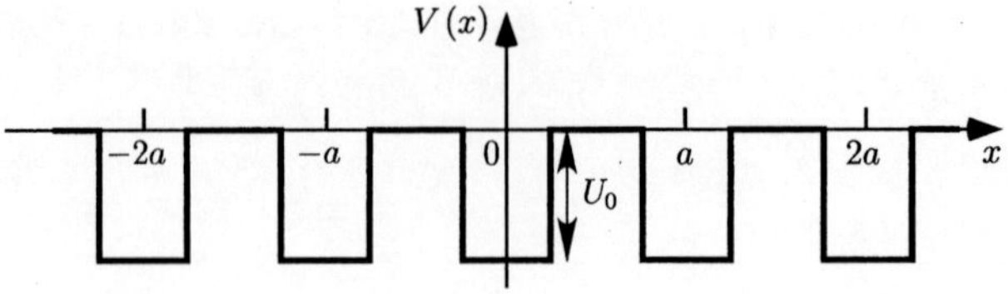

図 1.4 クロニッヒ–ペニーモデルのポテンシャル・エネルギー

計算の方針は簡単である．固有波動関数を式 (1.8) のように書けば，$u(x)$ に関する方程式は式 (1.35) のようになる．$-a/2 < x < -a/4$，$-a/4 < x < a/4$，$a/4 < x < a/2$ の各区間内では，ポテンシャル・エネルギーは一定であるから一般解は簡単に求められるので，それを各区間の境界（$x = -a/2$ と $x = a/2$ も含む）で滑らかにつなぐことによって解を求めることができる．計算は難しくはないが，面倒である．結局，エネルギーと k の関係は

$$\cos ak = F_{\mathrm{KP}}(E) \equiv \cos\frac{aq}{2}\cos\frac{aQ}{2} - \frac{Q^2+q^2}{2qQ}\sin\frac{aq}{2}\sin\frac{aQ}{2} \tag{1.38}$$

$$q \equiv \frac{\sqrt{2m_{\mathrm{e}}E}}{\hbar}, \quad Q \equiv \frac{\sqrt{2m_{\mathrm{e}}(E+U_0)}}{\hbar} \tag{1.39}$$

を解くことによって与えられることがわかる（章末問題 (3)）．なお，この式は，E が負の場合にも成り立つ．

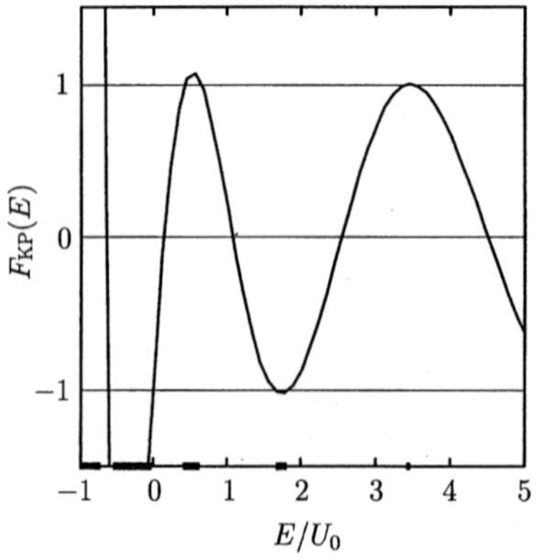

図 1.5 関数 $F_{\mathrm{KP}}(E)$
$U_0 = 20\hbar^2/(m_{\mathrm{e}}a^2)$ としてある．

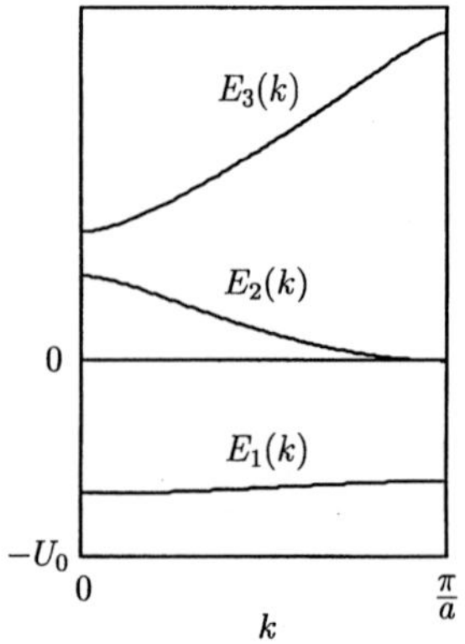

図 1.6 クロニッヒ–ペニーモデルのエネルギー・バンド構造

図 1.5 に関数 $F_{\mathrm{KP}}(E)$ を E の関数として示す．k を与えると，解は無限個あるが，これらが $E_n(k)$ である．また，$1 < |F_{\mathrm{KP}}(E)|$ の範囲（図の E 軸の太線部分）には解が存在しないのでバンド・ギャップとなっている．図 1.6 に，式 (1.38) を解いて得られたエネルギー・バンド構造を示す．

■ 1.4 エネルギー・バンドと固体の性質

エネルギー・バンドの構造は固体の性質を決める重要な要素であるが，それとともに，電子の数（原子当たり）も重要な要素である．

まず，一つのエネルギー・バンドに何個の電子が入れるかを考えよう．図 1.3 では k の値は連続的であるように描かれているが，実は，式 (1.7) のような $2\pi/L$ ごとのとびとびの値をとる．そこで，ブリユアン・ゾーン（以後，特に断らない限り，第 1 ブリユアン・ゾーンのこととする）内のすべての k の値についてある関数 $F(k)$ の和をとることを

$$\sum_k F(k) \equiv \begin{cases} \displaystyle\sum_{m=-N/2}^{N/2-1} F\left(\frac{2\pi m}{L}\right), & (N \text{ が偶数}) \\ \displaystyle\sum_{m=-(N-1)/2}^{(N-1)/2} F\left(\frac{2\pi m}{L}\right), & (N \text{ が奇数}) \end{cases} \tag{1.40}$$

と書くことにする．L が十分に大きい場合には

$$\sum_k F(k) = \frac{L}{2\pi}\int_{-\frac{\pi}{a}}^{\frac{\pi}{a}} F(k)dk \tag{1.41}$$

と置き換えられる．

式 (1.40) から，一つのエネルギー・バンドに属する固有状態の総数は

$$\sum_k 1 = N \tag{1.42}$$

で，原子の数と同じである．一つの k をもつ状態には，スピンの向きを考慮すると，パウリ原理により 2 個までの電子が入ることができる．したがって，一つのエネルギー・バンドには全部で $2N$ 個の電子を収容できる．

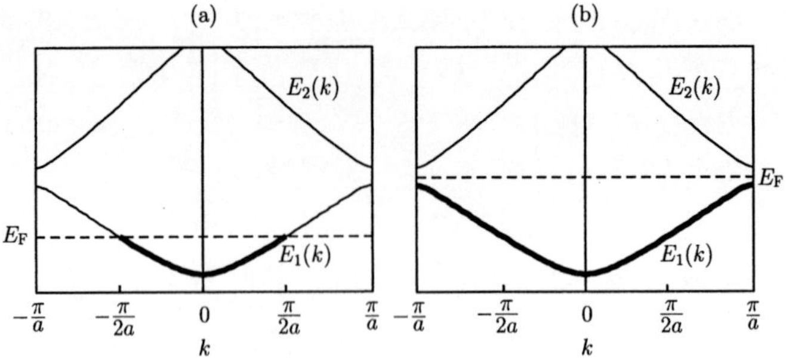

図 1.7　(a) 金属におけるエネルギー・バンドの電子の占有．電子が占めている状態は，太線で表している．(b) 絶縁体の場合

まず，電子が原子当たり 1 個の場合を考える．絶対零度では，電子は全エネルギーが一番低くなるような状態に入らなければならないから，図 1.7(a) のように $-\pi/2a \le k < \pi/2a$ の範囲，エネルギーでいえば E_{F} よりもエネルギーの低い状態を電子が占める．ここでの E_{F}，即ち，電子が占める状態の中でエネルギーが一番大きいものを**フェルミ準位**，そのエネルギーを**フェルミ・エネルギー**と呼ぶ[*1]．

このように，フェルミ・エネルギーがあるエネルギー・バンドの中にある場合は，この固体は金属である[*2]．電気伝導は第 6 章で詳しく議論するので，ここでは，なぜこのような固体は金属であるのかを簡単に説明しよう．

電気抵抗が有限であるということは，固体の両端に電位差を与えた場合にそれに比例した電流が流れるということである．電位差の代わりに，一様な電場 E を加えたと考えてもよい．これによって引き起こされる電流を考えるが，付録 B で示すように，量子数 (n, k) の状態にいる電子が運ぶ電流は

$$I_{nk} = -ev_n(k) \tag{1.43}$$

$$v_n(x) \equiv \frac{dE_n(k)}{\hbar dk} \tag{1.44}$$

で与えられる．ここで，e は電子の電荷の絶対値であり，$v_n(x)$ は**群速度**と呼ばれる．

---

*1　絶縁体のフェルミ・エネルギーは，バンド・ギャップの間にある．第 4 章の 4.3.2 項を参照．

*2　ここでは，絶対零度で電気抵抗が有限である物質を金属と呼ぶ．最近は，いろいろな物質が現れたため，一般に，金属という言葉の定義は明確ではない．

周期ポテンシャル $V(x)$ がない場合には，電子は電場によって加速されるが，$V(x)$ が十分に弱い場合には ブリユアン・ゾーンの端の状態以外では，電子の固有状態は $V(x)$ のない場合に近いので，やはり電場によって加速されると考えられる．今，状態 (n,k) にいる電子（正確にいうと，波束）が，短い時間 Δt の間に加速されて k が Δk だけ増加したとする．この間に波束が移動した距離を Δx とすると，電子は電場から $-eE\Delta x$ のエネルギーを得るので

$$-eE\Delta x = E_n(k+\Delta k) - E_n(k) = \Delta k\frac{dE_n(k)}{dk} \tag{1.45}$$

である．一方，付録 B で述べるように，群速度は波束の速度であるから

$$\Delta x = \Delta t\, v_n(k) \tag{1.46}$$

である．したがって，式 (1.44)，(1.45) から，$\Delta k \to 0$ の極限で

$$\frac{dk}{dt} = -\frac{eE}{\hbar} \tag{1.47}$$

を得る．

これは，**加速方程式**と呼ばれておりよく使われる．上の議論では，これは周期ポテンシャルが強くても成り立ちそうに見えるが，その証明は厳密とはいいがたい．というのは，バンド間遷移（他のエネルギー・バンドへの遷移）が無視されているからである．しかし，ここではこれを認めるとすると，時間 Δt の間にすべての電子は (n,k) の状態から $(n,k+\Delta k)$ の状態へ移る．ただし，$\Delta k = -eE\Delta t/\hbar$ である．したがって，電場を加える前は電子の占めている状態が図 1.7(a) のようであるとすれば，時間 Δt の後には図 1.8 のようになる．

この状態が運ぶ電流は，式 (1.43) から

$$I = -e\int_{-\frac{\pi}{2a}+\Delta k}^{\frac{\pi}{2a}+\Delta k} v_1(k)\frac{dk}{2\pi} \tag{1.48}$$

である．ここで，$E>0$ で $\Delta k<0$ とすると，この式は

$$I = -e\int_{-\frac{\pi}{2a}-|\Delta k|}^{-\frac{\pi}{2a}} v_1(k)\frac{dk}{2\pi}$$

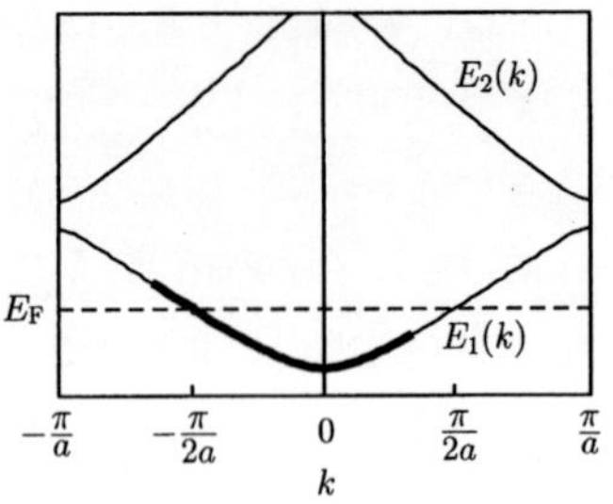

図 1.8 電場を加えたときに電子が占めている状態

$$-e\int_{-\frac{\pi}{2a}}^{\frac{\pi}{2a}} v_1(k)\frac{dk}{2\pi} - e\int_{\frac{\pi}{2a}}^{\frac{\pi}{2a}-|\Delta k|} v_1(k)\frac{dk}{2\pi} \tag{1.49}$$

と書ける．$v_1(-k) = -v_1(k)$ であるとすると，この第 2 項は 0 となるので，$|\Delta k|$ が十分小さいとすれば

$$\begin{aligned} I &= -ev_1\left(-\frac{\pi}{2a}\right)\frac{|\Delta k|}{2\pi} + ev_1\left(\frac{\pi}{2a}\right)\frac{|\Delta k|}{2\pi} \\ &= e^2Ev_1\left(\frac{\pi}{2a}\right)\frac{\Delta t}{\pi\hbar} \end{aligned} \tag{1.50}$$

である．

このように，電子が占めている状態が図 1.7(a) のようであれば，これに電場を加えることにより，電場に比例した電流が流れることがわかる．即ち，この固体は金属であることがわかる．ただし，式 (1.50) を見ると，電流は時間とともに増大するが，これは，電気抵抗が 0 であることを示している．実際，時間 Δt の間だけ試料に電場を加えるとすると，電場を切った後は各電子のいる状態は固有状態であり，図 1.8 の電子の分布はそのまま保たれるので，電流は変化しない．電気抵抗が 0 でなければ，このようなことはありえない．

古典力学の範囲では，電子は原子に散乱されて運動量が保存しないので電流が減衰して有限の電気抵抗を生じる．しかし，このような考えに基づいて計算を行うと，測定値より非常に大きい値を与えてしまう．規則正しく並んだ原子による散乱が電気抵抗に寄与しないのは，散乱の干渉の効果であり，これを示したのはブロッホの理論の大きな功績の一つである．

現実の試料では，格子振動（第 3 章で説明する）や不純物による散乱によって電流を減らそうとする機構が働き，電流は一定の値に落ち着く．詳しいことは第 6 章で説明する．

なお，式 (1.50) からわかるように，電流を運んでいるのはフェルミ準位近くの電子のみであることをおぼえておいていただきたい．

次に，電子が各原子当たり 2 個ずつある場合を考える．この場合には，式 (1.42) の前後の説明からわかるように，基底状態では，電子は $(1,k)$ の状態をすべて占めている（図 1.7(b)）．

この場合にも，金属の場合と同様に，電場中では時間 Δt の間に (n,k) の状態にいた電子は $(n,k+\Delta k)$ の状態に移る．しかし，全体として見れば，電子が占めている状態は依然として図 1.7(b) のままである[*1]．したがって，電流は流れないので，この固体は絶縁体である．

以上のように，金属と絶縁体の区別は，エネルギー・バンドを電子がどのように占めているか，ということによって決まることがわかった．原子当たりの電子数が多い場合でも，電子がいくつかのエネルギー・バンドを完全に占めていて，中途まで占めているエネルギー・バンドがない場合にはその固体は絶縁体であることは容易にわかる．そうでない固体は金属である．

■ 1.5 ブロッホ関数とワニア関数

1.4 節では，イオンが作るポテンシャルの中を電子が運動する，という考え方に基づいて固体中の電子の振舞を議論した．これとは別に，固体は中性原子を並べたものである，という考え方も可能である．実は，これらの考え方は相反するものではないので，それを以下に示そう．

■ 1.5.1 ワニア関数

まず，式 (1.36) に示されているブロッホ関数をもとにして，ワニア関数 $W(x)$ を

---

*1 1.2.4 項で示したように，同じエネルギー・バンドの $k=\pm\pi/a$ の状態は同じものである．したがって，加速によって k が $\pm\pi/a$ に達した場合には，$\mp\pi/a$ に飛び移る．

$$W_n(x) \equiv \frac{1}{\sqrt{N}} \sum_k \psi_{nk}(x) \tag{1.51}$$

のように定義する．なお，$\sum_k$ は，式 (1.40) で定義されている．ワニア関数には，次の三つの性質があることを示すことができる．即ち，直交性

$$\int_0^L W_n^*(x - la) W_{n'}(x - l'a) dx = \delta_{l,l'} \delta_{n,n'} \tag{1.52}$$

完全性

$$\sum_{l=1}^{N} \sum_{n=1}^{\infty} W_n^*(x - la) W_n(x' - la) = \delta(x - x') \tag{1.53}$$

および逆変換

$$\psi_{nk}(x) = \frac{1}{\sqrt{N}} \sum_l \mathrm{e}^{ikla} W_n(x - la) \tag{1.54}$$

である．これらの関係の証明は，章末問題とする．

■ 1.5.2 ワニア関数の性質

ワニア関数の性質をしらべるために，ここでは，以下のような極端な場合を考える．

図 1.1 で，1 個の原子のポテンシャル・エネルギー $v(x)$ が十分に深く，原子が孤立している場合に束縛状態（波動関数を $\phi_{\mathrm{b}}(x)$ と書く）が存在するとする．また，原子間の間隔が $\phi_{\mathrm{b}}(x)$ および $v(x)$ の広がりよりも十分に大きく，$\phi_{\mathrm{b}}(x)$ と $v(x \pm a)$ の積が無視できるとすれば，$\phi_{\mathrm{b}}(x)$ は固有波動関数のよい近似である．したがって，これらの任意の線形結合

$$\psi(x) = \sum_{l=-\infty}^{\infty} C_l \phi_{\mathrm{b}}(x - la) \tag{1.55}$$

も固有波動関数のよい近似になっている．ここで，原子があるのは，$x = a, 2a, \cdots, Na$ の上であるから，この式の l についての和は $l = 1$ から N までとるべきであるが，x が $0 \leq x < L$ の範囲にあれば，$l \leq 0$ および $N < l$ の寄与はほとんど 0 である．和をこのようにとるのは，この方が後の議論が簡単になるからである．

この波動関数がブロッホ関数の条件（式 (1.11)）を満たすための条件を導こう．上の式から

$$\psi(x+a) = \sum_{l=-\infty}^{\infty} C_l \phi_{\mathrm{b}}(x+a-la) = \sum_{l=-\infty}^{\infty} C_{l+1} \phi_{\mathrm{b}}(x-la) \qquad (1.56)$$

となる．したがって，これが式 (1.11) を満たすためには

$$C_{l+1} = \mathrm{e}^{ika} C_l \qquad (1.57)$$

でなければならない．そのためには，$C_l = \mathrm{e}^{ikal}/\sqrt{N}$ であればよい．即ち，これから得られる波動関数を $\psi_k(x)$ と書くと

$$\psi_k(x) = \frac{1}{\sqrt{N}} \sum_{l=-\infty}^{\infty} \mathrm{e}^{ikal} \phi_{\mathrm{b}}(x-la) \qquad (1.58)$$

である．この式と式 (1.54) を見比べてみると，今の近似の範囲では，$\phi_{\mathrm{b}}(x)$ はワニア関数とみなせることがわかる．

このように，原子同士が十分に離れている場合には，ワニア関数は，孤立原子の波動関数に近く，一つの原子核の近くでのみ大きい値をもつ．別の束縛状態があれば，同様にして近似的なブロッホ関数を作ることができて，別のエネルギー・バンドを作れる．

逆に，原子核の作るポテンシャルが弱く，原子間の距離が波動関数の広がりよりも小さい場合はどうだろうか．極端な場合として，ポテンシャルが 0 の場合を考えよう．一番低いエネルギー・バンドの波動関数は

$$\psi_{1k}(x) = \frac{1}{\sqrt{L}} \mathrm{e}^{ikx} \qquad (1.59)$$

であり，式 (1.51) から

$$W_1(x) = \frac{\sqrt{a}}{\pi x} \sin \frac{\pi}{a} x \qquad (1.60)$$

となる．図 1.9 に示したように，この関数は $x = a$ で 0 となり遠方では小さくなるが，孤立した原子の束縛状態（そもそも，存在しないのだが）とは異なるものである．

以上のように，ワニア関数は，原子核の作るポテンシャルが強く，孤立原子

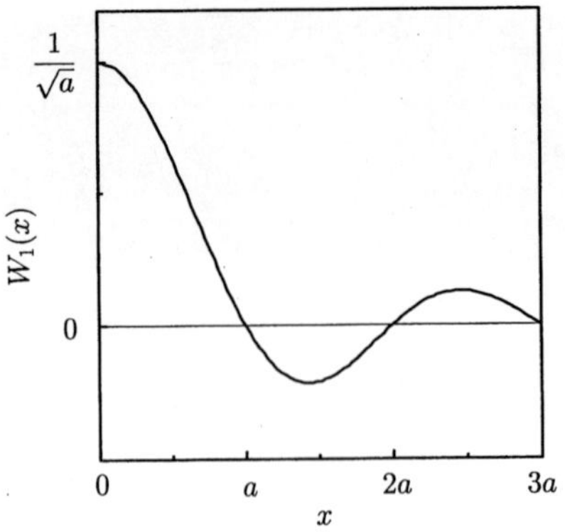

図 1.9 ポテンシャルが弱い場合のワニア関数

の束縛状態の波動関数の広がりが原子間距離に比べて十分に小さい場合には，それとほぼ等しいものになる．このような場合には，次に示すように，ワニア関数を使って電子の運動を議論すると便利である．孤立原子の波動関数の広がりは，固有状態によって異なり，一般に，エネルギーの高い固有状態の波動関数は広がっている．したがって，ワニア関数を使うのが便利であるかどうかは，各エネルギー・バンドによって異なる．

■ 1.6 タイト・バインディング近似

ワニア関数は完全直交系をなすので，ハミルトニアンをワニア関数を基底とした行列で表すことができる．この行列を，$t_{n'l',nl}$ と書くと

$$t_{n'l',nl} \equiv \int_0^L W_{n'}^*(x-l'a)\hat{H}W_n(x-la)dx \tag{1.61}$$

である．ここで，$\hat{H}$ は，式 (1.4) で与えられる．また

$$t_{n'l',nl} = 0, \quad (n' \neq n) \tag{1.62}$$

であることに注意していただきたい．これは，式 (1.51) と $\psi_{nk}(x)$ の直交性から簡単に示すことができる（章末問題参照）．

この場合に，ブロッホ関数（式 (1.54)）

$$\psi_{nk}(x) = \frac{1}{\sqrt{N}} \sum_{l} \mathrm{e}^{ikla} W_n(x - la) \tag{1.63}$$

はハミルトニアンの固有波動関数であるから，固有エネルギーは，ハミルトニアンの期待値である．即ち

$$\begin{aligned} E_n(k) &= \int_0^L \psi_{nk}^*(x) \hat{H} \psi_{nk}(x)\, dx \\ &= \frac{1}{N} \sum_{l,l'} t_{nl',nl} \mathrm{e}^{ik(l-l')a} \end{aligned} \tag{1.64}$$

となる．

このままでは，特に便利なこともないのであるが，ワニア関数が孤立原子の波動関数に近く，隣より遠い原子との重なりが無視できる場合には，この表示は威力を発揮する．即ち，$t_{nl',nl}$ が

$$t_{nl',nl} = \begin{cases} 0, & (l' - l \neq \pm 1, 0) \\ -t_n, & (l' - l = \pm 1) \\ \xi_n, & (l' - l = 0) \end{cases} \tag{1.65}$$

の形であるとみなせる場合である．

この場合には，式 (1.64) は

$$E_n(k) = -2t_n \cos ka + \xi_n \tag{1.66}$$

となることが容易にわかる．

このような取扱いが有効であるのは，上に述べたように，ワニア関数同士の重なりが小さく，孤立原子の固有状態に近い場合であり，この近似を**タイト・バインディング近似**[*1]と呼ぶ．また，タイト・バインディング・モデルという言葉もしばしば用いられる．

このモデルの便利な点は，ブロッホ状態の固有エネルギーの波数への依存性を簡単に求められる点にある．上で見たように，波数への依存性は簡単な関数で表され，エネルギー・バンドによる違いは 2 個の定数で表される．3 次元の

[*1] 電子が原子に固く結ばれている，という意味であるが，どうも適当な日本語訳がない．

固体においても，タイト・バインディング・モデルの範囲では固有エネルギーの波数依存性は結晶構造（原子の配置）のみで決まり，少数個の定数を含む比較的簡単な関数で与えられるという点は変わらない．これらの定数は，種々の実験に合うように決めることもできる．これは，便利であると同時にこのモデルの制約でもあるが，少なくとも定性的な議論には便利である．

文 献

1) 交換する二つの演算子には同時固有状態が存在することは，ほとんどの量子力学の教科書に示されている．例えば，J.J. Sakurai: Modern Quantum Mechanics (Addison-Wesley) p. 29.

2) 縮退のある場合の摂動論はほとんどの量子力学の教科書に示されている．例えば，J.J. Sakurai: Modern Quantum Mechanics (Addison-Wesley) p. 298.

章末問題

(1) 式 (1.1) の右辺の $v(x)$ が $x = 0$ に関して対称（即ち，任意の x に対して $v(-x) = v(x)$）であれば，式 (1.26) で定義される $V_{\nu',\nu}$ は実数であることを示せ．また，$V(x)$ が図 1.1 のように，$x = 0$ の近くで負であれば $V_{\nu',\nu}$ も負であることを示せ．ただし，$|\nu' - \nu|$ は 1 に比べてあまり大きくはないとする．

(2) $V(x)$ が図 1.1 のような形であるとして，式 (1.33)，(1.34) で与えられる固有状態のエネルギーの大小と波動関数との関係を議論せよ．

(3) 式 (1.38) を導け．

(4) 式 (1.52), (1.53), (1.54) を証明せよ．

(5) 式 (1.61) で与えられる $t_{n'l',nl}$ は，ブロッホ関数の固有エネルギー $E_n(k)$ と

$$t_{n'l',nl} = \frac{1}{N}\delta_{n',n}\sum_k \mathrm{e}^{ika(l-l')}E_n(k) \tag{1.67}$$

のような関係にあることを示せ．

第2章
結晶の構造とエネルギー・バンド

第1章では，1次元のモデルで固体中の電子の振舞と固体の性質（金属か絶縁体か）との関係を議論した．エネルギー・バンド構造やブロッホ関数等の基本的な性質は3次元でも変わらないが，やはり3次元の系は1次元よりは複雑である．第2章では，現実的な3次元の固体の構造を議論しよう．

第1章では，原子の並び方が「規則正しい」という意味を明確にはしなかった．ここでいう「規則正しい」というのは，固体が無限に大きいとして，ある位置から見る原子の配置と，ある方向にある距離（ベクトル $\boldsymbol{a}$ で表す）だけ動いた位置から見る原子の配置とが全く同じである（そのような $\boldsymbol{a}$ が存在する），という意味である．当然，このような場合には，$\boldsymbol{a}$ の整数倍だけ動いても配置は同じに見えるはずである．このような構造を結晶構造と呼ぶ．また，このような構造をもつ物質を結晶と呼ぶ．

2.1　2次元格子構造と結晶構造

2.1.1　並進ベクトル

まずはじめに，理解しやすいように，2次元の結晶構造の最も簡単な例を図2.1に示す．黒い点が原子を表している．この図では，ある原子の上から見た原子の配置と，他のすべての原子の上から見た配置は同じである．また，それ以外の点から見たのでは同じにならない．したがって，$\boldsymbol{a}_1$，$\boldsymbol{a}_2$，$\boldsymbol{a}_3$，$\boldsymbol{a}_4$ のように，ある原子から他の原子に引いたベクトルはいずれも上の $\boldsymbol{a}$ の要件を満たしてい

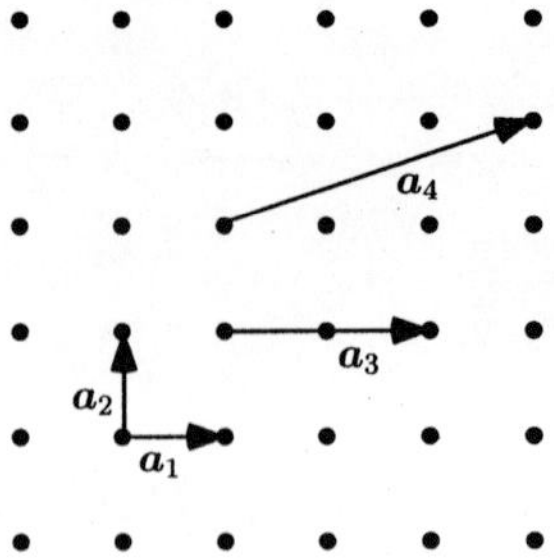

図 2.1　2 次元の結晶構造の例

ることは明らかである．このようなベクトルを**並進ベクトル**と呼ぶ．この図の例では，任意の原子から他の原子に引いたベクトルはすべて並進ベクトルである．

ここで，**基本並進ベクトル**を定義しよう．二つのベクトル $\boldsymbol{a}_1$，$\boldsymbol{a}_2$ が次のような条件を満たすとき，これらの組を基本並進ベクトルと呼ぶ．

1）l_1，l_2 を整数とすると，ベクトル

$$\boldsymbol{t_l} \equiv l_1\boldsymbol{a}_1 + l_2\boldsymbol{a}_2 \tag{2.1}$$

によってすべての並進ベクトルを表すことができる（$\boldsymbol{l}$ は (l_1, l_2) を表す）．

2）どんな l_1，l_2 の組に対しても $\boldsymbol{t_l}$ は並進ベクトルである．

つまり，この図の例では，ある原子を原点にとれば，ベクトル $\boldsymbol{t_l}$ ですべての原子の位置を表すことができて，逆に，どんな l_1，l_2 の組に対しても $\boldsymbol{t_l}$ は原子の位置になっている，ということである．例えば，図の $\boldsymbol{a}_1$，$\boldsymbol{a}_2$ の組は基本並進ベクトルである．また，$\boldsymbol{a}_1 + \boldsymbol{a}_2$，$\boldsymbol{a}_2$ の組も基本並進ベクトルになりうること容易にわかる．しかし，$\boldsymbol{a}_3$ と $\boldsymbol{a}_2$ の組では，$\boldsymbol{t_l}$ で $\boldsymbol{a}_1$ を表すことはできないので，基本並進ベクトルにはなりえない．また，$\boldsymbol{a}_1/2$，$\boldsymbol{a}_2$ の組では，l_1 が奇数のときは $\boldsymbol{t_l}$ は並進ベクトルにはならない．

ある点を原点にとったとき，すべての並進ベクトルで作られる点を**格子点**，格子点の集合を**格子**またはブラベー（**Bravais**）**格子**と呼ぶ．また，基本並進ベクトルで作られる平行四辺形を**単位胞**と呼ぶ．格子は単位胞を敷き詰めることによって作ることができる．上の例では，ある原子の位置を原点にとれば格子点は原子の位置に一致するし，それが自然な取り方ではあるが，格子点と原

子の位置は必ずしも一致させる必要はない．いずれにしても，この例では，格子点と原子の位置は一対一に対応している．このような場合には，格子の構造が決まれば結晶の構造も決まるが，一般には，結晶の構造は格子の構造だけでは決まらない．それは，次の例を見ればわかる．

2.1.2　複雑な結晶構造と単位構造，単位胞

次に，2種類以上の原子からなる固体を考える．2種類の原子A，Bからなる最も簡単な結晶構造の例を図2.2(a)に示す．この構造は，図2.1のものと同じように見えるかもしれないが，この場合は，$\boldsymbol{b}_1$，$\boldsymbol{b}_2$は基本並進ベクトルにはならない．A原子の上から見たのとB原子の上から見たのでは景色が違うからである．A原子だけに注目すると，図2.1の構造を45°回転させればこの構造になることがわかる．したがって，基本並進ベクトルの最も簡単な組は，$\boldsymbol{a}_1$，$\boldsymbol{a}_2$で，この結晶の格子（ブラベー格子）は図2.2(b)のようになる．

このような構造の結晶の場合には，式(2.1)の$\boldsymbol{t}_l$ですべての原子の位置を表すことはできない．例えば，原点をA原子の上におけば，B原子の位置には格子点はない．そこで，このような結晶の構造を表すために，**単位構造**という概念を導入する．即ち，一つのA原子とそこから図2.2の$\boldsymbol{b}_1$だけ離れたB原子を対にしたものをひとまとまりの単位構造と考える．各格子点に，点線で囲んだ単位構造が付随していると考えれば，この結晶の構造を完全に表現できるわけである．図2.1の結晶では，単位構造は一つの原子である．

1種類の原子からなる結晶の構造でも，単位構造は一つの原子とは限らない．

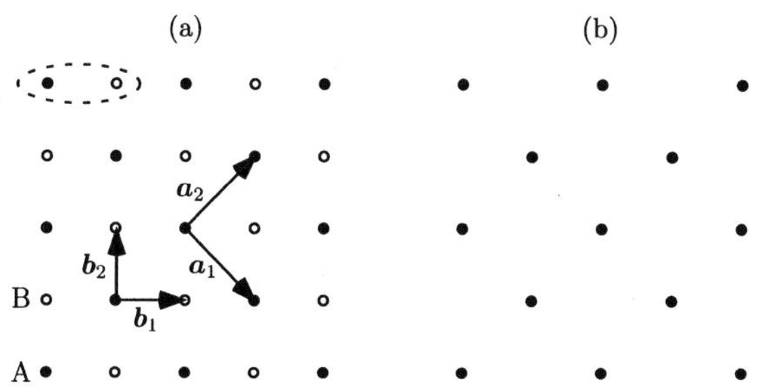

図2.2　(a) 2種類の原子A（黒丸），B（白丸）からなる最も簡単な原子の配置の例．(b) この結晶の格子（ブラベー格子）

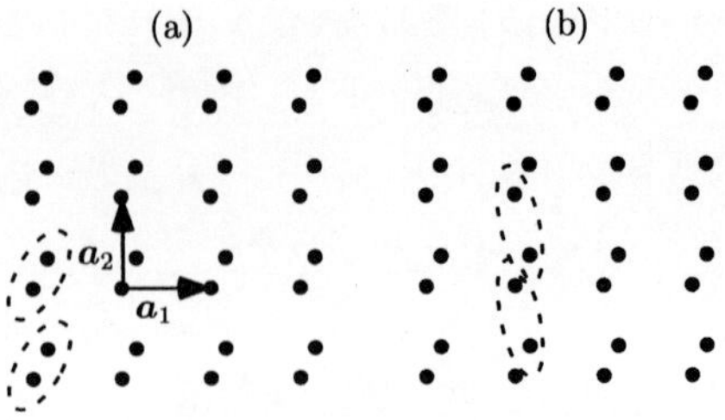

図 2.3 1種類の原子からなる結晶構造で，単位構造（点線で囲んである）が一つの原子ではない例

図 2.3 のような結晶の場合には，基本並進ベクトルの最も簡単な組は，$\boldsymbol{a}_1$ ，$\boldsymbol{a}_2$ である．単位構造は，一般には一意的に決まるものではなく，図の (a) のようにも (b) のようにもとれるが，なるべく小さくなるように，(a) のようにとるのが常識的なところである．

■ 2.2 3次元結晶構造

実際の物質の中には，ほとんど1次元または2次元とみなしてもよいようなものも少なくはないが，やはり大部分の物質は，3次元の構造をもっている．3次元の場合の基本並進ベクトルの条件は，2次元の場合と同様に，l_1，l_2，l_3 を任意の整数として

$$\boldsymbol{t_l} \equiv \sum_{j=1}^{3} l_j \boldsymbol{a}_j, \quad (\boldsymbol{l} \equiv (l_1, l_2, l_3)) \tag{2.2}$$

が以下の要件を満たしていることである．即ち，$\boldsymbol{t_l}$ の位置から見た原子の配置が座標の原点から見たものと同じであること，また $\boldsymbol{t_l}$ はこのような点のすべてを尽くしていること，である．

■ 2.2.1 単純立方結晶

最も簡単な3次元の結晶構造を図 2.4 に示す．この構造は，「ジャングルジム」のパイプの交点に原子を一つずつ配置した形である．3次元では原子の相対的な位置が見えにくいので，パイプに相当する線も書いてある．この結晶構造は**単純立方結晶** (simple cubic crystal) と呼ばれる．この構造の基本並進ベクト

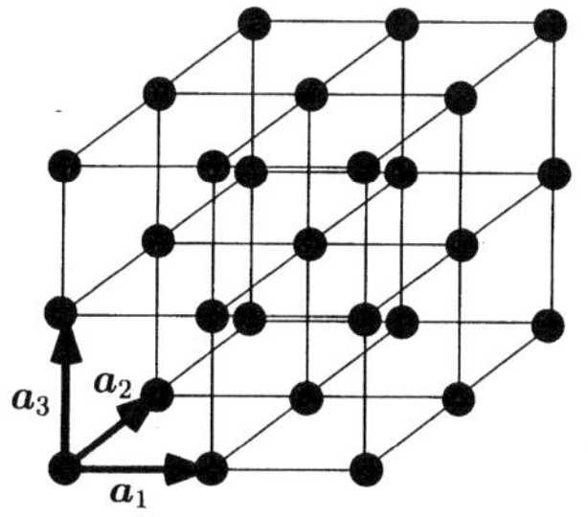

図 2.4　3 次元で最も簡単な結晶構造（単純立方結晶）

ルは，図の $\boldsymbol{a}_1$，$\boldsymbol{a}_2$，$\boldsymbol{a}_3$ であり，格子点と原子の位置とは一対一に対応するので，単位構造は原子 1 個である．したがって，この構造は，格子の構造としても単純立方格子と呼ばれる．一般の 3 次元格子の単位胞は，基本並進ベクトルで作られる平行 6 面体であり，この場合は立方体である．この結晶構造は簡単であり，理論のモデルとして使われることが多いが．この構造をもつ物質は存在しない．

■ 2.2.2　体心立方結晶

実在する結晶構造のうちで一番簡単なものは，図 2.5 に示す**体心立方結晶**（body centered cubic crystal，bcc）である（実は，そう簡単ではないのだが）．この構造は，図 2.4 の単純立方結晶の単位胞の中心に原子を 1 個ずつおいたものである．したがって，これらの原子を単位胞の角にあるどれかの原子と対にして単位構造として，格子構造は単純立方格子とすればこの結晶構造を記述できる．実際，このような記述法はわかりやすく実用的であるが，「単位構造をできるだけ簡単にする」という指針があるとすれば，これは正しい表現法ではない．

例えば，図 2.5 の $\boldsymbol{a}_1$，$\boldsymbol{a}_2$，$\boldsymbol{a}_3$ の組を基本並進ベクトルにとって，一つの原子を座標の原点にとれば，式 (2.2) ですべての原子の位置を表すことができる（章末問題 (1)）．したがって，基本単位は原子一つであり，結晶の構造と格子の構造が一致している．この結晶構造をとる物質は，アルカリ金属，鉄，クロム，バナジウム等である．

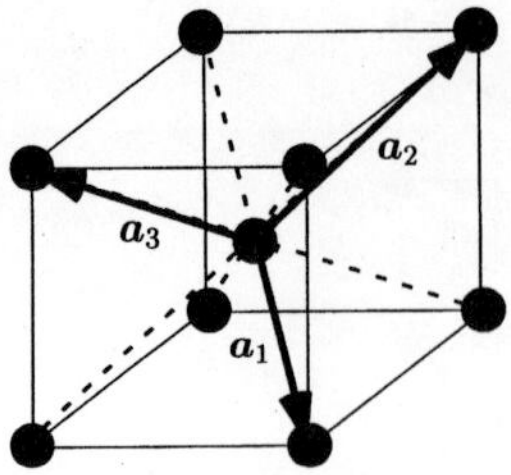

図 2.5 体心立方結晶
図 2.4 の 1/8 の部分に相当する.

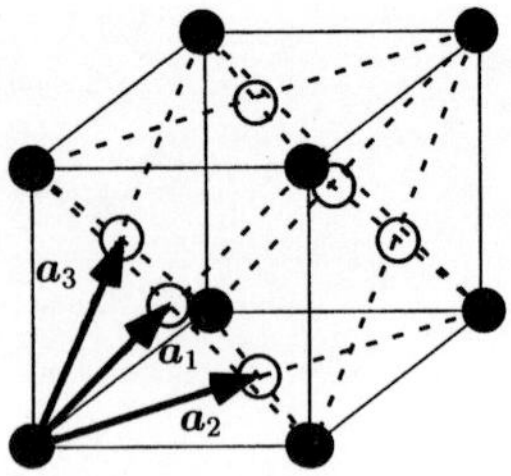

図 2.6 面心立方結晶
すべて同種の原子で構成されているが,
立方体の面上の電子は白丸で示してある.

2.2.3 面心立方結晶

次に簡単な構造は, 図 2.6 に示す**面心立方結晶** (face centered cubic crystal, fcc) である. これは, 単純立方結晶の単位胞の各面の中心に原子を配したものである. 図では面上の原子は白丸で示してあるが, 黒丸と同種の原子である. この場合も, bcc 結晶と同様に, 格子の構造は単純立方格子と考えることもできる. 図のベクトル $\boldsymbol{a}_1$, $\boldsymbol{a}_2$, $\boldsymbol{a}_3$ で結ばれている 4 個の集団を原子を単位構造とみなせば, この結晶構造を表現できる. しかし, bcc 結晶同様に, $\boldsymbol{a}_1$, $\boldsymbol{a}_2$, $\boldsymbol{a}_3$ を基本並進ベクトルにとれば, 式 (2.2) の $\boldsymbol{t}_l$ ですべての原子の位置を表すことができて, 基本単位は 1 個の原子となる. また. 結晶の構造と格子の構造が一致する. アルミニウム, ニッケル, 貴金属等がこの構造をとる.

2.2.4 六方最密結晶

もう一つだけ単一原子からなる結晶構造の例をあげる. **六方最密結晶** (hexagonal close-packed crystal, hcp) がそれである.「最密」の名は, 原子を球とみなしたとき, 球より十分大きい一定の体積中に球をできるだけ多数詰め込んだ構造になっていることによる.

まず, 平らな面上に球をできるだけ隙間なく敷き詰めると図 2.7 の実線のようになる. この位置を A の位置と呼ぼう. この上にさらに球を敷き詰めるとき,「最密」にするためには, なるべく低い位置に球をおく必要がある. 即ち, 上から見て, 図の (a) または (b) の点線の位置におかなければならない. これらの位置をそれぞれ B の位置, C の位置と呼ぶ. 2 番目の層を B の位置におくとす

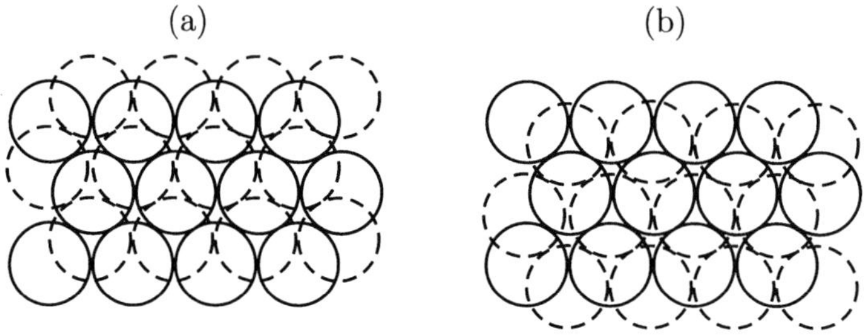

図 2.7　六方最密結晶の構造

ると，次の層は A または C の位置におかなければならない．これを A の位置におき，このような層を ABAB ⋯ と重ねて，各球の中心に原子をおいた構造が hcp である．

図 2.8 には，立体的な図を示すが，黒丸が第 1 層と第 3 層，同種の原子ではあるが，白丸が第 2 層の原子である．この結晶構造の基本並進ベクトルは，図に示した $\boldsymbol{a}_1$，$\boldsymbol{a}_2$，$\boldsymbol{a}_3$ である．$\boldsymbol{a}_3$ の長さは球の半径の $4\sqrt{2/3}$ 倍である．一方，ベクトル $\boldsymbol{b}$ は，第 1 層と第 2 層の隣接する球の中心を結んだものであるが，このベクトルを同じだけ延長すると，第 3 層の C の位置の球の中心にきてしまうので，$\boldsymbol{b}$ は基本並進ベクトルにはなりえない．したがって，黒丸のみで形成される構造が格子構造であり，白丸も含めた構造が結晶構造である．また，$\boldsymbol{b}$ で結ばれる二つの原子が単位構造となる．

hcp 結晶構造をとる物質は，マグネシュウム，チタン，亜鉛等である．この

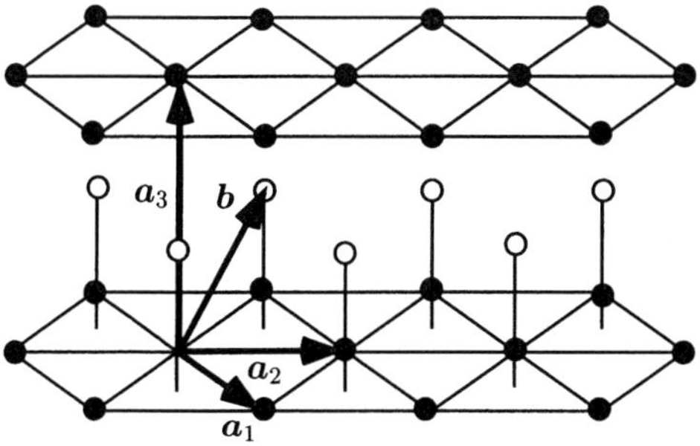

図 2.8　六方最密結晶の構造と基本並進ベクトル $\boldsymbol{a}_1$，$\boldsymbol{a}_2$，$\boldsymbol{a}_3$
格子構造と結晶構造との違いに注意．

構造では，球が占める体積は全空間の74%であり，この値がこれより大きくなる構造は存在しない（球の大きさがすべて等しい場合）．実は，この値はfccの場合も同じであり，やはり「最密」になっている．hcpでは球を敷き詰めた層をABAB…と積み重ねるが，これをABCABC…と積み重ねていけばfccになる．図2.6で原子の配置を立方体の対角線の方向から見れば，これらの層を上から見たのと同じに見えるはずなのだが，これを実感するのはなかなか難しい．模型を作っても，かなり多数の原子を含むものを作らないとこの様子は見えてこない．一見すると，fccは立方体の中心に隙間がありそうだが，bccの方が隙間が大きく，原子を互いに接する球で置き換えた場合の球が占める空間の割合は，68%である．また，単純立方格子の場合，この値は52%である．

1種類の原子からなる金属の結晶構造は，ほとんどがbcc，fcc，hcpのいずれかである．固体を作る以上は，原子間に引き合う力があるわけで，なるべく密度の大きい構造をとるのは当然である．

2.2.5 食塩型結晶

次に，2種類の原子からなる結晶構造の例として，食塩（塩化ナトリウム）の結晶構造を図2.9に示す．これは，単純立方結晶の原子を一つおきに異種の原子で置き換えた形になっているが，塩素原子の上から見た場合と，ナトリウム原子の上から見た場合では景色が違うので，図の$\boldsymbol{a}_1$は並進ベクトルではなく，格子の構造は単純立方格子ではない．どちらか一方の原子のみに注目すると，面心立方結晶になっていることがわかる．したがって，この結晶の格子構造は

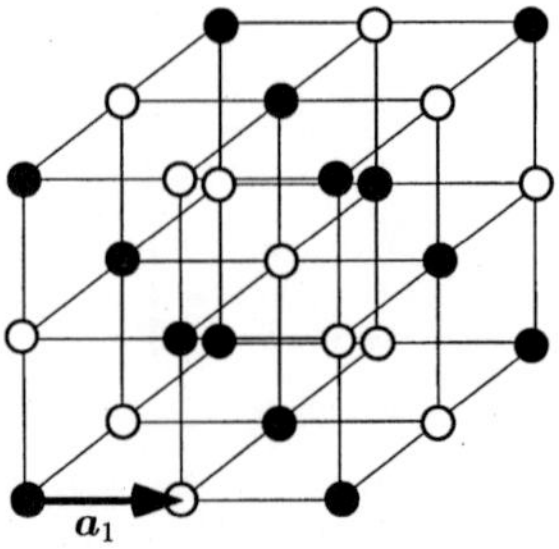

図2.9　食塩型結晶の構造
黒丸が塩素原子，白丸がナトリウム原子を表す．

面心立方格子であり，単位構造は，例えば，$\boldsymbol{a}_1$ で結ばれる塩素とナトリウム原子の対である．

複雑な結晶構造の例をあげればきりがない．数千個の原子からなる蛋白分子が単位構造となって結晶を作る場合もあれば，生きたウイルスが集まって結晶を作る例もある．この場合の単位構造は，1 匹のウイルスである．

■ 2.3　3 次元結晶の電子状態

第 1 章では，1 次元の場合のブロッホ状態，エネルギー・バンド構造等の概念を説明したが，このような概念は，3 次元の場合でも通用する．ただし，数学的な取扱いは，より複雑である．

■ 2.3.1　ブロッホの定理

ここでも，まず電子が原子核によって作られるポテンシャル・エネルギー $V(\boldsymbol{r})$ を運動する，という考え方に基づいて電子の振舞を議論しよう．

ポテンシャル・エネルギー $V(\boldsymbol{r})$ は，$\boldsymbol{a}_j$ $(j = 1, 2, 3)$ を今問題にしている格子構造の基本並進ベクトルとすると

$$V(\boldsymbol{r} + \boldsymbol{a}_j) = V(\boldsymbol{r}) \tag{2.3}$$

という性質を満たすことは明らかである．そこで，1 次元の場合と同様に，任意の関数 $f(\boldsymbol{r})$ に対して

$$\hat{T}_j f(\boldsymbol{r}) = f(\boldsymbol{r} + \boldsymbol{a}_j) \tag{2.4}$$

という性質をもつ並進演算子 $\hat{T}_j$ を定義する．具体的には，1 次元の場合（付録 A 参照）と同様に

$$\hat{T}_j = \exp(\boldsymbol{a}_j \cdot \nabla), \quad \nabla \equiv \left(\frac{\partial}{\partial x}, \frac{\partial}{\partial y}, \frac{\partial}{\partial z}\right) \tag{2.5}$$

で与えられる

この演算子は，ハミルトニアン

$$\hat{H} \equiv \frac{\hat{\boldsymbol{p}}^2}{2m_{\mathrm{e}}} + V(\boldsymbol{r}) \tag{2.6}$$

と交換するので，電子の固有状態は，ハミルトニアンと $\hat{T}_j$ の同時固有状態になるようにとることができる．即ち，固有波動関数を $\psi(\boldsymbol{r})$ と書くと

$$\hat{T}_j\psi(\boldsymbol{r}) = \tau_j\psi(\boldsymbol{r}) \tag{2.7}$$

を満たす（τ_j は固有値）．

ここで，波動関数の境界条件を

$$\psi(\boldsymbol{r}+N\boldsymbol{a}_j) = \psi(\boldsymbol{r}), \quad (j=1,2,3) \tag{2.8}$$

ととることにしよう（N は十分に大きい整数．ここでは，偶数とする）．そうすると

$$\tau_j^N = 1 \tag{2.9}$$

でなければならないことは明らかである．したがって

$$\tau_j = \mathrm{e}^{2\pi i m_j/N}, \quad (m_j = -\frac{N}{2}+1, -\frac{N}{2}+2, \cdots, \frac{N}{2}) \tag{2.10}$$

である．1 次元の場合を参考にして

$$\psi(\boldsymbol{r}) = \mathrm{e}^{i\boldsymbol{k}\cdot\boldsymbol{r}}u(\boldsymbol{r}) \tag{2.11}$$

とおくと

$$\hat{T}_j\psi(\boldsymbol{r}) = \mathrm{e}^{i\boldsymbol{k}\cdot\boldsymbol{a}_j}\mathrm{e}^{i\boldsymbol{k}\cdot\boldsymbol{r}}u(\boldsymbol{r}+\boldsymbol{a}_j) \tag{2.12}$$

であるから

$$\boldsymbol{k}\cdot\boldsymbol{a}_j = \frac{2\pi m_j}{N} \tag{2.13}$$

$$u(\boldsymbol{r}+\boldsymbol{a}_j) = u(\boldsymbol{r}) \tag{2.14}$$

であれば，式 (2.7) の条件を満足することがわかる．これが，3 次元でのブロッホの定理であり，式 (2.11) の波動関数がブロッホ状態の固有波動関数である．

波数ベクトル $\boldsymbol{k}$ が式 (2.13) を満たすためには

$$\boldsymbol{G}_i\cdot\boldsymbol{a}_j = 2\pi\delta_{i,j} \tag{2.15}$$

となるようなベクトル $\boldsymbol{G}_i$, $(i = 1, 2, 3)$ があったとして

$$\boldsymbol{k} = \sum_{i=1}^{3} \frac{m_i}{N} \boldsymbol{G}_i \tag{2.16}$$

とすればよいことは容易にわかる．また

$$\boldsymbol{G}_i = \frac{2\pi(\boldsymbol{a}_j \times \boldsymbol{a}_l)}{\boldsymbol{a}_i \cdot (\boldsymbol{a}_j \times \boldsymbol{a}_l)}, \quad ((i, j, l) = (1, 2, 3), (2, 3, 1), (3, 1, 2)) \tag{2.17}$$

とすれば，式 (2.15) を満たす．これらのベクトルは，基本逆格子ベクトルと呼ばれる．

2.3.2　エネルギー・バンド構造とブリユアン・ゾーン

式 (2.11) のブロッホ状態の波動関数に対するシュレディンガー方程式から，$u(\boldsymbol{r})$ に対する方程式

$$\left\{ \frac{(\hbar \boldsymbol{k} + \hat{\boldsymbol{p}})^2}{2m_{\mathrm{e}}} + V(\boldsymbol{r}) \right\} u(\boldsymbol{r}) = E u(\boldsymbol{r}) \tag{2.18}$$

を得る．一般には，この方程式には無限の解があり，それにエネルギーの低い順に $n = 1, 2, 3, \cdots$ と番号をつけて，固有波動関数を $u_{n\boldsymbol{k}}(\boldsymbol{r})$，固有エネルギーを $E_n(\boldsymbol{k})$ と書くと，規格化されたブロッホ状態の波動関数は

$$\psi_{n\boldsymbol{k}}(\boldsymbol{r}) = \frac{1}{N^{3/2}} \mathrm{e}^{i\boldsymbol{k}\cdot\boldsymbol{r}} u_{n\boldsymbol{k}}(\boldsymbol{r}) \tag{2.19}$$

となる．ただし，$u_{n\boldsymbol{k}}(\boldsymbol{r})$ は

$$\int_{\Omega} |u_{n\boldsymbol{k}}(\boldsymbol{r})|^2 \, d\boldsymbol{r} = 1 \tag{2.20}$$

となるように規格化する．ここで，Ω は，一つの単位包内での積分を表す．

以上のように，3 次元系においても一つの波数 $\boldsymbol{k}$ に無限個の解があり，固有エネルギーはバンド構造をなす．ブリユアン・ゾーンは，$\boldsymbol{k}$ を式 (2.16) で与えたとして，m_i の値は式 (2.10) に示すようにとればよいはずであるが，普通はこうはとらない．というのは，これではすべての格子構造に対してブリユアン・ゾーンが平行 6 面体になってしまい，格子の構造をあまり反映しないからであ

る．例えば，hcp 格子の場合を考えよう．この格子の基本並進ベクトルは，2.2.4 項で説明したように図 2.8 に示した $\boldsymbol{a}_1$，$\boldsymbol{a}_2$，$\boldsymbol{a}_3$ で，式 (2.17) に従って $\boldsymbol{G}_i$ を計算すると，図 2.10(a) のようになる．$|\boldsymbol{a}_1| = |\boldsymbol{a}_2| = a$ とすると

$$|\boldsymbol{G}_1| = |\boldsymbol{G}_2| = \frac{4\pi}{\sqrt{3}a} \tag{2.21}$$

$$|\boldsymbol{G}_3| = \frac{\sqrt{3}\pi}{\sqrt{2}a} \tag{2.22}$$

である．実格子（実空間の格子）は，格子点を中心とした $\boldsymbol{a}_3$ のまわりの $\pi/3$ の回転に関して不変であるのに*[1]，$\boldsymbol{G}_i$ を稜とする平行 6 面体はそうなっておらず，このようなブリユアン・ゾーンを使うと何かと不便であることは想像できる．

ここで,「逆格子」を定義する．即ち，M_i，$(i = 1, 2, 3)$ を任意の整数として，波数空間においてベクトル

$$\boldsymbol{G} = \sum_i \boldsymbol{G}_i M_i \tag{2.23}$$

で与えられる点の集合を逆格子と呼ぶ．hcp の場合の逆格子は図 2.10(a) に示してある．普通のブリユアン・ゾーンの取り方は，次のようである．ある逆格子点と他のすべての逆格子点を結ぶ線分の垂直二等分面で囲まれた最小の空間

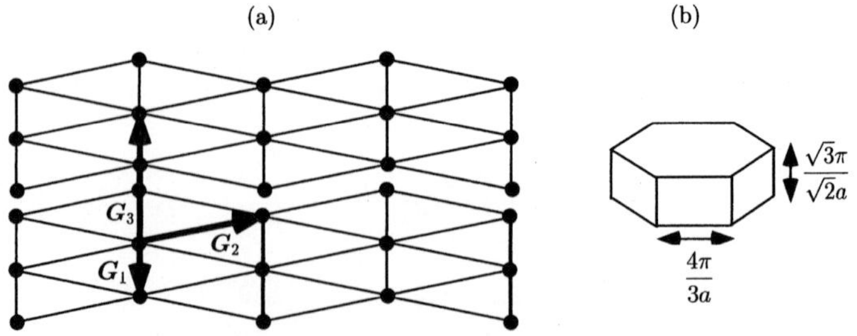

図 2.10 (a) hcp 格子の基本逆格子ベクトルと逆格子．実際は，$\boldsymbol{G}_3$ と $\boldsymbol{G}_1$，$\boldsymbol{G}_2$ の長さの比は $3/(4\sqrt{2}) : 1$ であるが．図をわかりやすくするために，$\boldsymbol{G}_3$ は長く書いてある．(b) ブリユアン・ゾーン．a は基本並進ベクトル $\boldsymbol{a}_1$ の長さで，縦横の比は正しく書いてある

*[1] 格子でなく結晶構造としては，$2\pi/3$ 回転しないと不変にならない点に注意．

をブリユアン・ゾーンとする．この定義によれば，hcp 格子のブリユアン・ゾーンは図 2.10(b) のような 6 角柱になることは容易にわかる．このブリユアン・ゾーンは，上で述べた回転に関する不変性を満たしており，この方が「感じがよい」ことは確かである．このブリユアン・ゾーンも，もとの平行 6 面体も体積は逆格子点一つ当たりの体積であり，その中に含まれる波数 $\boldsymbol{k}$ の数（状態の数）は N^3 で同じである．また，これらの中で，$\boldsymbol{k}=0$ の点を含むものを第 1 ブリユアン・ゾーンと呼ぶ．

なお，実空間でも，同様な方法で，格子点のまわりに多面体を作ることができる．これは，**ウイグナー–サイツ・セル**と呼ばれている．空間を，1 格子点当たりの体積に分ける方法はいろいろあるが，この方法は格子の構造をよく反映しているので，エネルギー・バンドの計算等によく使われる．

■ 2.3.3 ブリユアン・ゾーンとバンド・ギャップ

1 次元格子ではブリユアン・ゾーンの端にバンド・ギャップが生ずるが，これは，3 次元の場合も同じである．1 次元の場合と同様に，ポテンシャル・エネルギー $V(\boldsymbol{r})$ を摂動として扱うことにする．Ω を単位胞の体積とすると，$V(\boldsymbol{r})=0$ の場合の固有波導関数は $\mathrm{e}^{i\boldsymbol{k}\cdot\boldsymbol{r}}/\sqrt{N^3\Omega}$ の形である．このような二つの状態の間の $V(\boldsymbol{r})$ の行列要素は，$V(\boldsymbol{r})$ が式 (2.3) を満たすので

$$\begin{aligned}\langle k'|V|k\rangle &\equiv \frac{1}{N^3\Omega}\int_{V_\mathrm{t}} \mathrm{e}^{i(\boldsymbol{k}-\boldsymbol{k}')\cdot\boldsymbol{r}}\,V(\boldsymbol{r})d\boldsymbol{r}\\ &= F(\boldsymbol{k}',\boldsymbol{k})\int_{\Omega} \mathrm{e}^{i(\boldsymbol{k}-\boldsymbol{k}')\cdot\boldsymbol{r}}\,V(\boldsymbol{r})d\boldsymbol{r} \end{aligned} \tag{2.24}$$

$$F(\boldsymbol{k}',\boldsymbol{k}) \equiv \frac{1}{N^3\Omega}\sum_{l_1,l_2,l_3=0}^{N-1}\exp\left(i(\boldsymbol{k}-\boldsymbol{k}')\cdot\sum_{j=1}^{3}\boldsymbol{a}_j l_j\right) \tag{2.25}$$

となることは，容易にわかる．ここで，V_t は，固体の全体積にわたる積分を意味する．波数 $\boldsymbol{k}$ は式 (2.16) で与えられるので，式 (2.15) を考慮すると

$$F(\boldsymbol{k}',\boldsymbol{k}) = \frac{1}{N^3\Omega}\prod_{j=1}^{3}\sum_{l_j=0}^{N-1}\exp\left\{\frac{2\pi i}{N}(m_j-m_j')l_j\right\} \tag{2.26}$$

となる．したがって，1 次元の場合と同様に考えれば，$m_j - m'_j =$ が N の整数倍になっていなければ $F(\boldsymbol{k}', \boldsymbol{k})$ は 0 になることがわかる．即ち，$F(\boldsymbol{k}', \boldsymbol{k})$ が 0 でないためには，$\boldsymbol{k}' - \boldsymbol{k}$ が式 (2.23) で与えられる逆格子ベクトルになっていなければならない．この場合，$F(\boldsymbol{k}', \boldsymbol{k}) = 1/\Omega$ であるから，$\boldsymbol{k}' - \boldsymbol{k} = \boldsymbol{G}$ であれば

$$\langle \boldsymbol{k} + \boldsymbol{G} | V | \boldsymbol{k} \rangle = \frac{1}{\Omega} \int_{\Omega} \mathrm{e}^{-i\boldsymbol{G}\cdot\boldsymbol{r}} V(\boldsymbol{r}) d\boldsymbol{r} \tag{2.27}$$

となる．

1 次元の場合と同様に，摂動論を使って固有エネルギーを計算すると，式 (2.27) の右辺を $V_{\boldsymbol{G}}$ と書けば

$$E(\boldsymbol{k}) = \varepsilon(\boldsymbol{k}) + \sum_{\boldsymbol{G} \neq 0} \frac{|V_{\boldsymbol{G}}|^2}{\varepsilon(\boldsymbol{k}) - \varepsilon(\boldsymbol{k} + \boldsymbol{G})} \tag{2.28}$$

となる（式 (1.28) 参照）．ここで，$\varepsilon(\boldsymbol{k}) = \hbar^2 \boldsymbol{k}^2 / 2m_{\mathrm{e}}$ であり，$\boldsymbol{G}$ に関する和は，式 (2.23) の M_i に関して $-\infty$ から ∞ までの和をとることを意味する．3 次元でも，右辺の分母が 0 の場合，即ち，ある $\boldsymbol{G}$ に対して

$$\boldsymbol{G} \cdot (\boldsymbol{k} + \frac{\boldsymbol{G}}{2}) = 0 \tag{2.29}$$

である場合には摂動論は使えないので，1 次元の場合と同様に，縮退のある場合の摂動論を使う必要がある．そうすると，バンド・ギャップが生ずる点も同じである．この関係は，$-G$ の垂直二等分面上で成り立つが，2.3.2 項で説明したブリユアン・ゾーンの取り方によれば，この面は境界面になっている．したがって，境界面上では一般にはバンド・ギャップが存在する．ただし，特殊な結晶構造の場合には，ある $\boldsymbol{G}$ に対して $V_{\boldsymbol{G}} = 0$ となっていて境界面上でもバンド・ギャップが存在しないところもありうる．また，境界面の交点付近では，3 個以上の状態が縮退するので，これらすべての縮退を考慮した理論が必要である．

■ 2.3.4　ワニア関数とタイト・バインディング近似

3 次元の場合のワニア関数を考察するが，話を簡単にするために，単位胞が 1 個の原子である場合のみを考える．ワニア関数は

$$W_n(\boldsymbol{r}) \equiv \frac{1}{N^{3/2}} \sum_{\boldsymbol{k}} \psi_{n\boldsymbol{k}}(\boldsymbol{r}) \tag{2.30}$$

で定義する．ここで，$\boldsymbol{k}$ に関する和は，式 (2.16) を満たす $\boldsymbol{k}$ で第 1 ブリユアン・ゾーン内にあるものに関する和である．1 次元の場合と同様に，$W_n(\boldsymbol{r})$ は $\boldsymbol{r}=0$ から離れると値が小さくなる関数であり，$\boldsymbol{t_l}$ をすべての格子点とすると，$W_n(\boldsymbol{r}-\boldsymbol{t_l})$ は正規直交完全系をなすことを示すことができる．

1 次元の場合と同様に，ハミルトニアンの行列要素を

$$t_{n\boldsymbol{l}',n\boldsymbol{l}} \equiv \int_{V_t} W_n^*(\boldsymbol{r}-\boldsymbol{t_{l'}})\hat{H}W_n(\boldsymbol{r}-\boldsymbol{t_l})d\boldsymbol{r} \tag{2.31}$$

と定義して，ワニア関数の広がりが小さく，最隣接原子[*1]より遠い原子間の行列要素が無視できて

$$t_{n\boldsymbol{l}',n\boldsymbol{l}} = \begin{cases} 0, & (\boldsymbol{t_{l'}} \neq \boldsymbol{t_l} \pm \boldsymbol{\delta}, 0) \\ -t_n, & (\boldsymbol{t_{l'}} = \boldsymbol{t_l} \pm \boldsymbol{\delta}) \\ \xi_n, & (\boldsymbol{t_{l'}} = \boldsymbol{t_l}) \end{cases} \tag{2.32}$$

であるとする．ここで，$\boldsymbol{\delta}$ は，ある原子から最隣接原子に引いたすべてのベクトルを表す．この場合，1 次元系と同様に，タイト・バインディング近似でエネルギー・バンドを計算できる．

固有波動関数も，1 次元と同様に，式 (2.30) の逆変換

$$\psi_{n\boldsymbol{k}}(\boldsymbol{r}) = \frac{1}{N^{3/2}} \sum_{\boldsymbol{l}} \mathrm{e}^{i\boldsymbol{k}\cdot\boldsymbol{t_l}} W_n(\boldsymbol{r}-\boldsymbol{t_l}) \tag{2.33}$$

の形を仮定すると，これはシュレディンガー方程式の解になっていて，固有エネルギーは

$$E_n(\boldsymbol{k}) = -t_n \sum_{\boldsymbol{\delta}} e^{-i\boldsymbol{k}\cdot\boldsymbol{\delta}} + \xi_n \tag{2.34}$$

であることは容易にわかる．この近似の範囲では，固有エネルギーの $\boldsymbol{k}$ への依存性は，格子構造にのみ依存する．

最隣接原子の数（配位数）を z と書くと，この式から，$|E_n(k)-\xi_n| \leq z|t_n|$

[*1] ある原子から最も近い距離にある原子．

であることがわかる．したがって，ξ_n の間隔が $z|t_n|$ より大きければエネルギー・バンドは混じり合わない．ξ_n は孤立原子のエネルギー準位に近く，エネルギー・バンドはその様子がそのまま残されたものとなる．

このような場合には，実際の計算でも ξ_n や t_n を求めるためにワニア関数を孤立原子の波動関数で近似することが多い．例えば，3d 軌道の波動関数から作られるエネルギー・バンドを 3d バンドと呼ぶ．ただし，これらの波動関数は，正確なワニア関数と違って互いに直交していないので，その補正が必要であるが，ここでは説明を省略する．また，3 次元系では多数の固有状態が縮退しているのでそれも考慮しなければならない．

タイト・バインディング近似が有効である例は，遷移金属（鉄，コバルト，ニッケル等）の 3d バンドである．これらの原子の 3d 軌道は広がりが小さく，ワニア関数は，少なくとも原子核の近くではその特徴を保っている．したがって，このワニア関数から形成されるブロッホ状態は 3d バンドと呼ばれる．ただし，このようなハミルトニアンが使えるのは，あくまでも定性的な議論に関してのみである．遷移金属の場合には，3d と 4s 軌道のエネルギーが近いので実際のブロッホ状態には，これらの混合を考慮する必要がある．

■ 2.4 エネルギー・バンドと固体の性質

第 1 章で述べたように，ある物質が絶縁体であるか導体であるかは，エネルギー・バンドの構造と電子数で決まる．基底状態は，電子を，スピンの縮退も考慮してエネルギーの低い状態から詰めたものである．1 次元の場合に説明したように，この状態からの最小の励起エネルギーが有限であればその物質は絶縁体であり，無限小であれば導体である．

2.3.2 項で述べたように，ブリユアン・ゾーン中の波数 $\boldsymbol{k}$ の数（即ち，一つのエネルギー・バンド当たりの状態数）は N^3 である．波動関数の境界条件として式 (2.8) をとったということは，考えている固体の体積が $N\boldsymbol{a}_j$ で作られる平行 6 面体であって，N^3 個の単位胞を含む．したがって，ブリユアン・ゾーン中の一つのエネルギー・バンド当たりの状態数は単位胞の数に等しい．これを考慮してエネルギーの低い状態から電子を詰めていけば，フェルミ・エネル

ギー $E_{\rm F}$ が決まり，物質の性質が予言できる．なお，$E_n(\boldsymbol{k}) = E_{\rm F}$ で与えられる $\boldsymbol{k}$ 空間の面をフェルミ面と呼ぶ．

上の議論が最もよくあてはまる例は，アルカリ金属と希ガスである．希ガス原子 He，Ne，Ar … の最外核電子の軌道は，それぞれ，1s，2s2p，3s3p … であり，これらをちょうど満たしている．これらの軌道のエネルギーは他の軌道のエネルギーから十分に離れており，飛び移りのエネルギー（式 (2.34) の t_n）が小さいのでエネルギー・バンドは混じり合わない．したがって，電子は，これらの軌道から作られるエネルギー・バンドをちょうど満たしており，絶縁体になっている．アルカリ金属原子の Li，Na，K … の電子構造は，He，Ne，Ar … のそれに，それぞれ，2s，3s，4s … に電子を 1 個加えたものである．この 1 個の電子は，これらの軌道から作られるエネルギー・バンドを半分満たすので，1 次元の場合に説明したように，これらの物質は金属である．このような一部だけ満たされたエネルギー・バンドは電気伝導に寄与するので，**伝導バンド**（または，**伝導帯**）と呼ばれる．この例は，エネルギー・バンドによる簡単な考察がよくあてはまる例であるが，一般には 3 次元のエネルギー・バンド構造は複雑で，定量的な計算をしない限り物質の性質を予言するのは不可能である．

一方，絶縁体では，すべてのエネルギー・バンドは完全に満たされているか空であるかどちらかであるが，満たされているものの中で一番エネルギーの高いエネルギー・バンドを**価電子バンド**（または，**価電子帯**）と呼ぶ．

シリコンやゲルマニウムのような，半導体と呼ばれる物質は基本的には絶縁体である．ただし，価電子帯とそのすぐ上の空のエネルギー・バンドの間のバンド・ギャップが小さく*1熱的な励起や不純物の添加によりそのエネルギー・バンドに容易に電子を入れることができるので，金属ほどではないが電気伝導が生ずる（第 7 章参照）．したがって，この空のエネルギー・バンドも伝導帯と呼ばれる．最近は，自然には存在しないいろいろな新しい物質が作られるようになり，絶縁体と半導体の区別は明確ではない．したがって，以下では，絶縁体の場合にも伝導帯という言葉を使うことにする．

---

*1 半導体では約 2 eV 以下．普通の絶縁体では，数 eV である．

■ 2.5 カーボン・ナノチューブ

エネルギー・バンドの理論を実際の物質に応用する例として，カーボン・ナノチューブを取り上げる．これは，1991 年に飯島によって発見された炭素の一つの構造であり，新素材としていろいろな応用が期待されている [1)]．

カーボン・ナノチューブは，図 2.11 のような炭素の 6 角格子のシートを丸めて円筒状にしたものである．円筒の軸が，例えば，図の x 軸に平行なもの (図 2.12 の (a)) と y 軸に平行なもの (同 (b)) は同等ではない．以下に示すように，この軸の方向や太さによってカーボン・ナノチューブの性質が変わることを比較的簡単な議論で示すことができるのが面白いところである．

なお，一般には，円筒が何重にも重なっているもの (多層カーボン・ナノチューブ) ができやすいのであるが，1 層だけのもの (単層カーボン・ナノチューブ) を作るのも可能であり，ここでは，その場合だけを扱う．

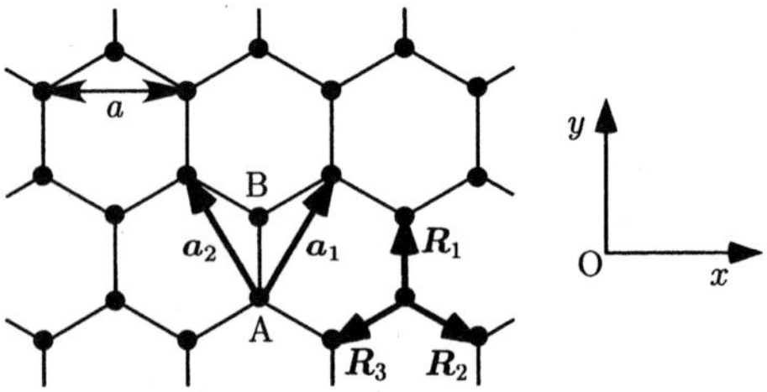

図 2.11 炭素のシートの結晶構造

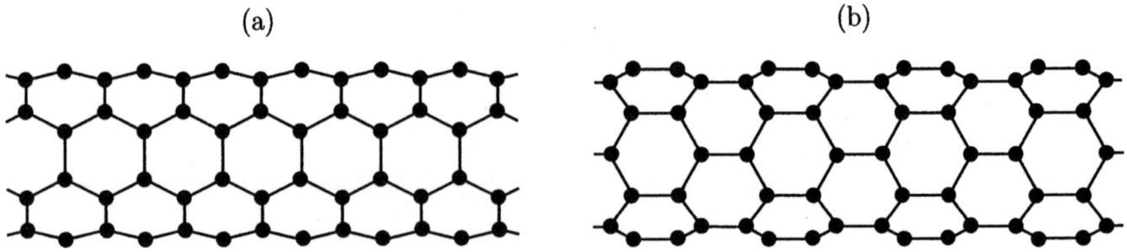

図 2.12 軸の方向の違う 2 種類のカーボン・ナノチューブを横から見た図
(a)，(b) は，それぞれ armchair 型，zigzag 型と呼ばれる．

2.5.1　炭素シートのバンド構造

まず，無限に広い図 2.11 のようなシートのバンド構造を考察しよう．炭素原子は 6 個の電子をもつが，2 個はほとんど孤立した 1s 軌道に入っており，原子間の結合等には関係しない．残りの 4 個のうちの 3 個は最近接の原子との結合に使われるので，ここで問題にするのは，もう一つの電子である．この電子が入るエネルギー・バンドをタイト・バインディング近似で考察しよう．

6 角格子の基本並進ベクトルは，図 2.11 の $\boldsymbol{a}_1$，$\boldsymbol{a}_2$ である．図の二つの原子 A，B を結ぶベクトルは，さらに同じだけのばせば原子のない点に行ってしまうので，基本並進ベクトルにはなりえない．したがって，この結晶構造の単位構造は，これらの二つの原子からなっている．この場合のブロッホ波動関数を作るのにはちょっと工夫を要する．

まず，ブロッホ関数がわかっているとして，式 (2.30) のようにしてワニア関数を作ったとする．独立なワニア関数の数は格子点の数と同じで，原子の数はその 2 倍であるから，各原子の上に局在したワニア関数ができるわけではない．したがって，この場合のワニア関数は，A，B 原子の上にまたがったものであると考えられる．そこで，ワニア関数は孤立原子上の波動関数の線形結合で作られると考えよう．

A 原子，B 原子の位置をそれぞれ $\boldsymbol{t}_{\mathrm{A}}$，$\boldsymbol{t}_{\mathrm{B}}$ で表して，$\boldsymbol{r}=0$ にある孤立した原子上の波動関数を $\phi(\boldsymbol{r})$ として

$$\psi_{\boldsymbol{k}}(\boldsymbol{r})=\frac{1}{N^{3/2}}\left[\alpha\sum_{\boldsymbol{t}_{\mathrm{A}}}\mathrm{e}^{i\boldsymbol{k}\cdot\boldsymbol{t}_{\mathrm{A}}}\phi(\boldsymbol{r}-\boldsymbol{t}_{\mathrm{A}})+\beta\sum_{\boldsymbol{t}_{\mathrm{B}}}\mathrm{e}^{i\boldsymbol{k}\cdot\boldsymbol{t}_{\mathrm{B}}}\phi(\boldsymbol{r}-\boldsymbol{t}_{\mathrm{B}})\right] \tag{2.35}$$

のように A 原子，B 原子上の波動関数には，違う重みをつけておく（バンド指数 n は省略する．また，格子点の数は N^3 で，$\boldsymbol{t}_{\mathrm{A}}$，$\boldsymbol{t}_{\mathrm{B}}$ のそれぞれの総数はこれに等しい）．この波動関数でハミルトニアンの期待値をとって固有エネルギー $E(\boldsymbol{k})$ を計算するわけであるが，図 2.11 のように A 原子から最近接の B 原子に引いたベクトルを $\boldsymbol{R}_1$，$\boldsymbol{R}_2$，$\boldsymbol{R}_3$ として，$\boldsymbol{t}_{\mathrm{B}}=\boldsymbol{t}_{\mathrm{A}}+R_j$ のときのみ

$$\int\phi^*(\boldsymbol{r}-\boldsymbol{t}_{\mathrm{B}})\hat{H}\phi(\boldsymbol{r}-\boldsymbol{t}_{\mathrm{A}})\,d\boldsymbol{r}=-t \tag{2.36}$$

で他の場合は左辺は 0 とする（t は正の実数になるように，波動関数の位相を

とる)．そうすると

$$E(\boldsymbol{k}) = -t\alpha\beta^* K(\boldsymbol{k}) - t\beta\alpha^* K(-\boldsymbol{k}) \tag{2.37}$$

$$K(\boldsymbol{k}) \equiv \sum_{j=1}^{3} \mathrm{e}^{-i\boldsymbol{k}\cdot\boldsymbol{R}_j} \tag{2.38}$$

となることは容易にわかる．

また，$\psi_{\boldsymbol{k}}(\boldsymbol{r})$ の規格化の条件から

$$|\alpha|^2 + |\beta|^2 = 1 \tag{2.39}$$

を得る．ただし，ここでは異なる原子上の波動関数 $\phi(\boldsymbol{r})$ は直交しているとしているが，実際にはそうではないので，その効果を取り入れる必要がある．しかし，ここでは定性的な議論のみを目的としているので，これは省略する．

まだ決まっていない α，β の値は，変分法で求める．即ち，式 (2.39) の条件のもとで，$E(\boldsymbol{k})$ が極値をとる α，β を求める．λ をラグランジュの未定係数として，$E(\boldsymbol{k}) - (|\alpha|^2 + |\beta|^2)\lambda$ を α^*，β^* で微分すると，それぞれから

$$t\beta K(-\boldsymbol{k}) + \alpha\lambda = 0 \tag{2.40}$$

$$t\alpha K(\boldsymbol{k}) + \beta\lambda = 0 \tag{2.41}$$

を得る[*1]．この方程式が自明な解 $\alpha = \beta = 0$ 以外の解をもつ条件は

$$\lambda = \pm t|K(\boldsymbol{k})| \tag{2.42}$$

である（$K(-\boldsymbol{k}) = K^*(\boldsymbol{k})$ であることに注意)．したがって

$$K(\boldsymbol{k}) = |K(\boldsymbol{k})|\mathrm{e}^{i\gamma_{\boldsymbol{k}}} \tag{2.43}$$

と書くと，式 (2.40) から

$$\beta = \mp\mathrm{e}^{i\gamma_{\boldsymbol{k}}}\alpha \tag{2.44}$$

[*1] このように，あたかも α と α^* が独立であるかのように変分を行うのはよく見かけることであるが，当然，これらは独立ではなく，インチキである．ただし，ほとんどの場合，α の実数部と虚数部が独立だとして計算した場合と結果は同じで，結果オーライである．

を得る．ただし，複号は式 (2.42) のものに対応する．したがって，式 (2.39) から $\alpha = 1/\sqrt{2}$ とおくことができて，固有エネルギーの値は

$$E_{\pm}(\boldsymbol{k}) \equiv \pm t|\alpha|^2\{\mathrm{e}^{-i\gamma_{\boldsymbol{k}}}K(\boldsymbol{k}) + \mathrm{e}^{i\gamma_{\boldsymbol{k}}}K(-\boldsymbol{k})\} = \pm t|K(\boldsymbol{k})| \tag{2.45}$$

で与えられることがわかる．二つのエネルギー・バンドができるのは，単位胞が二つの原子からなっていることの反映である．

$K(\boldsymbol{k})$ の値は式 (2.38) で与えられるが，図 2.11 の基本並進ベクトル $\boldsymbol{a}_1$，$\boldsymbol{a}_2$ の長さを a とすると

$$\boldsymbol{R}_1 = \left(0, \frac{a}{\sqrt{3}}\right) \tag{2.46}$$

$$\boldsymbol{R}_2 = \left(\frac{a}{2}, -\frac{a}{2\sqrt{3}}\right) \tag{2.47}$$

$$\boldsymbol{R}_3 = \left(-\frac{a}{2}, -\frac{a}{2\sqrt{3}}\right) \tag{2.48}$$

であるから

$$K(\boldsymbol{k}) = \mathrm{e}^{ik_y a/2\sqrt{3}}\left(2\cos\frac{k_x a}{2} + \mathrm{e}^{-i\sqrt{3}k_y a/2}\right) \tag{2.49}$$

となる．したがって，固有エネルギーは

$$E_{\pm}(\boldsymbol{k}) = \pm t\sqrt{\left(2\cos\frac{k_x a}{2} + \cos\frac{\sqrt{3}k_y a}{2}\right)^2 + \sin^2\frac{\sqrt{3}k_y a}{2}} \tag{2.50}$$

で与えられる．

■ 2.5.2 ブリユアン・ゾーン

次に，炭素シートのブリユアン・ゾーンはどうなっているかを見てみよう．ブリユアン・ゾーンに関しては，2.3 節の 3 次元の場合を参考にしていただきたい．逆格子ベクトルは，式 (2.15) を満たす $\boldsymbol{G}_1$，$\boldsymbol{G}_2$ であり

$$\boldsymbol{G}_1 = \left(\frac{2\pi}{a}, \frac{2\pi}{\sqrt{3}a}\right) \tag{2.51}$$

$$\boldsymbol{G}_2 = \left(-\frac{2\pi}{a}, \frac{2\pi}{\sqrt{3}a}\right) \tag{2.52}$$

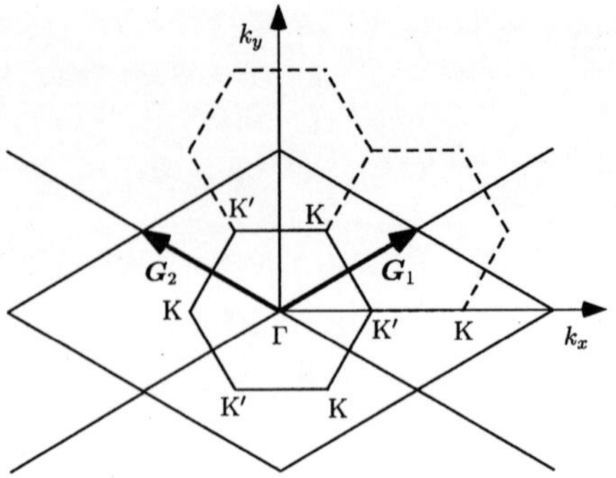

図 **2.13** 炭素シートの逆格子とブリリュアン・ゾーン

となることは簡単にわかる．したがって，逆格子は，図 2.13 のようなひし形の格子である．一般には，第 1 ブリユアン・ゾーンは，$\boldsymbol{k}=0$ の点から各格子点に引いたベクトルの垂直二等分線で囲まれる最小の部分として定義されるので，この場合には，図の実線の 6 角形の内部である．この 6 角形の一辺の長さは，$4\pi/3a$ であることは簡単にわかる．6 角形の頂点のうち，図の K 同士，K′ 同士は逆格子ベクトルで結ばれるので同等の点であるが，K と K′ は同等ではない．

2.3.2 項で示したように，第 1 ブリユアン・ゾーンには N^3 個の状態があり，炭素原子には結合に使われている電子以外は 1 個の最外殻電子があるので，全体では $2N^3$ 個の電子が今問題にしているエネルギー・バンドに入るわけであるが，スピンを考慮すれば，式 (2.50) の $E_-(\boldsymbol{k})$ のエネルギー・バンドをちょうど満たすようになり，フェルミ・エネルギーはちょうど 0 である．一般には，このような固体は絶縁体であるが，炭素シートの場合には特別な事情があって，単純な絶縁体にはならない．

一般に，ブリユアン・ゾーンの境界にはエネルギー・バンドにギャップがあるが，炭素シートでは，特別な波数の点ではギャップが 0 となっている．これは，結晶構造の特殊性によるものであり，その一般論に関しては，文献 2) を参照していただきたい．ギャップがなくなるのは，式 (2.50) から

$$\sin\frac{\sqrt{3}k_y a}{2}=0 \tag{2.53}$$

$$2\cos\frac{k_x a}{2} + \cos\frac{\sqrt{3}k_y a}{2} = 0 \tag{2.54}$$

となる点である．これを満たすのは

$$k_x = \pm\frac{4\pi}{3a}, \quad k_y = 0 \tag{2.55}$$

$$k_x = \pm\frac{2\pi}{3a}, \quad k_y = \pm\frac{2\pi}{\sqrt{3}a} \tag{2.56}$$

である（複号はすべての組み合わせについてとる）．これらの点は，図 2.13 の 6 角形の頂点，K と K′ である．

このようなエネルギー・バンドの物質は，絶対零度では絶縁体であるが，普通の絶縁体とは違う性質をもち，半金属と呼ばれる．

2.5.3 カーボン・ナノチューブの電子状態

カーボン・ナノチューブは炭素シートを円筒にしたものであるから，軸に垂直な方向に関して波動関数に周期的境界条件を課せばよい[*1]．

まず，軸が x の方向である場合を考える（armchair 型）．この場合，格子構造の y 軸方向の周期は最近接の A，B 原子の距離の 3 倍で $\sqrt{3}a$ である．したがって，円筒の周囲の長さがこの N_y 倍であるとすれば，波数の y 成分がとりうる値は

$$k_y = \frac{2\pi n}{\sqrt{3}aN_y}, \quad (n = 0, \pm 1, \pm 2, \cdots) \tag{2.57}$$

となることは明らかである．したがって，とりうる波数の値は，図 2.14 の (a) に鎖線で示したような x 軸に平行な直線上にある．この中で，$n = 0$ と $n = N_y$ の直線は，ギャップの閉じている K と K′ を通るので，この形のカーボン・ナノチューブは金属的な電気伝導を示す．(b) に，$n = 0$ の直線上のエネルギー $E_\pm(\boldsymbol{k})$ を k_x の関数として示す．(a) からわかるように，k_x の方向のブリユアン・ゾーンの周期は，k_x 軸上の K から K′ までではなく，点線で示した隣のブリユアン・ゾーンの K までである．したがって，k_x の値は，$k_x = 0$ (Γ) から，$k_x = 2\pi/a$ (M) までとってある．

*1 実際には，円筒にすることにより原子間の距離がわずかに変わることの影響があるが，ここでは無視する．

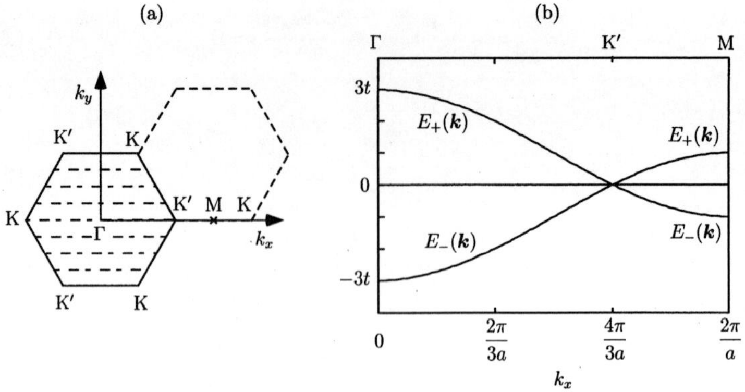

図 2.14 (a) armchair 型カーボン・ナノチューブで波数 $\boldsymbol{k}$ がとりうる値を鎖線で示す ($N_y = 4$ の場合). (b) $k_y = 0$ の直線上のエネルギー $E_\pm(\boldsymbol{k})$

なお，炭素シートでも波数空間にエネルギー・ギャップのない点はあるのだから金属的になるはずだと思うかもしれないが，1 次元の中の点と 2 次元の中の点では,「重み」が違うのである．2 次元の場合は，エネルギー・ギャップが線の上で閉じていないと通常の金属的な伝導は示さない．この問題に関しては，文献 3) に興味ある結果が示されている．

次に，軸が y 軸の方向の場合を考える (zigzag 型)．この場合，実空間の格子の x 方向の周期は a であるから，円筒の周囲の長さを aN_x とすれば，波数

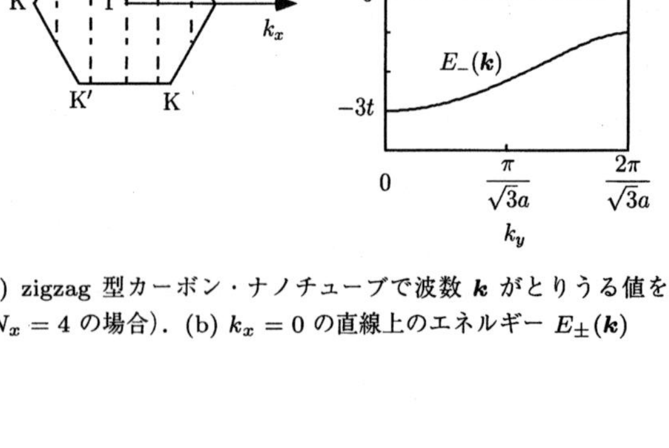

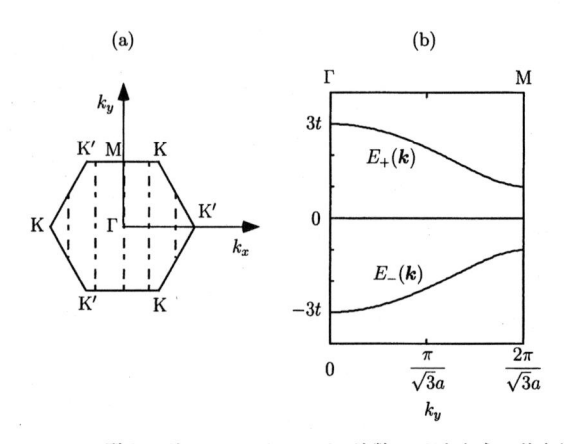

図 2.15 (a) zigzag 型カーボン・ナノチューブで波数 $\boldsymbol{k}$ がとりうる値を鎖線で示す ($N_x = 4$ の場合). (b) $k_x = 0$ の直線上のエネルギー $E_\pm(\boldsymbol{k})$

の x 成分のとりうる値は

$$k_x = \frac{2\pi n}{aN_x}, \quad (n = 0, \pm 1, \pm 2, \cdots) \tag{2.58}$$

である（図 2.15）．この図の直線が K または K′ を通るためには，N_x は 3 の倍数でなければならないことは式 (2.55)，(2.56) から簡単にわかる．したがって，zigzag 形の場合には，円筒の太さによって絶縁体になったり金属になったりするわけである．

以上を参考にすれば，任意の軸の方向に対して電子のエネルギーを求めることができる．

文 献

1) S. Iijima: Nature **354** (1991) 56.
2) C. Kittel: Quantum Theory of Solids (John Wiley & Sons) p. 212.
3) N. H. Shon and T. Ando: J. Phys. Soc. Jpn. **67** (1998) 2421.

章末問題

(1) 図 2.5 に示した体心立方結晶で，$\boldsymbol{a}_1$，$\boldsymbol{a}_2$，$\boldsymbol{a}_3$ の組を基本並進ベクトルにとれば，式 (2.2) の $\boldsymbol{t}_l$ ですべての原子の位置を表すことができることを示せ．ただし，ある一つの原子の位置を座標の原点にとる．

(2) 単純立方，bcc，fcc，hcp の結晶構造の各原子の位置を中心として互いに接する球を考える．これらの球の体積の和と結晶全体の体積の比を求めよ．

(3) fcc 格子の逆格子は bcc で，bcc 格子の逆格子は fcc であることを確かめよ．

第3章

格子振動

固体内の励起には，電子の遷移による励起の他に原子の振動[*1]によるものがある．これを**格子振動**と呼ぶ．格子振動も物質の性質を決める重要な励起の一つである．

格子振動の本質を理解するために，まず，1 次元のモデルで議論を進めよう．はじめに，一番簡単な系として，同じ種類の原子が等間隔で並んでいるモデルを考える．

■ 3.1　1次元モデル

図 3.1 のように，質量 M の原子が N 個，等間隔 a で直線上に並んでおり，原子はこの直線の方向にのみ動けるとする．また，原子は，隣り合うものだけ

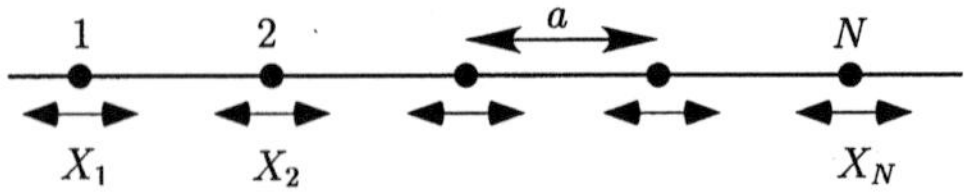

図 3.1　格子振動の 1 次元モデル
黒丸は原子を表す．

が相互作用するとする．l 番目（$l = 1, 2, \cdots, N$）の原子の平衡位置からの変位を X_l として，l 番目の原子と $l+1$ 番目の原子間に働くポテンシャル・エネル

[*1] 正確には，原子核が振動して，電子の一部が一緒に動く，というべきであろう．3.4 節参照．

ギーは $(X_{l+1}-X_l)^2$ に比例するとすると[*1]，この系のハミルトニアンは

$$\hat{H}_{\rm L}=\sum_{l=1}^{N}\left\{\frac{\hat{p}_l^2}{2M}+\frac{K}{2}(X_l-X_{l-1})^2\right\} \tag{3.1}$$

の形となる．ここで，$\hat{p}_l$ は l 番目の原子の運動量演算子であり，K は正の数である．また，$l=0$ の原子は存在しないが，$X_0=X_N$ であるとする．こうすることによって，端がなくなって問題がきれいに解けるようになる．

このハミルトニアンは，X_l と X_{l-1} の積の項がなければ，独立な調和振動子ハミルトニアンの和になっていて簡単に解くことができるが，この項のためにそうはいかない．そこで，変数変換によって，この項のない形にすることを考えよう．この問題に対する正攻法は以下の通りである．

3.1.1　ハミルトニアンの対角化

ハミルトニアンのポテンシャル・エネルギーの部分を $\hat{H}_{\rm p}$ と書くと

$$\hat{H}_{\rm p}=\sum_{l,l'=1}^{N}\frac{K_{l,l'}}{2}X_lX_{l'} \tag{3.2}$$

の形に書くことができる．ここで

$$K_{l,l'}=\begin{cases}K, & (l=l')\\ -K, & (|l-l'|=1,N-1)\\ 0, & (|l-l'|\neq 0,1,N-1)\end{cases} \tag{3.3}$$

である．この $K_{l,l'}$ を成分とする行列を $\bar{K}$ と書くと，$\bar{K}$ は実対称行列なので，適当な直交行列 U によって対角化できる．即ち，行列 $U^T\bar{K}U$ の非対角成分を0にすることができる（U^T は U の転置行列）．この U の成分を $U_{l,l'}$ として

$$Q_l=\sum_{l'=1}^{N}U_{l',l}X_{l'} \tag{3.4}$$

$$\hat{P}_l=\sum_{l'=1}^{N}U_{l',l}\,\hat{p}_{l'} \tag{3.5}$$

[*1] 例えば，これらの原子が，自然長 a のバネで結ばれていれば，このようになる．

のような変換を行えば，$U^T\bar{K}U$ の対角成分を $\bar{K}_l$ と書くと，ハミルトニアンは

$$\hat{H}_{\rm L} = \sum_{l=1}^{N}\left\{\frac{\hat{P}_l^2}{2M} + \frac{1}{2}\bar{K}_l Q_l^2\right\} \tag{3.6}$$

の形となる．また，交換関係 $[Q_l, \hat{P}_{l'}] = \delta_{l,l'}$ が成り立つことも示せるので，$\hat{H}_{\rm L}$ は独立な調和振動子のハミルトニアンの和となっていることがわかる．このような操作を**ハミルトニアンの対角化**と呼ぶ．

3.1.2 フーリエ変換

この「正攻法」を実行するためには，まず行列 $\bar{K}$ の固有値を求め，各固有値に属する固有ベクトルを求めてその成分から行列 U を作る必要があるが，今の問題ではこの方法は難しい．そこで，格子振動の問題では，原子がどのような運動をするかを考察して，U の形を推定する方法をとる．即ち，今考えている系における振動は，波のように伝わってゆくと考えられるので

$$Q_q \equiv \frac{1}{\sqrt{N}}\sum_{l=1}^{N} {\rm e}^{-ilaq} X_l \tag{3.7}$$

のような変換を行うのが定石である．即ち，フーリエ変換である．とりうる q の値は

$$q = \frac{2\pi m}{Na}, \quad m = -\frac{N-1}{2}, -\frac{N-1}{2}+1, \cdots, \frac{N-1}{2} \tag{3.8}$$

である*1．逆変換は

$$X_l = \frac{1}{\sqrt{N}}\sum_{q} {\rm e}^{ilaq} Q_q \tag{3.9}$$

であるが，この式を使う限りは $X_0 = X_N$ が成り立つことがわかる．なお，q に関する和は，m についての和を意味する．また，ここでは

$$\sum_q {\rm e}^{i(l-l')aq} = \begin{cases} 0, & (|l-l'| \neq 0, N) \\ N, & (|l-l'| = 0, N) \end{cases} \tag{3.10}$$

を使った．

---

*1 ここでは，N は奇数とする．

同様に，運動量についても

$$\hat{P}_q = \frac{1}{\sqrt{N}} \sum_{l=1}^{N} \mathrm{e}^{-ilaq} \hat{p}_l \tag{3.11}$$

のような変換を行うと，ハミルトニアンは

$$\hat{H}_\mathrm{L} = \sum_q \left\{ \frac{\hat{P}_q \hat{P}_{-q}}{2M} + 2KQ_q Q_{-q} \sin^2 \frac{aq}{2} \right\} \tag{3.12}$$

と書けることがわかる．また

$$[Q_q, \hat{P}_{q'}] = i\hbar \delta_{q,-q'} \tag{3.13}$$

なる交換関係が成り立つこともわかる．

式 (3.12) の右辺の各項は，調和振動子のハミルトニアンに似てはいるが，正確に同じではない．そこで

$$Q_q^{(+)} \equiv \frac{1}{\sqrt{2}}(Q_q + Q_{-q}) \tag{3.14}$$

$$Q_q^{(-)} \equiv \frac{i}{\sqrt{2}}(Q_q - Q_{-q}) \tag{3.15}$$

として，運動量に関しても同様の変換を行うと ($q > 0$)

$$\hat{H}_\mathrm{L} = \sum_{q>0} \sum_{\alpha=\pm} \left\{ \frac{(\hat{P}_q^{(\alpha)})^2}{2M} + 2K(Q_q^{(\alpha)})^2 \sin^2 \frac{aq}{2} \right\} + \frac{\hat{P}_0^2}{2M} \tag{3.16}$$

となって，交換関係は

$$[Q_q^{(\pm)}, \hat{P}_{q'}^{(\pm)}] = i\hbar \delta_{q,q'} \tag{3.17}$$

$$[Q_q^{(\pm)}, \hat{P}_{q'}^{(\mp)}] = 0 \tag{3.18}$$

となる（複合同順）．こうすれば，式 (3.16) の右辺の各項は，質量 M，バネ定数 $4\,K \sin^2(aq/2)$ の調和振動子のハミルトニアンになっていることがわかる[*1]．

[*1] 最後の項は，系全体の重心の運動を表す部分であるので，以後は無視することにする．

3.1.3 基底状態と励起状態

この調和振動子の基底状態の波動関数を $\varphi_q(x)$ とすると

$$\varphi_q(x) = \sqrt{\frac{1}{\ell_q\sqrt{\pi}}}\mathrm{e}^{-x^2/(2\ell_q^2)} \tag{3.19}$$

$$\ell_q = \left(\frac{2}{\hbar}\sqrt{MK}\sin\frac{aq}{2}\right)^{-1/2} \tag{3.20}$$

であり，$\hat{H}_\mathrm{L}$ の基底状態の波動関数は

$$\Phi_0(\boldsymbol{X}) = \prod_{q>0}\varphi_q(Q_q^{(+)})\varphi_q(Q_q^{(-)}) \tag{3.21}$$

である*1．ここで，$\boldsymbol{X} \equiv X_1, X_2, \cdots, X_N$ である．

励起状態は，各々の $\varphi_q(x)$ を励起状態のものに置き換えれば得られるが，調和振動子の励起状態を記述するのには，**生成・消滅演算子**を用いる方法が便利である．この方法はどの量子力学の本にも書いてある．ただし，座標 $Q_q^{(\pm)}$ には Q_q と Q_{-q} とが含まれているので，$Q_q^{(\pm)}$ に対して直接この方法を用いると，電子と格子振動との相互作用を取り扱う場合に便利ではない．そこで，普通は，生成演算子を

$$b_q^\dagger \equiv -\frac{i}{\sqrt{2M\hbar\omega_q}}\hat{P}_q + \sqrt{\frac{M\omega_q}{2\hbar}}Q_q \tag{3.22}$$

$$\omega_q \equiv 2\sqrt{\frac{K}{M}}\sin\frac{a|q|}{2} \tag{3.23}$$

のように定義する（q は正負すべての値をとる）．こうすると

$$b_q = \frac{i}{\sqrt{2M\hbar\omega_q}}\hat{P}_{-q} + \sqrt{\frac{M\omega_q}{2\hbar}}Q_{-q} \tag{3.24}$$

であり，式 (3.13) から，交換関係

$$[b_q, b_{q'}^\dagger] = \delta_{q,q'}\,, \quad [b_q^\dagger, b_{q'}^\dagger] = 0, \quad [b_q, b_{q'}] = 0 \tag{3.25}$$

---

*1 正確には，原子がフェルミ粒子であるかボーズ粒子であるかに応じて，この波動関数を座標に関して反対称化または対称化しなければならないが，この議論は省略する．

が成り立ち，ハミルトニアンは

$$\hat{H}_{\mathrm{L}} = \sum_q \hbar\omega_q \left(b_q^\dagger b_q + \frac{1}{2} \right) \tag{3.26}$$

の形に書けることが容易にわかる．

この系のある固有状態の波動関数を $\Phi_1(\boldsymbol{X})$，その固有エネルギーを E_1 として

$$\Phi_2(\boldsymbol{X}) \equiv b_q^\dagger \Phi_1(\boldsymbol{X}) \tag{3.27}$$

という状態を考える．交換関係（式 (3.25)）から

$$\hat{H}_{\mathrm{L}} b_q^\dagger = b_q^\dagger (\hbar\omega_q + \hat{H}_{\mathrm{L}}) \tag{3.28}$$

という関係を得るので，これから

$$\hat{H}_{\mathrm{L}} \Phi_2(\boldsymbol{X}) = (\hbar\omega_q + E_1) \Phi_2(\boldsymbol{X}) \tag{3.29}$$

となることがわかる．即ち，$\Phi_2(\boldsymbol{X})$ は，固有波動関数で，そのエネルギーは $\hbar\omega_q + E_1$ であることがわかる．

同様にして，$b_q \Phi_1(\boldsymbol{X})$ という状態は，エネルギー $E_1 - \hbar\omega_q$ をもつ固有状態であることもわかる．ただし，基底状態 $\Phi_0(\boldsymbol{X})$ よりエネルギーの低い状態はありえないので，すべての q に対して

$$b_q \Phi_0(\boldsymbol{X}) = 0 \tag{3.30}$$

であるはずである．このように，演算子 $b_q^\dagger$ は，エネルギーが $\hbar\omega_q$ だけ大きい状態を作るので，これだけのエネルギーをもった粒子を作る演算子とみなせる．これが，生成演算子と呼ばれる理由である．また，b_q は消滅演算子と呼ばれる．この「疑似粒子」はフォノン（phonon）[*1] と呼ばれ，交換関係（式 (3.25)）から，ボーズ粒子のように振舞う．$(b_q^\dagger)^{n_q} \Phi_0(\boldsymbol{X})$ という状態のエネルギーは，基底状態のエネルギーより $n_q \hbar\omega_q$ だけ大きいので，n_q は波数 q をもつフォノンの数とみなしてよい[*2]．

[*1] 「音子」との訳もあるが，あまり使われない．

[*2] ただし，フォノンが光子のように運動量 $\hbar q$ を運ぶと思ったら間違いである．格子振動の場合，各原子は平衡位置のまわりで振動しているだけなので，運動量を運べるわけがないのである（章末問題および文献 1) 参照）．

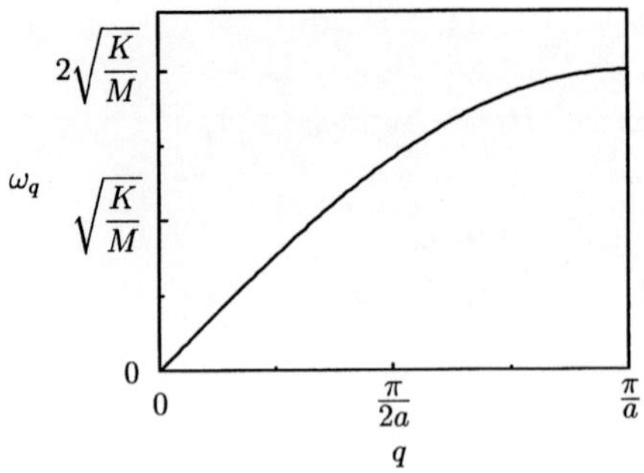

図 3.2 フォノンのエネルギーと波数との関係

以上のことから，この系の一般の固有状態は，すべての q に対するフォノンの数 n_q を与えることによって与えられる．即ち

$$\Phi_{\boldsymbol{n}}(\boldsymbol{X}) = C_{\boldsymbol{n}} \left(\prod_q (b_q^\dagger)^{n_q} \right) \Phi_0(\boldsymbol{X}) \tag{3.31}$$

である．ここで，n_q は 0 以上の整数で，q は式 (3.8) で与えられ，$\boldsymbol{n}$ は n_q の集合を表す．また，$C_{\boldsymbol{n}}$ は規格化定数で

$$C_{\boldsymbol{n}} = \prod_q \sqrt{\frac{1}{n_q!}} \tag{3.32}$$

である．この導出は，章末問題とする．

なお，フォノンの振動数と波数との関係（式 (3.23)）を図 3.2 に示す（式 (3.8) から，十分大きい N に対しては，$-\pi/a < q < \pi/a$ である）．

■ 3.2 3次元系の格子振動

3 次元系の格子振動の基本的な点は 1 次元の場合と変わらないが，非常に複雑である．格子の構造が 3 次元であるばかりでなく，原子の運動も 3 次元的であるからである．ここでは，一番取扱いの簡単な単純立方格子を考えて，単位胞中には原子は 1 個のみとする．原子の位置は，単位胞の一辺の長さ a を単位としてベクトル $\boldsymbol{l} \equiv (l_x, l_y, l_z)$ で表す．ただし，$l_x, l_y, l_z = 1, 2, \cdots, N$ とする．また，この原子の平衡位置からの変位を $\boldsymbol{R_l} \equiv (X_{\boldsymbol{l}}, Y_{\boldsymbol{l}}, Z_{\boldsymbol{l}})$ とする．

3.2.1　簡単なモデル

1 次元の場合と同様に，隣同士の原子間にのみ力が働くとする．まず，x 方向に a だけ離れた $\boldsymbol{l}$ と $\boldsymbol{l}' \equiv (l_x - 1, l_y, l_z)$ にある原子を考える．これらの原子が x 方向に動く場合には，1 次元の場合と同様に，ポテンシャル・エネルギーは $(X_{\boldsymbol{l}} - X_{\boldsymbol{l}'})^2$ に比例すると仮定するのがもっともらしい．しかし，二つの原子が本当にバネで結ばれているとすると，原子が y 方向（または，z 方向）に動く場合には，ポテンシャル・エネルギーは $(Y_{\boldsymbol{l}} - Y_{\boldsymbol{l}'})^4$ に比例することがわかる．したがって，このモデルの固体は，図 3.3 のような変形（ずれ変形）に対して非常に弱いものになってしまう．普通の固体は，このように簡単にひしゃげることはないので，モデルとしては，$(Y_{\boldsymbol{l}} - Y_{\boldsymbol{l}'})^2$ に比例したポテンシャル・エネルギーを仮定する必要がある．ここでは，比例定数は原子の動く方向によらないと仮定して，ハミルトニアンを

$$\hat{H}_{\mathrm{L}} = \sum_{\boldsymbol{l}} \left[\frac{\hat{\boldsymbol{p}}_{\boldsymbol{l}}^2}{2M} + \sum_{\boldsymbol{l}'} \frac{K}{2} (\boldsymbol{R}_{\boldsymbol{l}} - \boldsymbol{R}_{\boldsymbol{l}'})^2 \right] \tag{3.33}$$

とする．ただし，$\hat{\boldsymbol{p}}_{\boldsymbol{l}}$ は $\boldsymbol{l}$ にある原子の運動量演算子で，$\boldsymbol{l}'$ についての和は，$\boldsymbol{l}' = (l_x - 1, l_y, l_z), (l_x, l_y - 1, l_z), (l_x, l_y, l_z - 1)$ についてとる．

3.2.2　ハミルトニアンの対角化

このハミルトニアンを，1 次元の場合と同様に対角化するのは，難しくはない．1 次元の場合と同様に

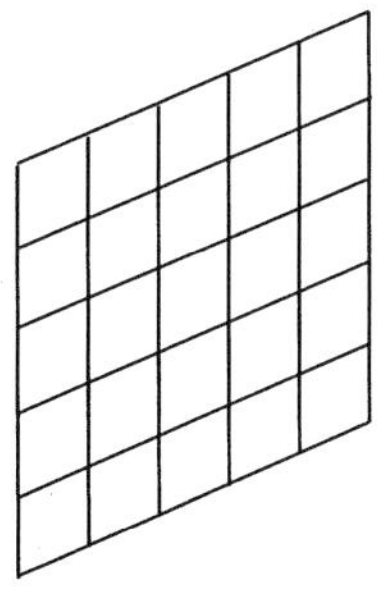

図 3.3　格子のずれ変形

$$\boldsymbol{Q}_{\boldsymbol{q}} \equiv \frac{1}{N^{3/2}} \sum_{\boldsymbol{l}} \mathrm{e}^{-ia\boldsymbol{q}\cdot\boldsymbol{l}} \boldsymbol{R}_{\boldsymbol{l}} \tag{3.34}$$

$$\hat{\boldsymbol{P}}_{\boldsymbol{q}} \equiv \frac{1}{N^{3/2}} \sum_{\boldsymbol{l}} \mathrm{e}^{-ia\boldsymbol{q}\cdot\boldsymbol{l}} \hat{\boldsymbol{p}}_{\boldsymbol{l}} \tag{3.35}$$

という変換を行う．ここで

$$\boldsymbol{q} = \frac{2\pi}{Na}(m_x, m_y, m_z) \tag{3.36}$$

$$m_x, m_y, m_z = -\frac{N-1}{2}, -\frac{N-1}{2}+1, \cdots, \frac{N-1}{2} \tag{3.37}$$

である（ここでも，N は奇数であるとする）．そうすると，ハミルトニアンは式 (3.12) と同様に

$$\hat{H}_{\mathrm{L}} = \sum_{\boldsymbol{q}} \left[\frac{\hat{\boldsymbol{P}}_{\boldsymbol{q}} \hat{\boldsymbol{P}}_{-\boldsymbol{q}}}{2M} + \frac{M\omega_{\boldsymbol{q}}^2}{2} \boldsymbol{Q}_{\boldsymbol{q}} \boldsymbol{Q}_{-\boldsymbol{q}} \right] \tag{3.38}$$

$$\omega_{\boldsymbol{q}} \equiv 2\sqrt{\frac{K}{M}(\sin^2 \frac{aq_x}{2} + \sin^2 \frac{aq_y}{2} + \sin^2 \frac{aq_z}{2})} \tag{3.39}$$

の形に書ける．ここでも，式 (3.14)，(3.15) のように

$$\boldsymbol{Q}_{\boldsymbol{q}}^{(+)} \equiv \frac{1}{\sqrt{2}}(\boldsymbol{Q}_{\boldsymbol{q}} + \boldsymbol{Q}_{-\boldsymbol{q}}) \tag{3.40}$$

$$\boldsymbol{Q}_{\boldsymbol{q}}^{(-)} \equiv \frac{i}{\sqrt{2}}(\boldsymbol{Q}_{\boldsymbol{q}} - \boldsymbol{Q}_{-\boldsymbol{q}}) \tag{3.41}$$

$$(q_z > 0, \text{または}, q_z = 0, q_y > 0, \text{または}, q_z = q_y = 0, q_x > 0) \tag{3.42}$$

という変換（運動量についても）を行う．

ここで，$\boldsymbol{Q}_{\boldsymbol{q}}^{(\alpha)}$ を成分で表す場合の座標系の取り方について考えよう．今考えている単純立方格子の場合には，座標系を単位胞の各稜に平行にとるのが自然である．しかし，現実の物質の結晶構造はもっと複雑であり，このような自然な座標系が存在するとは限らない．そこで，格子振動を議論する場合には，各波数 $\boldsymbol{q}$ によって異なる座標系をとるのが普通である．即ち，$\boldsymbol{Q}_{\boldsymbol{q}}^{(\alpha)}$ を $\boldsymbol{q}$ の方向の成分 $Q_{1\boldsymbol{q}}^{(\alpha)}$ とそれに垂直な 2 方向の成分 $Q_{2\boldsymbol{q}}^{(\alpha)}$，$Q_{3\boldsymbol{q}}^{(\alpha)}$ で表す．座標軸 2，3 の方向の取り方には自由度があるので，問題に応じて適当にとればよい．もちろん，運動量に関しても同様である．

こうすると，ハミルトニアンは

$$\hat{H}_{\rm L} = \sum_{\boldsymbol{q}}{}' \sum_{\alpha=\pm} \sum_{j=1}^{3} \left[\frac{(\hat{P}_{j\boldsymbol{q}}^{(\alpha)})^2}{2M} + \frac{M\omega_{j\boldsymbol{q}}^2}{2} (Q_{j\boldsymbol{q}}^{(\alpha)})^2 \right] + \frac{\hat{\boldsymbol{P}}_0^2}{2M} \tag{3.43}$$

の形となる．ここで，$\boldsymbol{q}$ に関する和は，式 (3.42) の範囲でとる．また，$\omega_{j\boldsymbol{q}} = \omega_{\boldsymbol{q}}$ である（このように書く理由は後で説明する）．また，交換関係

$$[Q_{j\boldsymbol{q}}^{(\pm)}, \hat{P}_{j'\boldsymbol{q}'}^{(\pm)}] = i\hbar\delta_{\boldsymbol{q},-\boldsymbol{q}'}\delta_{j,j'}, \quad [Q_{j\boldsymbol{q}}^{(\pm)}, \hat{P}_{j'\boldsymbol{q}'}^{(\mp)}] = 0 \tag{3.44}$$

成り立つ（複合同順）．

このように，3 次元でも 1 次元の場合と同様に，ハミルトニアンを調和振動子のものの和の形に表すことができた．したがって，基底状態の波動関数も，1 次元の場合と同様に各調和振動子のものの積になり，励起状態は，各振動子の固有状態を指定する量子数 $n_{j\boldsymbol{q}}(=0,1,2,\cdots)$ をすべて与えることによって指定できる．また，生成，消滅演算子を

$$b_{j\boldsymbol{q}}^{\dagger} \equiv -\frac{i}{\sqrt{2M\hbar\omega_{j\boldsymbol{q}}}}\hat{P}_{j\boldsymbol{q}} + \sqrt{\frac{M\omega_{j\boldsymbol{q}}}{2\hbar}}Q_{j\boldsymbol{q}} \tag{3.45}$$

$$b_{j\boldsymbol{q}} \equiv \frac{i}{\sqrt{2M\hbar\omega_{j\boldsymbol{q}}}}\hat{P}_{j-\boldsymbol{q}} + \sqrt{\frac{M\omega_{j\boldsymbol{q}}}{2\hbar}}Q_{j-\boldsymbol{q}} \tag{3.46}$$

のように定義すれば，交換関係

$$[b_{j\boldsymbol{q}}, b_{j'\boldsymbol{q}'}^{\dagger}] = \delta_{j,j'}\delta_{\boldsymbol{q},\boldsymbol{q}'}, \quad [b_{j\boldsymbol{q}}, b_{j'\boldsymbol{q}'}] = 0, \quad [b_{j\boldsymbol{q}}^{\dagger}, b_{j'\boldsymbol{q}'}^{\dagger}] = 0 \tag{3.47}$$

が成り立ち，ハミルトニアンは

$$\hat{H}_{\rm L} = \sum_{\boldsymbol{q}} \sum_{j=1}^{3} \hbar\omega_{j\boldsymbol{q}}(b_{j\boldsymbol{q}}^{\dagger}b_{j\boldsymbol{q}} + \frac{1}{2}) \tag{3.48}$$

の形に書けるのも 1 次元の場合と全く同様である．なお，ここでは $\boldsymbol{q}$ に関する和は，式 (3.37) の範囲についてとる．

■ 3.2.3 縦波と横波

以上のように，3 次元における格子振動は基本的には 1 次元の場合と同じであるが，現実の物質においてはもっと複雑である．まず，今考えているモデル

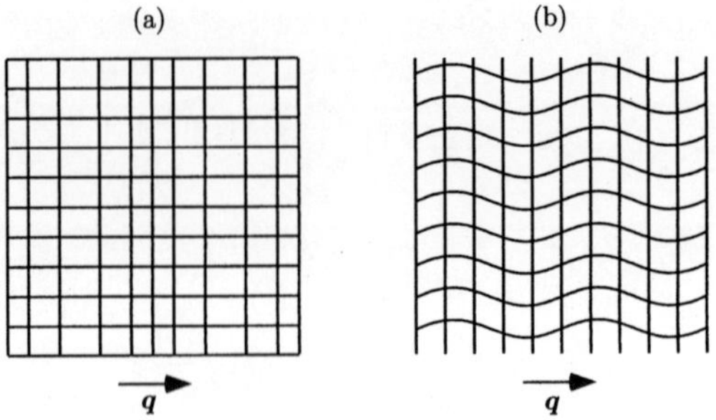

図 3.4 格子振動に伴う変位
(a) 縦波と (b) 横波.

では，$\omega_{j\boldsymbol{q}}$ は j に依存しないが，一般には，これらは同じではない．特に，$\omega_{1\boldsymbol{q}}$ と $\omega_{2\boldsymbol{q}}$，$\omega_{3\boldsymbol{q}}$ とは異なる．その理由は，図 3.4(a) の $j=1$ の振動（モード）は，密度の変動を伴うのに対して，(b) の $j=2,3$ のモードの場合は，固体の局所的な変形は「ずれ変形」であり密度の変動を伴わないからである．前者を**縦波**，後者を**横波**と呼ぶが，一般に，縦波の方が振動数が大きい．その理由は，縦波のような変位の方が応力（変形を起こすのに必要な力）が大きいからである．極端な場合としては，気体や液体では，密度の変化を伴う変位に対しては復元力が存在するが，横波のような変位に対しては復元力が働かない．

以上のように $\omega_{1\boldsymbol{q}} > \omega_{2\boldsymbol{q}}, \omega_{3\boldsymbol{q}}$ であるとすれば，$\boldsymbol{Q}_{\boldsymbol{q}}^{(\alpha)}$ を $\boldsymbol{q}$ の方向の成分とそれに垂直な 2 方向の成分で表すのは，必然的である．これ以外の方向の成分で表した場合には，ハミルトニアンは独立な調和振動子のものの和にはならない．

より正確にいえば，現実の物質では，ハミルトニアンを対角化するために $\boldsymbol{Q}_{\boldsymbol{q}}^{(\alpha)}$ を射影する座標の軸は，$\boldsymbol{q}$ が特別は方向を向いている場合以外は，$\boldsymbol{q}$ に平行でも垂直でもなく，$\omega_{j\boldsymbol{q}}$ はすべて異なる．現実的な結晶構造の場合に格子振動を正確に扱うのは簡単ではない．

■ 3.3 音響モードと光学モード

式 (3.39) からわかるように，$|\boldsymbol{q}| \ll 1/a$ の場合には

$$\omega_{\boldsymbol{q}} = v_{\mathrm{s}} q \tag{3.49}$$

$$v_{\mathrm{s}} \equiv \sqrt{\frac{K}{M}}\,a \tag{3.50}$$

となる．v_{s} は振動の伝わる速さであるが，要するに格子振動は音波であり，v_{s} は物質中の音速である．したがって，このような振動は**音響モード** (acoustic mode) と呼ばれる．

格子振動には，この他に $\boldsymbol{q} = 0$ で振動数が 0 にならないモードがある．これは，単位胞内に原子が複数個ある場合に存在するモードであり，**光学モード** (optical mode) と呼ばれる．3 次元のこのような複雑な結晶構造のモデルを扱うのは非常に煩雑なので，また 1 次元の簡単なモデルにもどることにする．

図 3.5 のように，2 種類の原子 A，B が直線上に交互に並んでいる系を考える．また，前と同じく，原子の運動も 1 次元で，変位の方向は，この直線の方向であるとする．

この系の単位胞は長さが a で，その中に原子 A，B を 1 個ずつ含む．

時刻 t における l 番目（$l = 1, 2, \cdots, N$）の単位胞内の A，B の平衡位置からの変位をそれぞれ $X_{\mathrm{A}l}$，$X_{\mathrm{B}l}$，運動量を $\hat{p}_{\mathrm{A}l}$，$\hat{p}_{\mathrm{B}l}$ として，ハミルトニアンを

$$\hat{H}_{\mathrm{L}} = \sum_{l=1}^{N}\left[\frac{\hat{p}_{\mathrm{A}l}^2}{2M_{\mathrm{A}}} + \frac{\hat{p}_{\mathrm{B}l}^2}{2M_{\mathrm{B}}} + \frac{K}{2}\{(X_{\mathrm{B}l} - X_{\mathrm{A}l})^2 + (X_{\mathrm{A}l} - X_{\mathrm{B}l-1})^2\}\right] \tag{3.51}$$

とする．ここで，M_{A}，M_{B} は，それぞれ A，B の質量である．

このハミルトニアンを対角化するために，まずフーリエ変換を行う．即ち

$$Q_{\mathrm{A}q} \equiv \frac{1}{\sqrt{N}}\sqrt{\frac{M_{\mathrm{A}}}{M_{\mathrm{B}}}}\sum_{l=1}^{N} \mathrm{e}^{-ilaq} X_{\mathrm{A}l} \tag{3.52}$$

$$Q_{\mathrm{B}q} \equiv \frac{1}{\sqrt{N}}\sqrt{\frac{M_{\mathrm{B}}}{M_{\mathrm{A}}}}\sum_{l=1}^{N} \mathrm{e}^{-ilaq} X_{\mathrm{B}l} \tag{3.53}$$

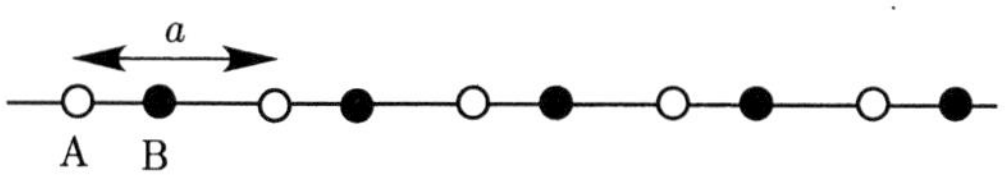

図 3.5 単位胞に 2 種類の原子 A，B を含む 1 次元モデル
A，B 間の距離は，直接問題に関係しない．

$$\hat{P}_{\mathrm{A}q} \equiv \frac{1}{\sqrt{N}}\sqrt{\frac{M_{\mathrm{B}}}{M_{\mathrm{A}}}}\sum_{l=1}^{N} \mathrm{e}^{-ilaq}\,\hat{p}_{\mathrm{A}l} \tag{3.54}$$

$$\hat{P}_{\mathrm{B}q} \equiv \frac{1}{\sqrt{N}}\sqrt{\frac{M_{\mathrm{A}}}{M_{\mathrm{B}}}}\sum_{l=1}^{N} \mathrm{e}^{-ilaq}\,\hat{p}_{\mathrm{B}l} \tag{3.55}$$

である．ここで，N は単位胞の数であり，奇数とする．また，q のとりうる値は，式 (3.8) と同じである．

こうすると，ハミルトニアンは

$$\hat{H}_{\mathrm{L}} = \sum_{q}^{N}\Bigg[\frac{\hat{P}_{\mathrm{A}-q}\hat{P}_{\mathrm{A}q} + \hat{P}_{\mathrm{B}-q}\hat{P}_{\mathrm{B}q}}{2M^*} + K_1 Q_{\mathrm{A}-q}Q_{\mathrm{A}q} + K_2 Q_{\mathrm{B}-q}Q_{\mathrm{B}q}$$
$$-\frac{K}{2}\{Q_{\mathrm{B}-q}Q_{\mathrm{A}q}(1+\mathrm{e}^{iaq}) + Q_{\mathrm{A}-q}Q_{\mathrm{B}q}(1+\mathrm{e}^{-iaq})\Bigg] \tag{3.56}$$

の形に書けることは容易にわかる．ここで

$$M^* \equiv \sqrt{M_{\mathrm{A}}M_{\mathrm{B}}}, \quad K_1 \equiv \frac{M_{\mathrm{B}}}{M_{\mathrm{A}}}K, \quad K_2 \equiv \frac{M_{\mathrm{A}}}{M_{\mathrm{B}}}K \tag{3.57}$$

である．上の変換で，$\sqrt{M_{\mathrm{A}}/M_{\mathrm{B}}}$ 等の因子をつけたのは，運動エネルギーの質量を共通にするためである．こうしておかないと，対角化に際して不便である．また，変位にもこのような因子をつけたのは，交換関係

$$[Q_{\mathrm{A}q}, \hat{P}_{\mathrm{A}q'}] = [Q_{\mathrm{B}q}, \hat{P}_{\mathrm{B}q'}] = i\hbar\delta_{q,-q'} \tag{3.58}$$

が成り立つようにするためである．

式 (3.56) の右辺のポテンシャル・エネルギーの部分を $\hat{H}_{\mathrm{op}}$ と書くと

$$\varGamma_q \equiv \begin{pmatrix} 2K_1 & -K(1+\mathrm{e}^{-iaq}) \\ -K(1+\mathrm{e}^{iaq}) & 2K_2 \end{pmatrix} \tag{3.59}$$

$$\boldsymbol{Q}_q \equiv \begin{pmatrix} Q_{\mathrm{A}q} \\ Q_{\mathrm{B}q} \end{pmatrix} \tag{3.60}$$

とすれば

$$\hat{H}_{\mathrm{op}} = \frac{1}{2}\sum_{q} \boldsymbol{Q}_q^{\dagger}\varGamma_q\boldsymbol{Q}_q \tag{3.61}$$

と書けることがわかる（$\boldsymbol{Q}_q^\dagger = (Q_{\mathrm{A}-q}, Q_{\mathrm{B}-q})$ であることに注意）．

行列 Γ_q はエルミート行列であるから，適当なユニタリー行列 U によって

$$U^\dagger \Gamma_q U = \begin{pmatrix} G_{\mathrm{a}q} & 0 \\ 0 & G_{\mathrm{o}q} \end{pmatrix} \tag{3.62}$$

のように対角化できる．Γ_q の固有値の添字 a，o の意味は後で説明する．この U によって

$$\begin{pmatrix} \xi_{\mathrm{a}q} \\ \xi_{\mathrm{o}q} \end{pmatrix} = U^\dagger \begin{pmatrix} Q_{\mathrm{A}q} \\ Q_{\mathrm{B}q} \end{pmatrix} \tag{3.63}$$

$$\begin{pmatrix} \hat{\pi}_{\mathrm{a}q} \\ \hat{\pi}_{\mathrm{o}q} \end{pmatrix} = U^\dagger \begin{pmatrix} \hat{P}_{\mathrm{A}q} \\ \hat{P}_{\mathrm{B}q} \end{pmatrix} \tag{3.64}$$

という変換を行えば，ハミルトニアンは

$$\hat{H}_L = \sum_q \sum_{\gamma=\mathrm{a,o}} \left[\frac{\hat{\pi}_{\gamma-q}\hat{\pi}_{\gamma q}}{2M^*} + \frac{G_{\gamma q}}{2}\xi_{\gamma-q}\xi_{\gamma q} \right] \tag{3.65}$$

の形となり，交換関係

$$[\xi_{\mathrm{a}q}, \hat{\pi}_{\mathrm{a}q'}] = [\xi_{\mathrm{o}q}, \hat{\pi}_{\mathrm{o}q'}] = i\hbar\delta_{q,-q'} \tag{3.66}$$

$$[\xi_{\mathrm{a}q}, \hat{\pi}_{\mathrm{o}q'}] = [\xi_{\mathrm{o}q}, \hat{\pi}_{\mathrm{a}q'}] = 0 \tag{3.67}$$

も成り立つことが示せる．

以上から，このハミルトニアンは，バネ定数 $G_{\mathrm{a}q}$ と $G_{\mathrm{o}q}$ をもつ 2 種類の調和振動子のものの和であることがわかる．行列 Γ_q の固有値を求めるのは簡単で，二つの固有値のうちどちらを $G_{\mathrm{a}q}$ とするかは，一般には自由であるが，ここでは

$$G_{\mathrm{a}q} = K_1 + K_2 - \sqrt{K_1^2 + K_2^2 + 2K^2 \cos aq} \tag{3.68}$$

$$G_{\mathrm{o}q} = K_1 + K_2 + \sqrt{K_1^2 + K_2^2 + 2K^2 \cos aq} \tag{3.69}$$

とする．したがって，一つの波数 q に対して

$$\omega_{\mathrm{a}q} = \sqrt{\frac{G_{\mathrm{a}q}}{M^*}} \tag{3.70}$$

$$\omega_{\mathrm{o}q} = \sqrt{\frac{G_{\mathrm{o}q}}{M^*}} \tag{3.71}$$

という振動数をもった二つのモードがあることがわかった.

これらのモードの特徴は，$a|q| \ll 1$ の場合を考察するとよくわかる．これらの振動数を aq の最低次で展開すると

$$\omega_{\mathrm{a}q} = \frac{Ka|q|}{\sqrt{2M^*(K_1+K_2)}} \tag{3.72}$$

$$\omega_{\mathrm{o}q} = \sqrt{\frac{2(K_1+K_2)}{M^*}}\left(1 - \frac{(Kaq)^2}{8(K_1+K_2)^2}\right) \tag{3.73}$$

となる．即ち，$\omega_{\mathrm{a}q}$ は，式 (3.23), (3.39) で与えられる ω_q, $\omega_{\boldsymbol{q}}$ と同様に，$a|q| \ll 1$ で $|q|$ に比例する．一方，$\omega_{\mathrm{o}q}$ は，$q=0$ でも 0 でない大きさをもつ．$\omega_{\mathrm{a}q}$，$\omega_{\mathrm{o}q}$ の振動数をもつモードをそれぞれ，音響モード（acoustic mode），光学モード（optical mode）と呼ぶ.

また，これらのモードに対応する座標 $\xi_{\mathrm{a}q}$，$\xi_{\mathrm{o}q}$ を調べれば，その違いがいっそうよくわかる．行列 U の成分を求めるのは難しくはないが，式が複雑になるので，$q=0$ の場合を考える．式 (3.59) から

$$\Gamma_0 = \begin{pmatrix} 2K_1 & -2K \\ -2K & 2K_2 \end{pmatrix} \tag{3.74}$$

であり，固有値は簡単に求められ，0 と $2(K_1+2K_2)$ である．これらが，式 (3.62) で，それぞれ $G_{\mathrm{a}q}$，$G_{\mathrm{o}q}$ になる変換行列 U は

$$U_{\mathrm{A}} = \frac{M_{\mathrm{A}}}{\sqrt{M_{\mathrm{A}}^2+M_{\mathrm{B}}^2}}, \quad U_{\mathrm{B}} = \frac{M_{\mathrm{B}}}{\sqrt{M_{\mathrm{A}}^2+M_{\mathrm{B}}^2}} \tag{3.75}$$

と書くと

$$U = \begin{pmatrix} U_{\mathrm{A}} & -U_{\mathrm{B}} \\ U_{\mathrm{B}} & U_{\mathrm{A}} \end{pmatrix} \tag{3.76}$$

であることは容易にわかる．したがって，式 (3.63) の逆変換から

$$Q_{\mathrm{A}q} = U_{\mathrm{A}}\xi_{\mathrm{a}q} - U_{\mathrm{B}}\xi_{\mathrm{o}q} \tag{3.77}$$

$$Q_{\mathrm{B}q} = U_{\mathrm{B}}\xi_{\mathrm{a}q} + U_{\mathrm{A}}\xi_{\mathrm{o}q} \tag{3.78}$$

となる．

これからわかることは，音響モードのみが励起されている場合，即ち，$\xi_{\mathrm{o}q} = 0$ の場合には，$Q_{\mathrm{A}q}$ と $Q_{\mathrm{B}q}$ は同じ符号をもち，光学モードが励起されている場合には，これらの符号は逆になる，ということである．したがって，音響モードでは，単位胞内の原子は同じ方向に動き，光学モードでは，これらは逆に動く．A 原子と B 原子のもつ電荷が異なる場合，光学モードが励起されれば双極子モーメントを生じるので，光学モードは光（赤外線）によって励起できる．これが，光学モードと呼ばれる理由である．

3 次元で単位胞内に複数（n 個）の原子がある場合の取扱いは非常に複雑であるが，一般に，一つの波数に対して 3 個の音響モード（1 個の縦波と 2 個の横波）と $3(n-1)$ 個の光学モードがある．

■ 3.4 電子・格子相互作用

この節では，格子振動と電子との相互作用を議論する．個体を構成する原子がその平衡位置からずれれば，当然電子にも影響を与える．3.3 節でも述べたように，現実の格子での格子振動における原子の運動は複雑であり，電子に与える影響を定量的に扱うのは簡単ではない．そこで，一般には，問題を簡単化して定性的な電子・格子相互作用のハミルトニアンを求め，それに含まれる定数は実験から求めるのが普通である．以下では，金属の場合を考える．

まず，各原子が平行位置にある場合に電子が感じるポテンシャル・エネルギーはすでにエネルギー・バンドに取り込んであるので，そこからの原子のずれによるポテンシャル・エネルギーを考える．簡単化の一つは，原子を連続的に分布した正電荷に置き換えてしまうことである．3.2 節で定義した原子の位置の変位 $\boldsymbol{R_l}$ を，$a\boldsymbol{l} \to \boldsymbol{r}$ と置き換えて連続的な点 $\boldsymbol{r}$ における原子の変位 $\boldsymbol{R}(\boldsymbol{r})$ と読み換える．原子の平均の電荷密度を ρ_0 とすると，変位による電荷密度の変化は

$$\delta\rho(\boldsymbol{r}) = -\rho_0 \mathrm{div}\boldsymbol{R}(\boldsymbol{r}) \tag{3.79}$$

で与えられる.

ここで, ρ_0 の値をどれだけにするかが問題である. 原子1個当たりの電荷を原子の価数にしてしまうのは, 乱暴である. ここでは, 伝導帯にある電子は原子から完全に分離していると考えて, 原子 (イオン) はその分だけの電荷をもつとする. 伝導帯よりエネルギーの低いエネルギー・バンドにある電子は, 常に原子核の電荷を打ち消しているとみなす.

ただし, 伝導帯にある電子も, イオンの電荷を部分的に打ち消すように移動して, $\delta\rho(\boldsymbol{r})$ が作るポテンシャル・エネルギーを弱める. この効果を**遮蔽効果**と呼ぶ*1. 遮蔽効果に関しては, 付録Cを参照していただきたい. 電荷 $\delta\rho(\boldsymbol{r})$ によって作られるポテンシャル・エネルギーは, $\delta\rho(\boldsymbol{r})$ が $\mathrm{e}^{i\boldsymbol{q}\cdot\boldsymbol{r}}$ のように場所に依存する場合には式 (C.10) で与えられるが, $|\boldsymbol{q}|$ が小さいとすれば

$$V(\boldsymbol{r}) = -\frac{\delta\rho(\boldsymbol{r})}{2eD(E_\mathrm{F})} \tag{3.80}$$

である. ここで, $D(E_\mathrm{F})$ は, 式 (C.5) で定義される状態密度のフェルミ・エネルギーにおける値である.

一方, 式 (3.34) の逆変換から, $a\boldsymbol{l}$ を連続変数として $\boldsymbol{r}$ に置き換えると

$$\boldsymbol{R}(\boldsymbol{r}) = \frac{1}{N^{3/2}}\sum_{\boldsymbol{q}} \boldsymbol{Q}_{\boldsymbol{q}}\mathrm{e}^{i\boldsymbol{q}\cdot\boldsymbol{r}} \tag{3.81}$$

であるから

$$\mathrm{div}\boldsymbol{R}(\boldsymbol{r}) = \frac{1}{N^{3/2}}\sum_{\boldsymbol{q}} i\boldsymbol{q}\cdot\boldsymbol{Q}_{\boldsymbol{q}}\mathrm{e}^{i\boldsymbol{q}\cdot\boldsymbol{r}} \tag{3.82}$$

となる. この式の右辺には, $\boldsymbol{Q}_{\boldsymbol{q}}$ の $\boldsymbol{q}$ に平行な成分, 即ち縦波の成分 $Q_{1\boldsymbol{q}}$ のみが寄与するが, 横波は密度の変化をもたらさないので当然である. $Q_{1\boldsymbol{q}}$ は, 式 (3.45), (3.46) から

$$Q_{1\boldsymbol{q}} = \sqrt{\frac{\hbar}{2M\omega_{1\boldsymbol{q}}}}(b_{1\boldsymbol{q}}^\dagger + b_{1-\boldsymbol{q}}) \tag{3.83}$$

---

*1 遮蔽効果は電子間のクーロン相互作用によるものであるから, 電子・格子相互作用と電子間相互作用の両方の効果を考える場合には, 前者には後者がある程度取り入れられているので後者を二重に取り入れないように注意すべきである.

と表せるから，結局，式 (3.79)，(3.80) から

$$V(\boldsymbol{r}) = \frac{iC}{N^{3/2}} \sum_{\boldsymbol{q}} \sqrt{\frac{\hbar}{2M\omega_{1\boldsymbol{q}}}} \mathrm{e}^{i\boldsymbol{q}\cdot\boldsymbol{r}} |\boldsymbol{q}| (b_{1\boldsymbol{q}}^{\dagger} + b_{1-\boldsymbol{q}}) \tag{3.84}$$

$$C \equiv \frac{\rho_0}{2eD(E_{\mathrm{F}})} \tag{3.85}$$

を得る．

ここで考えたメカニズムによるポテンシャル・エネルギーを**変形ポテンシャル**（deformation potential）と呼ぶ．ここでは金属の場合を考えたが，半導体等でも上の形はよく使われる．詳しいことは，文献 2) 等を参照していただきたい．いずれにしろ，$V(\boldsymbol{r})$ の形はかなり近似的なものであると考えるべきである．例えば，C の値は，式 (3.85) から計算できるはずであるが，あまり定量的に信用できると考えるべきではない．一般には，このポテンシャルの形を使っていくつかの量（例えば，電気抵抗）を計算し，それらが実験値とつじつまが合うように C を決めるのが普通である．また，横波でも格子が変形すれば電子に何らかの影響を与えることは確かであるから，一般には，横波も電子と相互作用する．

■ 3.5 パイエルス転移

電子・格子相互作用の応用として，この節では，**パイエルス転移**を取り扱う．話を簡単にするために，1 次元系を考える．実際，後で説明するように，現実には 1 次元に近い物質でないと起こりにくい現象である．

パイエルス転移は，電子・格子相互作用のために，格子の静的な変形が生じて金属が絶縁体になる現象である．図 3.6 の実線のような構造の伝導帯をもつ 1 次元金属があり，$|k| \leq k_{\mathrm{F}}$ の状態は電子が占めているとする．この系で，格子の変形のために

$$V(x) = V_0 \sin 2k_{\mathrm{F}}x \tag{3.86}$$

の形の周期的ポテンシャル・エネルギーが生じたとすると，第 1 章で述べたように，ブリユアン・ゾーンの $k = \pm k_{\mathrm{F}}$ の点にエネルギー・ギャップができてエネ

ルギー・バンドは点線のようになる．電子は，$|k| \leq k_{\mathrm{F}}$ の状態を占めているので，それによって電子系全体のエネルギーが小さくなる．このエネルギーの減少分が格子の変形のエネルギーより大きければ，0 K ではこのような状態が実現されるわけである．この現象が起こりうることは，パイエルス (R.E. Peierls) によって示されたので，この名がある[3)]．

まず，格子変形によるポテンシャル・エネルギーを，式 (3.83)，(3.84) を 1 次元化して

$$V(x) = \frac{iC}{\sqrt{N}} \sum_q \mathrm{e}^{iqx} |q| Q_q \tag{3.87}$$

とする．1 次元または 1 次元に近い系でこのような式が成り立つということは導いてはいないが，重要な点は，$V(x)$ が変位の 1 次式であるという点だけであるので，この式を使うことにする．式 (3.86) のようなポテンシャル・エネルギーが生ずるためには

$$Q_q = \begin{cases} Q, & (q = 2k_{\mathrm{F}}) \\ -Q, & (q = -2k_{\mathrm{F}}) \\ 0, & (q \neq \pm 2k_{\mathrm{F}}) \end{cases} \tag{3.88}$$

となっていればよいことは簡単にわかる．実際，これを式 (3.87) に代入してみれば，式 (3.86) の V_0 は

$$V_0 = -\frac{4Ck_{\mathrm{F}}Q}{\sqrt{N}} \tag{3.89}$$

で与えられることがわかる．

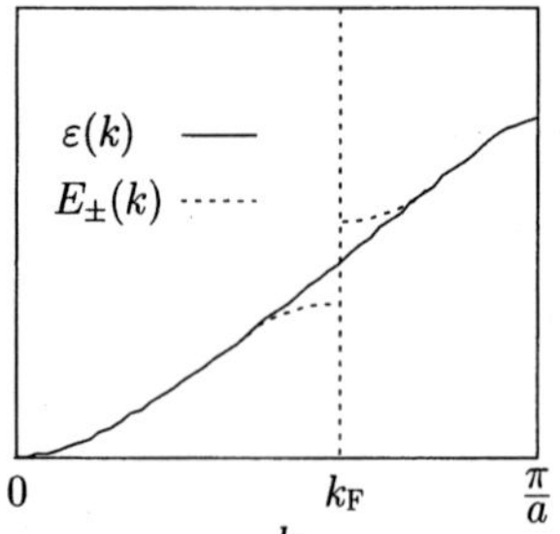

図 3.6　1 次元金属の伝導帯のエネルギー・バンド構造（実線）とパイエルス転移による変化（点線）

周期ポテンシャルによるエネルギー・ギャップの生成は式 (1.32) で表されているが，ここでは

$$V_{m'} = \frac{V_0}{2} \tag{3.90}$$

$$G_{m'} = -2k_{\mathrm{F}} \tag{3.91}$$

のように対応しており，格子変形のない場合の伝導帯のエネルギーを $\varepsilon(k)$ とすると，エネルギーは

$$E_{\pm}(k) = \frac{1}{2}\Big\{\varepsilon(k) + \varepsilon(k-2k_{\mathrm{F}}) \pm\sqrt{(\varepsilon(k)-\varepsilon(k-2k_{\mathrm{F}}))^2 + V_0^2}\Big\} \tag{3.92}$$

のように変わる．また，$\varepsilon(k)$ はブロッホ固有状態のエネルギーを使うべきであるが，図 3.6 のように，$k = k_{\mathrm{F}}$ の点がブリユアン・ゾーンの端から十分に離れていれば，自由電子のもので置き換えてよい．

したがって，エネルギー・ギャップの生成による電子の全エネルギーの変化は

$$\Delta E_{\mathrm{e}} = \frac{4L}{2\pi}\int_0^{k_{\mathrm{F}}} \{E_{-}(k) - \varepsilon(k)\}\,dk \tag{3.93}$$

となる．ここで，右辺の因子 4 は，スピンによる 2 と，$-k_{\mathrm{F}} \le k < 0$ の寄与も含めるための 2 からくるものであり，L は系の長さである．この式は，$v_0 \equiv m_{\mathrm{e}}V_0/(2\hbar^2 k_{\mathrm{F}})$ とおくと

$$\Delta E_{\mathrm{e}} = \frac{2\hbar^2 L k_{\mathrm{F}}}{\pi m_{\mathrm{e}}}\int_0^{k_{\mathrm{F}}} \left(k - \sqrt{k^2+v_0^2}\right)dk \tag{3.94}$$

と書き直せて，積分を行えば，$\alpha \equiv v_0/k_{\mathrm{F}}$ と書いて

$$\Delta E_{\mathrm{e}} = \frac{\hbar^2 L k_{\mathrm{F}}^3}{\pi m_{\mathrm{e}}}\left[\alpha^2 \log\frac{|\alpha|}{1+\sqrt{1+\alpha^2}} + 1 - \sqrt{1+\alpha^2}\right] \tag{3.95}$$

を得る．格子の変形が十分小さく $|\alpha| \ll 1$ であるとすれば

$$\Delta E_{\mathrm{e}} = \frac{\hbar^2 L k_{\mathrm{F}}^3}{\pi m_{\mathrm{e}}}\alpha^2\left(\log\frac{|\alpha|}{2} - \frac{1}{2}\right) \tag{3.96}$$

となる．

一方，格子の変形に必要なエネルギーは，式 (3.12), (3.88) から

$$\Delta E_{\mathrm{L}} = 4KQ^2 \sin^2 ak_{\mathrm{F}} \tag{3.97}$$

である[*1]（a は原子の間隔）．Q を α で表すと

$$Q = -\frac{\hbar^2 k_{\mathrm{F}} \sqrt{N}}{2Cm_{\mathrm{e}}} \alpha \tag{3.98}$$

であるから，結局，全エネルギーの変化は

$$\Delta E_{\mathrm{t}} = \Delta E_{\mathrm{e}} + \Delta E_{\mathrm{L}} = \frac{\hbar^2 L k_{\mathrm{F}}^3}{\pi m_{\mathrm{e}}} \alpha^2 \left(\log \frac{|\alpha|}{2} - \frac{1}{2} + A \right) \tag{3.99}$$

$$A \equiv \frac{\pi \hbar^2 \sin^2 ak_{\mathrm{F}}}{ak_{\mathrm{F}} m_{\mathrm{e}} C^2} K \tag{3.100}$$

となる．

この式で，α は Q に比例し，それ以外の量は Q によらないので，Q が十分に小さければ，$\Delta E_{\mathrm{t}} < 0$ となる．したがって，このモデルの範囲では，必ずパイエルス転移は起こることになる．ΔE_{t} が最小になるのは，$\alpha = \pm 2\mathrm{e}^{-A}$ であることは簡単にわかる．

ここでは，1 次元系を扱ったが，3 次元の系でパイエルス転移が起こりうるかどうかを議論するのは非常に難しい．3 次元では，よほど特殊なエネルギー・バンド構造でない限り，フェルミ面上のすべての場所でエネルギー・ギャップが生ずるような格子の変形は存在しない．したがって，一般には，格子変形に伴う電子のエネルギーの減少が小さく，パイエルス転移は起きにくい．実際，現実に観測されているのは，エネルギー・バンド構造が 1 次元に近い有機伝導体の場合がほとんどである．

なお，パイエルス転移のより詳しいことに関しては，文献 4) を参照していただきたい．

文 献

1) C. Kittel: Introduction to Solid State Physics (John Wiley & Sons) 第 4 章.

[*1] 調和振動子では，変形が起きても基底状態の運動エネルギーは変わらない．

2) C. Kittel: Quantum Theory of Solids (John Wiley & Sons) 第 7 章.
3) R.E. Peierls: Quantum Theory of Solids (Oxford) p. 117（碓井恒丸他訳：固体の量子論（物理学叢書 6, 1957, 吉岡書店））.
4) 小野嘉之：金属絶縁体転移（朝倉物性物理シリーズ 1, 2002, 朝倉書店）.

章末問題

(1) 式 (3.32) を導け.

(2) 格子を構成する原子の運動量の総和を $\hat{P}_{\rm t}$ と書く. 式 (3.31) で定義される固有状態 $\boldsymbol{\Phi_n}(\boldsymbol{X})$ による $\hat{P}_{\rm t}$ の期待値を求めよ.

第4章

固体の熱的性質—比熱

これまでの章では，固体中の電子と原子核（イオン）の振舞について議論した．以下の章では，理論的に予言したこれらの振舞が，固体の性質にどのような形で現れるか，ということを議論しよう．第4章では，熱的な性質を取り上げるが，その中でも**比熱**について議論する．熱的な現象の中には，膨張，融解，熱伝導等もあるが，これらは，これまでの章で述べたような単純な固体のモデルでは議論できないし，逆に，これらの測定から電子や原子核の運動についての情報を引き出すのも簡単ではない．その点，比熱は，量子力学の初期の段階でその応用の対象として議論され，量子力学の正しさを示すことに大いに貢献したという意味で，非常に重要なものである．

比熱は，固体に微小な熱量 ΔQ を与えたときに，温度が ΔT 上昇したとすると，$C \equiv \Delta Q/\Delta T$ で定義される．これは，当然，固体の量に比例するから，一般には，単位量（1 kg，1モル等）に対するものが用いられるが，どれを用いるかは習慣が定まっていないので，数値を引用する場合には注意が必要である．

理論的には，温度 T のときの固体の全エネルギーの平均値を $E(T)$ とすると，温度が $T+\Delta T$ になったときのエネルギー $E(T+\Delta T)$ との差は外部から与えられたはずである．したがって，比熱を求めるためには

$$C(T) = \lim_{\Delta T \to 0} \frac{E(T+\Delta T) - E(T)}{\Delta T} = \frac{dE(T)}{dT} \tag{4.1}$$

を計算すればよいことになる．エネルギーの平均値は，固体全体の固有エネルギーを E_i とすると

$$E(T) = \frac{1}{Z(T)} \sum_i E_i \mathrm{e}^{-\beta E_i} \tag{4.2}$$

$$Z(T) \equiv \sum_i \mathrm{e}^{-\beta E_i} \tag{4.3}$$

で与えられる．ただし，$\beta = 1/k_{\mathrm{B}}T$ で，k_{B} はボルツマン定数である．実際の計算では，**分配関数** $Z(T)$ が計算できれば

$$E(T) = -\frac{\partial}{\partial \beta} \log Z(T) \tag{4.4}$$

のようにして $E(T)$ を求めることができる．

■ 4.1 比熱の古典理論

量子力学の正しさを認識するためには，古典理論との違いを知る必要がある．そもそも，古典理論では固体は存在し得ないのであるが，そこは目をつぶって，原子が結晶をなしているとする．固体全体のエネルギーは，原子核によるものと電子によるものがあるが，ここでは，まず原子核によるものを考えよう．その理由は，後で説明する．

古典力学のエネルギーは，量子力学のハミルトニアンで，運動量と座標の演算子を古典的な量に置き換えればよい（実際には，逆であるが）．話を簡単にするために，また，1 次元系を考える．モデル・ハミルトニアンとして，式 (3.1) を仮定すると，エネルギーは

$$E_{\mathrm{1D}}(\boldsymbol{P}, \boldsymbol{X}) = \sum_{l=1}^{N} \left\{ \frac{p_l^2}{2M} + \frac{K}{2}(X_l - X_{l-1})^2 \right\} \tag{4.5}$$

となる．ただし，$\boldsymbol{P} \equiv (p_1, p_2, \cdots, p_N)$，$\boldsymbol{X} \equiv (X_1, X_2, \cdots, X_N)$ である．古典力学における分配関数は，式 (4.3) に対応して

$$Z_{\mathrm{1D}}(T) \equiv \iint \cdots \int \mathrm{e}^{-\beta E_{\mathrm{1D}}(\boldsymbol{P}, \boldsymbol{X})} \prod_{l=1}^{N} (dp_l dX_l) \tag{4.6}$$

のように定義される．積分範囲はいずれも $(-\infty, \infty)$ である（以下同じ）．

古典力学でも式 (3.7), (3.14), (3.15) の変換を行うと，エネルギーは

$$E_{1\mathrm{D}}(\boldsymbol{P},\boldsymbol{X}) = E_p(\boldsymbol{P}) + E_X(\boldsymbol{Q}) \tag{4.7}$$

$$E_p(\boldsymbol{P}) \equiv \sum_{l=1}^{N} \frac{p_l^2}{2M} \tag{4.8}$$

$$E_X(\boldsymbol{Q}) \equiv \sum_{q>0}\sum_{\alpha=\pm} 2K(Q_q^{(\alpha)})^2 \sin^2 \frac{aq}{2} \tag{4.9}$$

となる．ここで，$Q_q^{(\pm)}$ が実数であることに注意すれば，分配関数は

$$Z_{1\mathrm{D}}(T) = Z_p(T)Z_X(T) \tag{4.10}$$

$$Z_p(T) \equiv \iint\cdots\int \mathrm{e}^{-\beta E_p(\boldsymbol{P})} \prod_l dp_l \tag{4.11}$$

$$Z_X(T) \equiv \iint\cdots\int \mathrm{e}^{-\beta E_X(\boldsymbol{X})} J dX_0 \prod_{q>0} (dQ_q^{(+)} dQ_q^{(-)}) \tag{4.12}$$

の形に書ける．ただし，J は，積分変数の変換によって現れるヤコビの行列式

$$\frac{\partial(X_1, X_2, \cdots, X_N)}{\partial(Q_0, Q_1^{(+)}, \cdots, Q_{(N-1)/2}^{(-)})} \tag{4.13}$$

の絶対値である．なお，ここでは，$q = 2\pi m/(Na)$ の場合の $Q_q^{(\pm)}$ を $Q_m^{(\pm)}$ と書いた（式 (3.8) 参照）．X_l から $Q_m^{(\pm)}$ への変換は線形であるから，J は定数である．また，逆変換が存在するので J は 0 ではない（付録 D 参照）．

まず，式 (4.11) の右辺は簡単に計算できる．即ち

$$Z_p(T) = \left\{ \int \exp\left(-\beta \frac{p^2}{2M}\right) dp \right\}^N = (2\pi k_{\mathrm{B}} T M)^{N/2} \tag{4.14}$$

である．

$Z_X(T)$ に関しては，$E_X(\boldsymbol{Q})$ が Q_0 に依存していないので，Q_0 で積分すると $Z_X(T)$ が無限大になってしまう．式 (3.7) を見ると，Q_0 は全原子の（つまり固体の）重心の座標であることがわかる．即ち，この発散は，固体をどこにおくか，という自由度によるものであり，一定の場所においてあるとすれば，この自由度は考えなくてよい．したがって，式 (4.12) から

$$Z_X(T) = J \prod_{q>0} \frac{\pi k_B T}{2K \sin^2(aq/2)} \tag{4.15}$$

を得る．式 (3.8) から，正の範囲で k のとりうる値は $(N-1)/2$ 個であるので，結局，式 (4.14)，(4.15) から

$$Z_{1D} = (k_B T)^{N-1/2} Y_{1D} \tag{4.16}$$

を得る．ここで，Y_{1D} は温度 T によらない量である．したがって，$N \gg 1$ とすると，式 (4.4) からエネルギーの平均値は

$$E(T) = N k_B T \tag{4.17}$$

となる．1 モル当たりの比熱は，N をアボガドロ数 N_0 として，式 (4.1) から

$$C_{mol}(T) = N_0 k_B = R \tag{4.18}$$

を得る（R は気体定数）．

このように，古典力学の範囲では，格子振動による比熱は原子の質量や原子間の力にはよらず，原子の数だけで決まる．原子の数は，ハミルトニアンを調和振動子のそれの和の形に書いたときの振動子の数である．3 次元の固体の場

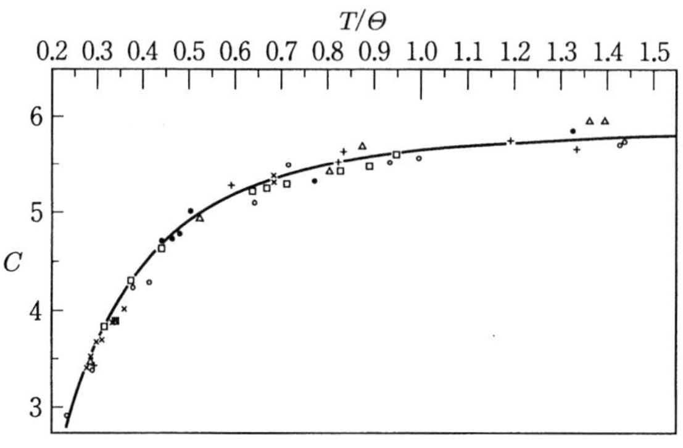

図 4.1　固体の比熱

記号は，○: Tl，□: Hg，×: I，+: Cd，△: Na，●: KBr である．横軸は温度を各固体のデバイ温度（4.2 節参照）で割ったもの．縦軸の単位は cal mol^{-1}K^{-1} で，$3R = 5.96$ cal mol^{-1}K^{-1} である（文献 1) より）．

合には，第 3 章で見たように，1 個の原子に 3 方向の自由度に対応する 3 個の調和振動子が付随する．したがって，1 原子当たりのエネルギーは 1 次元の場合の 3 倍となり，1 モル当たりの比熱は，固体の種類にかかわらず

$$C_{\mathrm{mol}}(T) = 3N_0 k_{\mathrm{B}} = 3R \tag{4.19}$$

となる．これは，デュロン–プティ（**Dulong-Petit**）の法則と呼ばれ，室温程度以上の温度では，実験的にも成り立つことが古くから知られていた．ところが，低温ではこの法則は成り立たず，温度とともに比熱は減少する（図 4.1）．この振舞は，量子力学を応用することにより見事に説明された．歴史に残る量子力学の成果の一つである．

■ 4.2 比熱の量子力学的理論

まず，格子振動を記述するハミルトニアンは，式 (3.48) と同じく

$$\hat{H}_{\mathrm{L}} = \sum_{\boldsymbol{q}} \sum_{j=1}^{3} \hbar\omega_{j\boldsymbol{q}} (b_{j\boldsymbol{q}}^{\dagger} b_{j\boldsymbol{q}} + \frac{1}{2}) \tag{4.20}$$

とする．第 3 章で見たように，$b_{j\boldsymbol{q}}^{\dagger} b_{j\boldsymbol{q}}$ の固有値は 0 以上の整数であるから，これを $n_{j\boldsymbol{q}}$ と書くと，系全体の固有エネルギーは，すべての j と $\boldsymbol{q}$ に対するこの値を指定することにより決まる．即ち，すべての $n_{j\boldsymbol{q}}$ の集合を $\boldsymbol{n}$ と書くと，格子振動の全エネルギーは

$$E_{\mathrm{L}}(\boldsymbol{n}) = \sum_{\boldsymbol{q}} \sum_{j=1}^{3} \hbar\omega_{j\boldsymbol{q}} n_{j\boldsymbol{q}} \tag{4.21}$$

となる．ここで，式 (4.20) の右辺の 1/2 の寄与は，エネルギーの原点をずらすだけであるので無視する．

これから，分配関数は式 (4.3) により

$$Z(T) = \sum_{\boldsymbol{n}} \mathrm{e}^{-\beta E_{\mathrm{L}}(\boldsymbol{n})} \tag{4.22}$$

となる．ここで，$\boldsymbol{n}$ に関する和とは，すべての $n_{j\boldsymbol{q}}$ に関して 0 から無限大まで

の和をとることを意味する．したがって，式 (4.21) から

$$Z(T) = \prod_{\boldsymbol{q}} \prod_{j=1}^{3} \left\{ \sum_{n_{j\boldsymbol{q}}=0}^{\infty} \exp(-\beta\hbar\omega_{j\boldsymbol{q}} n_{j\boldsymbol{q}}) \right\} \tag{4.23}$$

となる．右辺の { } の中は等比級数であるから簡単に計算できて，両辺の対数をとれば

$$\log Z(T) = -\sum_{\boldsymbol{q}} \sum_{j=1}^{3} \log\{1 - \exp(-\beta\hbar\omega_{j\boldsymbol{q}})\} \tag{4.24}$$

のように簡単な式となる．これから，式 (4.4) を使って

$$E(T) = \sum_{\boldsymbol{q}} \sum_{j=1}^{3} f_{\mathrm{B}}(\hbar\omega_{j\boldsymbol{q}})\hbar\omega_{j\boldsymbol{q}} \tag{4.25}$$

$$f_{\mathrm{B}}(W) \equiv \frac{1}{\mathrm{e}^{\beta W} - 1} \tag{4.26}$$

という関係が得られる．$f_{\mathrm{B}}(W)$ は**ボーズ（Bose）分布関数**と呼ばれる[*1]．

一般には，式 (4.25) の右辺を解析的に計算することはできない．しかし，高温と低温の極限では可能である．

高温の極限とは，最大の $\hbar\omega_{j\boldsymbol{q}}$ よりも $k_{\mathrm{B}}T$ が十分に大きい場合である．この場合には，式 (4.25) の右辺で

$$f_{\mathrm{B}}(\hbar\omega_{j\boldsymbol{q}}) \approx \frac{k_{\mathrm{B}}T}{\hbar\omega_{j\boldsymbol{q}}} \tag{4.27}$$

と近似できる．したがって

$$E(T) = \sum_{\boldsymbol{q}} \sum_{j=1}^{3} k_{\mathrm{B}}T = 3N^3 k_{\mathrm{B}}T \tag{4.28}$$

となる．ここで，$\boldsymbol{q}$ の総数は原子の数 N^3 に等しいことを使った．これは，古典力学の結果に一致する．なお，最大の $\hbar\omega_{j\boldsymbol{q}}$ を k_{B} で割って温度に換算したものを**デバイ（Debye）温度**と呼ぶ．普通の固体のデバイ温度は，100 K から数

[*1] ボーズ–アインシュタイン（Bose-Einstein）分布関数とも呼ばれる．

百 K 程度である．

次に，低温の極限を扱う前に，式 (4.25) の $\boldsymbol{q}$ に関するを積分に書き換えておこう．和は，式 (3.36)，(3.37) の範囲で行うが，N が十分に大きければ，和を

$$\sum_{\boldsymbol{q}} \to \left(\frac{aN}{2\pi}\right)^3 \int_{-\pi/a}^{\pi/a}\int_{-\pi/a}^{\pi/a}\int_{-\pi/a}^{\pi/a} dq_x\,dq_y\,dq_z \tag{4.29}$$

と置き換えられる．

第 3 章で示したように，一般に q が十分小さければ，$\omega_{j\boldsymbol{q}}$ は k に比例する．一方，式 (4.25) で，$\hbar\omega_{j\boldsymbol{q}} \gg k_{\mathrm{B}}T$ であるような $\boldsymbol{q}$ はほとんど和に寄与しないことは容易にわかる．したがって，十分低温では

$$\omega_{1\boldsymbol{q}} = v_1 q \tag{4.30}$$

$$\omega_{2\boldsymbol{q}} = \omega_{3\boldsymbol{q}} = v_2 q \tag{4.31}$$

と近似してよい．また，積分の上限，下限はそれぞれ，∞，$-\infty$ に置き換えてもよい．そうすれば，式 (4.25) は

$$E(T) = \sum_{j=1}^{3}\left(\frac{aN}{2\pi}\right)^3 \int f_{\mathrm{B}}(\hbar v_j q)\hbar v_j q\,d\boldsymbol{q} \tag{4.32}$$

となる．ここで，積分は $\boldsymbol{q}$ の全空間で行う．積分変数を $x \equiv \beta\hbar v_j q$ と変換すると，エネルギーは

$$E(T) = A(k_{\mathrm{B}}T)^4 \tag{4.33}$$

$$A \equiv \sum_{j=1}^{3} 4\pi\left(\frac{aN}{2\pi\hbar v_j}\right)^3 \int_0^{\infty}\frac{x^3}{\mathrm{e}^x - 1}\,dx \tag{4.34}$$

となる．A は温度によらないので，比熱は，式 (4.1) から

$$C_{\mathrm{L}}(T) = 4Ak_{\mathrm{B}}^4 T^3 \tag{4.35}$$

となる．1 モル当たりの比熱であれば，式 (4.34) で $N^3 = N_0$ とすればよい．なお，式 (4.34) の積分の値は，$\pi^4/15$ である．

古典力学と量子力学の違いは，以下のようである．古典力学では，すべての

モードのエネルギーが連続的な値をとりうるので，その平均値は振動数に関係なく $k_{\mathrm{B}}T$ となる．これに対して，量子力学では，振動数 $\omega_{j\boldsymbol{q}}$ のモードのエネルギーは $\hbar\omega_{j\boldsymbol{q}}$ の整数倍の値のみをとれるので，この値が $k_{\mathrm{B}}T$ より十分大きい場合には，その平均値は $\hbar\omega_{j\boldsymbol{q}}\mathrm{e}^{-\beta\hbar\omega_{j\boldsymbol{q}}}$ の程度となって比熱にはほとんど寄与しない．実質的に比熱に寄与するのは $\hbar\omega_{j\boldsymbol{q}} \lesssim k_{\mathrm{B}}T$ を満たすモードのみであり，このようなモードの数は，モードの総数 $3N^3$ のうち，ほぼ $\sum_j (aNk_{\mathrm{B}}T/2\pi\hbar v_j)^3$ であるから，その比だけ比熱が小さくなっているわけである．

以上のように，比例係数は物質によるが，比熱が低温で T^3 に比例するのは，物質によらずに成り立つはずである．しかし，実験によれば，絶縁体ではそうだが，金属ではそうならない．この理由として当然考えられることは，エネルギーに対する電子の寄与を考えに入れていないことである．

古典力学で比熱を計算すると，格子振動の場合と同様に，運動エネルギーとポテンシャルエネルギーの寄与の和である．運動エネルギーの寄与は，格子振動の場合は原子1個当たりその質量によらず $3k_{\mathrm{B}}/2$ であるから，電子1個当たりの寄与も全く同じはずである．したがって，原子価 Z の物質の場合には，1モルの比熱は，格子振動の寄与を除いて，少なくとも $3RZ/2$ はあるはずであり，これはほとんどの物質ではデュロン–プティの法則の $3R$ よりはるかに大きい．それでも，経験的には，高温でこの法則が成り立っているからには，量子力学で問題を取り扱う必要があることは明らかである．

■ 4.3 電子比熱

比熱に対する電子の寄与も，分配関数 $Z(T)$ から得られる．第1章，第2章で示したように，固体中の電子の固有状態はバンド指数（ここでは，ν と書く）とブリユアン・ゾーンの中の波数 $\boldsymbol{k}$，およびスピンの向き $s(=\pm 1/2)$ の組で指定される．電子全体のエネルギーは，電子がどの状態にいるかで決まる．量子数の組 $(\nu, \boldsymbol{k}, s)$ を α で表し，状態 α に電子がいるかいないかを $n_\alpha = 1, 0$ で表すことにして，$\boldsymbol{n}$ を n_α の集合とすると，電子全体のエネルギーは

$$E_{\mathrm{e}}(\boldsymbol{n}) = \sum_{\alpha} E_\alpha n_\alpha \tag{4.36}$$

と書ける．ただし，状態 α の固有エネルギー E_α は，第 2 章で与えた $E_\nu(\boldsymbol{k})$ である．また，電子の総数を N_e とすると

$$\sum_\alpha n_\alpha = N_\mathrm{e} \tag{4.37}$$

との制限つきである．

分配関数は

$$Z(T) = \sum_{\boldsymbol{n}} \mathrm{e}^{-\beta E_\mathrm{e}(\boldsymbol{n})} \tag{4.38}$$

で与えられる．ただし，和の意味は，式 (4.37) の制限のもとで，$n_{\nu\boldsymbol{k}s} = 1, 0$ のすべての組み合わせについてとれ，ということである．この制限のため，分配関数を計算するのは，格子振動の場合ほど簡単ではない．そこで，一般に，電子系の熱力学を議論する場合には，今まで使ってきた**カノニカル分布**ではなく，**大カノニカル分布**を使うのが普通である．

この方法では，ボルツマン因子 $\mathrm{e}^{-\beta E_\mathrm{e}(\boldsymbol{n})}$ の代わりに $\mathrm{e}^{-\beta\{E_\mathrm{e}(\boldsymbol{n}) - \mu N(\boldsymbol{n})\}}$ を使う．$N(\boldsymbol{n})$ は電子の総数であり

$$N(\boldsymbol{n}) \equiv \sum_\alpha n_\alpha \tag{4.39}$$

で定義される．μ は**化学ポテンシャル**と呼ばれる量であり，$N(\boldsymbol{n})$ の平均値が，N_e になるように決める．式 (4.37) の制限があれば，この置き換えはエネルギーの原点を μ だけずらすことにすぎないが，大カノニカル分布では，ある量の平均値等を計算する場合に電子数に関する制限をつけない．

この方法で得られる結果で一番重要なのは，1 電子状態 α に電子がいる確率，即ち n_α の平均値が，いわゆる**フェルミ（Fermi）分布関数**[*1]

$$f_\mathrm{F}(E_\alpha) \equiv \frac{1}{\exp\{\beta(E_\alpha - \mu)\} + 1} \tag{4.40}$$

で与えられることである．簡単にいえば，ある一つの固有状態 α だけに注目すれば，その状態に電子がいるかいないかの確率の比は $\mathrm{e}^{-\beta(E_\alpha - \mu)} : 1$ で，両者の和が 1 になるように規格化すれば，電子のいる確率は上の式の右辺のようにな

---

*1 フェルミ–ディラック（Fermi-Dirac）分布関数とも呼ぶ．

る．なぜ大カノニカル分布で置き換えてよいかということに関しては，付録 E を参照していただきたい．

これから，エネルギーの平均値は

$$E(T) = \sum_{\alpha} E_\alpha f_{\mathrm{F}}(E_\alpha) \tag{4.41}$$

であり，電子数の平均値が N_{e} でなければならないことから

$$\sum_{\alpha} f_{\mathrm{F}}(E_\alpha) = N_{\mathrm{e}} \tag{4.42}$$

が成り立つように，μ が決まるのである．ここで，状態密度

$$D_{\mathrm{t}}(E) \equiv \sum_{\alpha} \delta(E - E_\alpha) \tag{4.43}$$

を導入する[*1]．$D_{\mathrm{t}}(E)$ は，エネルギーが E の付近の単位エネルギー幅当たりの状態数である．そうすると，式 (4.41) は

$$E(T) = \int_{-\infty}^{\infty} E D_{\mathrm{t}}(E) f_{\mathrm{F}}(E)\, dE \tag{4.44}$$

と書ける．

第 1 章で示したように，絶対零度では，電子はフェルミ・エネルギー E_{F} よりも低い状態にのみ入っている．したがって，$\mu = E_{\mathrm{F}}$ である．実際，そうであれば

$$\lim_{T \to 0} f_{\mathrm{F}}(E) = \begin{cases} 1, & (E < E_{\mathrm{F}}) \\ 0, & (E > E_{\mathrm{F}}) \end{cases} \tag{4.45}$$

となることは明らかである．ここから先は，金属と絶縁体（半導体を含む）で話を分ける必要がある．

4.3.1 金属の電子比熱

第 1 章で示したように，金属では，フェルミ・エネルギー E_{F} はあるエネルギー・バンドの中にある．したがって，そこでの状態密度 $D_{\mathrm{t}}(E_{\mathrm{F}})$ は有限であ

[*1] 付録 C の式 (C.5) で定義される $D(E)$ とは，因子 $2V_{\mathrm{t}}$ だけ異なることに注意．ここでは，スピンの自由度も含めている．

る (0 でない).

一般に，化学ポテンシャル μ は温度によるが，十分低温ではその温度依存性は無視できる（これを示すのは，章末問題とする）．したがって，式 (4.44) で μ を 0 K の値 E_F で置き換えると，比熱への電子の寄与は

$$C_e(T) = \frac{dE(T)}{dT} = \frac{1}{k_B T^2}\int_{-\infty}^{\infty} \frac{E(E-E_F)D_t(E)e^{\beta(E-E_F)}}{(e^{\beta(E-E_F)}+1)^2}\,dE \tag{4.46}$$

となる．

右辺の中で，$e^{\beta(E-E_F)}/(e^{\beta(E-E_F)}+1)^2$ という因子に注目すると，これは，E が $|E-E_F| \lesssim k_B T$ の範囲から出ると急激に小さくなるので，$D_t(E)$ がこの範囲でほとんど変わらないとすれば，これを $D_t(E_F)$ で置き換えてよい．積分変数を $x \equiv \beta(E-E_F)$ に変換すると

$$C_e(T) = \frac{\pi^2}{3}D_t(E_F)k_B^2 T \tag{4.47}$$

となる．なお

$$\int_{-\infty}^{\infty} \frac{x^2 e^x}{(e^x+1)^2}\,dx = \frac{\pi^2}{3} \tag{4.48}$$

$$\int_{-\infty}^{\infty} \frac{x e^x}{(e^x+1)^2}\,dx = 0 \tag{4.49}$$

であることを使った．$D_t(E)$ には伝導帯よりエネルギーの低いエネルギー・バンドの寄与も含まれるが，比熱には寄与しない．

格子振動の場合と同様に低温で比熱が小さくなるのは，比熱に寄与する電子が $|E-E_F| \lesssim k_B T$ の範囲のエネルギーをもつ電子のみで，その個数はほぼ $D_t(E_F)k_B T$ であるからである．この結果は，間接的ながら，固体のようなほぼ連続的なエネルギー準位をもつ系においても電子がパウリ原理に従うことを示しており，量子力学の基本に関係した重要な事項である．

■ 4.3.2 絶縁体の電子比熱

絶縁体では，電子はあるエネルギー・バンドを完全に満たしているので，正確に 0 K で考えると，フェルミ・エネルギーはバンド・ギャップの中のどこで

もよいことになる．しかし，以下に示すように，$T \to 0$ の極限では一意的に決まる．実際，熱力学第 3 法則により，正確な 0 K は実現できないので，このような微妙な問題では，0 K は極限として取り扱うべきである．

話を具体的にするために，電子はエネルギー・バンド $E_1(\boldsymbol{k})$ を満たしており，その上の $E_2(\boldsymbol{k})$ は空であるとする．図 4.2 のように，$E_1(\boldsymbol{k})$ の最大値，$E_2(\boldsymbol{k})$ の最小値は，ともに $\boldsymbol{k}=0$ にあるとする．状態密度を，$E_1(\boldsymbol{k})$ の寄与と $E_2(\boldsymbol{k})$ の寄与とに分けて

$$D_\nu(E) \equiv \sum_{\boldsymbol{k},s} \delta(E - E_\nu(\boldsymbol{k})), \quad (\nu = 1, 2) \tag{4.50}$$

とする．

エネルギー・バンド $E_1(\boldsymbol{k})$，$E_2(\boldsymbol{k})$ は，$\boldsymbol{k}=0$ の近くでは

$$E_1(\boldsymbol{k}) = E_1(0) - \frac{(\hbar k)^2}{2m_1} \tag{4.51}$$

$$E_2(\boldsymbol{k}) = E_2(0) + \frac{(\hbar k)^2}{2m_2} \tag{4.52}$$

のように振舞うとすると，$\boldsymbol{k}$ に関する和は，式 (4.29) のように置き換えられるので

$$D_1(E) = \frac{2V_{\mathrm{t}}}{(2\pi)^3} \int \delta\left(E - E_1(0) + \frac{(\hbar k)^2}{2m_1}\right) d\boldsymbol{k} \tag{4.53}$$

となる．ここで，$V_{\mathrm{t}} \equiv (aN)^3$ は系の体積である．また，式 (4.29) では，$\boldsymbol{k}$ の

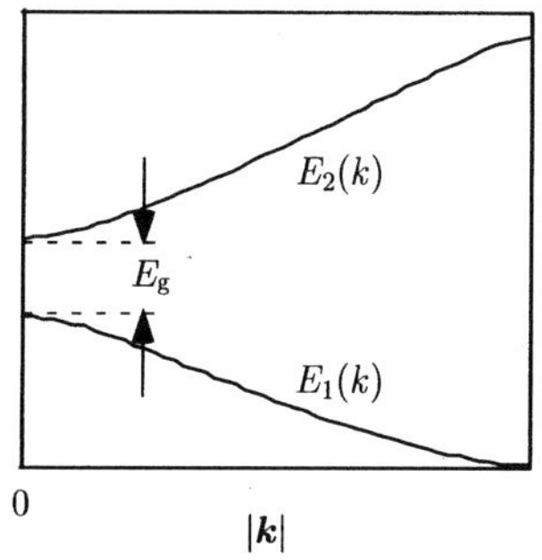

図 4.2 絶縁体のバンド構造のモデル

積分範囲はブリユアン・ゾーンの中だけであるが，$E_1(0)$ に近いエネルギーだけを問題にする場合には，この制限は取り除いてよい．$D_2(E)$ に関しても同様にして

$$D_1(E) = \frac{\sqrt{2}V_t}{\pi^2}\left(\frac{\sqrt{m_1}}{\hbar}\right)^3 \sqrt{E_1(0) - E} \tag{4.54}$$

$$D_2(E) = \frac{\sqrt{2}V_t}{\pi^2}\left(\frac{\sqrt{m_2}}{\hbar}\right)^3 \sqrt{E - E_2(0)} \tag{4.55}$$

を得る．もちろん，$E > E_1(0)$ では $D_1(E) = 0$，$E < E_2(0)$ では $D_2(E) = 0$ である．

式 (4.42) は

$$\int_{-\infty}^{\infty} \{D_1(E) + D_2(E)\} f_F(E)\, dE = N_e \tag{4.56}$$

と書ける．$E_1(0) < \mu < E_2(0)$ とすると，十分低温では

$$f_F(E) = \begin{cases} e^{-\beta(E-\mu)}, & (E_2(0) < E) \\ 1 - e^{\beta(E-\mu)}, & (E < E_1(0)) \end{cases} \tag{4.57}$$

と近似できるから，式 (4.56) は

$$\int_{-\infty}^{E_1(0)} D_1(E)\, dE - \int_{-\infty}^{E_1(0)} e^{\beta(E-\mu)} D_1(E)\, dE + \int_{E_2(0)}^{\infty} e^{-\beta(E-\mu)} D_2(E)\, dE = N_e \tag{4.58}$$

となる．

この式の左辺の第 2 項（負符号を除く），第 3 項をそれぞれ $\bar{N}_1$，N_2 と書くと，式 (4.54)，(4.55) を使って

$$\bar{N}_1 = 2V_t\, e^{\beta(E_1(0)-\mu)} \left(\frac{m_1 k_B T}{2\pi\hbar^2}\right)^{3/2} \tag{4.59}$$

$$N_2 = 2V_t\, e^{\beta(\mu - E_2(0))} \left(\frac{m_2 k_B T}{2\pi\hbar^2}\right)^{3/2} \tag{4.60}$$

を得る．$\bar{N}_1$，N_2 は，それぞれエネルギー・バンド 1 にできた空の固有状態の

数，エネルギー・バンド 2 に励起された電子の数である．一方，式 (4.58) の第 1 項は 0 K における電子数で N_{e} に等しいから，$\bar{N}_1 = N_2$ とおいて両辺の対数をとることにより

$$\mu = \frac{1}{2}(E_1(0) + E_2(0)) + \frac{3k_{\mathrm{B}}T}{4}\log\frac{m_1}{m_2} \tag{4.61}$$

となる．これから，絶対零度の極限では，μ はバンド・ギャップの真中にくることがわかった．

次に，比熱を求める．エネルギーの平均値は，式 (4.57) の近似のもとでは

$$\begin{aligned} E(T) = &\int_{-\infty}^{E_1(0)} ED_1(E)\,dE - \int_{-\infty}^{E_1(0)} \mathrm{e}^{\beta(E-\mu)} ED_1(E)\,dE \\ &+ \int_{E_2(0)}^{\infty} \mathrm{e}^{-\beta(E-\mu)} ED_2(E)\,dE \end{aligned} \tag{4.62}$$

となる．話を簡単にするために，$m^* = m_1 = m_2$ とすると μ は温度によらないので，これを温度で微分して，比熱は

$$\begin{aligned} C_{\mathrm{e}}(T) = &\frac{B}{k_{\mathrm{B}}T^2}\int_{-\infty}^{E_1(0)} E(E-\mu)\sqrt{E_1(0)-E}\,\mathrm{e}^{\beta(E-\mu)}\,dE \\ &+ \frac{B}{k_{\mathrm{B}}T^2}\int_{E_2(0)}^{\infty} E(E-\mu)\sqrt{E-E_2(0)}\,\mathrm{e}^{\beta(\mu-E)}\,dE \end{aligned} \tag{4.63}$$

$$B \equiv \frac{\sqrt{2}V_{\mathrm{t}}}{\pi^2}\left(\frac{\sqrt{m}}{\hbar}\right)^3 \tag{4.64}$$

となる．

温度が十分に低ければ，第 1，第 2 の積分では，それぞれ，$E_1(0)$，$E_2(0)$ のごく近くのエネルギーの範囲しか積分に効かないので，$E(E-\mu)$ という因子のエネルギーをこれらの値で置き換えることができる．そうすると，適当な変数変換により

$$C_{\mathrm{e}}(T) = B\sqrt{\frac{k_{\mathrm{B}}}{T}}(E_{\mathrm{g}})^2\mathrm{e}^{-\beta E_{\mathrm{g}}/2}\int_0^{\infty}\sqrt{x}\mathrm{e}^{-x}\,dx \tag{4.65}$$

$$E_{\mathrm{g}} \equiv E_2(0) - E_1(0) \tag{4.66}$$

を得る．右辺の積分の値は，$\sqrt{\pi}/2$ である．右辺の値は，温度が 0 K に近づく

と，どんな T のべき関数よりも早く 0 に近づく．

ここで注意すべきことは，右辺が，$e^{-\beta E_g/2}$ に比例していることである．ちょっと考えると，基底状態からの最低の励起エネルギーは E_g であるから，$e^{-\beta E_g}$ に比例しそうな気がするが，そうではない．これは，いくら温度が低くても，熱力学的極限（温度を有限にして，系の大きさを無限大にする）をとっており，多数の電子が励起されている場合を考えているからで，エントロピーの効果によるものである．大カノニカル分布を使ったためではない（章末問題を参照）．

■ 4.4　高温での固体の比熱

以上に示したように，固体の比熱は，格子振動による寄与と，電子の寄与との和である．まず，高温の場合を考えよう．高温といっても，固体の融点よりは低く，デバイ温度よりは高く，格子振動の寄与に関して，デュロン–プティの法則（式 (4.19)）が成り立つ範囲である．具体的には，室温から 1000 K 程度までである．

このときの，電子の寄与はどうであろうか．一般に，エネルギー・バンドの幅や，エネルギー・ギャップは，数 eV，温度に換算して，数万 K で，今問題にしている温度よりはるかに大きい．したがって，状態密度 $D_t(E)$ は，E が k_BT 程度変化してもあまり変わらないので，比熱への電子の寄与を議論したときの近似は，この温度でも十分によく成り立っている．

そこで，金属の場合，式 (4.47) の $D_t(E_F)$ がどの程度の大きさであるかを考える．式 (4.42) は

$$\int_{-\infty}^{\infty} D_t(E) f_F(E)\, dE = N_e \tag{4.67}$$

と書けるが，フェルミ準位のあるエネルギー・バンドの寄与のみを考えると，実際に有効な積分範囲はエネルギー・バンドの幅 E_w 程度である．この場合，右辺は，そのエネルギー・バンドに入っている電子の数であるが，一般には系の原子数の程度である．したがって，1 モルの固体の場合には，$D_t(E_F) \approx N_0/E_w$ であることがわかる（N_0 はアボガドロ数）．したがって，式 (4.47) から，今考えている温度の範囲では，$C_e(T) \approx Rk_BT/E_w \ll R$ となることがわかる．

絶縁体の場合には，金属よりも電子比熱はさらに小さいので，結局，高温での固体の比熱は格子振動の寄与で決まり，デュロン–プティの法則が成り立つ．

■ 4.5　低温での固体の比熱

デバイ温度より十分低い温度での比熱は，金属の場合には式 (4.35)，(4.47) から，γ，A' を定数として

$$C(T) = \gamma T + A'T^3 \tag{4.68}$$

の形となる．したがって，十分低温では，電子の寄与が主なものとなる．実験から定数 γ，A' を決める方法でよく使われるのは，$C(T)/T = \gamma + A'T^2$ を T^2 に対してプロットする方法である．$T \to 0$ への外挿値と傾斜から，これらの係数を決めることができる（図 4.3）．

絶縁体の場合には，電子の寄与は低温では非常に小さく，格子振動の寄与 $C(T) = A'T^3$ で決まる．

以上のような比熱の振舞は，量子力学の正しさと電子がフェルミ統計に従うことの証拠であると同時に，電子のエネルギー・バンドや格子振動に関する情報を与えるものとして重要なものである．

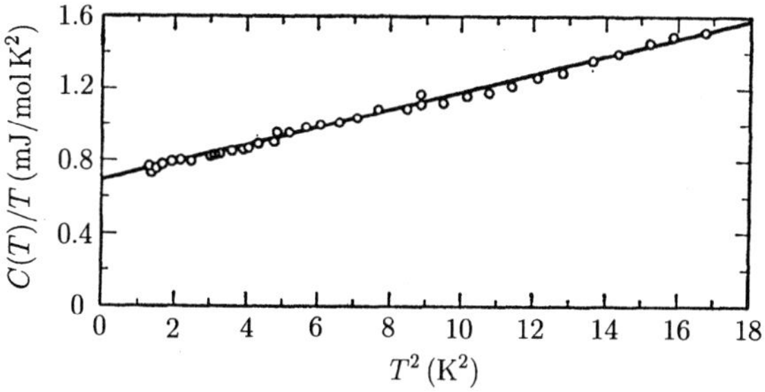

図 4.3　銅の比熱を温度で割ったものを温度の 2 乗に対してプロットしたもの
測定値が直線にのることから，式 (4.68) の形の温度依存性を示すことがわかる（文献 2）より）．

文献

1) E. Schrödinger: HANDBUCH DER PHYSIK, Vol. 10 (1926, Verlag von Julius Springer) 第 5 章.
2) W.S. Corak, M.P. Garfunkel, C.B. Satterthwaite and A. Wexler: Phys. Rev. **98** (1955) 1699.

章末問題

(1) 金属における化学ポテンシャルの温度依存性を議論せよ．温度は十分低いとしてよい．

(2) 金属の電子比熱を計算する際に，十分低温では，化学ポテンシャルの温度依存性は結果に影響を与えないことを示せ．

(3) 絶縁体の伝導帯に励起されている電子の数が，$\mathrm{e}^{-\beta E_{\mathrm{g}}}$ には比例せず，$\mathrm{e}^{-\beta E_{\mathrm{g}}/2}$ に比例することをカノニカル統計を用いて（電子数の保存が正確に成り立つという条件下で）議論せよ．ただし，簡単のために，$E_{\mathrm{c}}(\boldsymbol{k})$ も $E_{\mathrm{v}}(\boldsymbol{k})$ も $\boldsymbol{k}$ によらないとする．

(4) 金属の伝導帯のエネルギーが $E_{\mathrm{c}}(\boldsymbol{k}) = \hbar^2\boldsymbol{k}^2/(2m_{\mathrm{e}})$ で近似できるとして，式 (4.47) で与えられる単位体積当たりの電子比熱を計算せよ．

(5) 図 4.3 から γ（式 (4.68) 参照）を求めると，0.69 mJ/mol K^2 である．上で求めた γ の値と比べてみよ．ただし，m_{e} は真空中の電子のものを使うとする．また，銅の伝導帯にいる電子は，原子当たり 1 個で，原子の密度は，$8.45\times10^{28}\ \mathrm{m}^{-3}$ である．

第5章

電磁波と固体の相互作用

固体のエネルギー・バンドや格子振動に関する情報を得るための手段として重要なものの一つは，電磁波との相互作用である．電磁場といっても，その波長によって性質は異なるが，ここでは，赤外線から紫外線あたり，具体的にいうと約 0.1 μm 以上の波長を考える．電磁波を固体にあてたときに起こる現象で一番基本的なのは，電磁波の吸収である．電子が，ある状態からよりエネルギーの高い状態へ遷移することによって電磁波を吸収することは，初等量子力学で学んだ通りである．また，光学モードの格子振動も光を吸収する．これらの過程では，当然エネルギーは保存されており，また，いろいろな選択則もあるので，吸収率の振動数依存性や，偏光方向への依存性等によって，電子の固有状態や格子振動に関する情報が得られる．電磁波の吸収は，固体の性質を探るための最も重要な手段の一つである．

上に述べた波長の範囲では，電磁波の波長は固体の単位胞の大きさよりはるかに大きいので，電磁場の空間変化の影響はほとんどない．そこで，電磁波のモデルとして，空間的には一様で，時間的に変動する電磁場を考える．また，電磁波には必ず電場と磁場があるが，ここでは，電場と固体の相互作用について考える．

■ 5.1 電場と固体の相互作用

上に述べたように，ここでは，電磁波は，時間的に振動する電場

$$\boldsymbol{E}(t) = (E(t), 0, 0), \quad (E(t) \equiv E_0 \mathrm{e}^{-i\omega t}) \tag{5.1}$$

であるとみなす．はじめに，この電場と電子の相互作用について考えよう．

電子と電場の相互作用

電子と電場の相互作用は，$\boldsymbol{r} \equiv (x, y, z)$ を電子の座標とすると

$$\hat{H}_{\mathrm{i}}(t) = eE(t)x \tag{5.2}$$

で与えられる．この x が実は曲者である．というのは，無限に大きい固体では x も無限に大きくなりうるので，いくら $E(t)$ が小さくとも，このハミルトニアンに関して摂動を行うことが正当化できなくなるからである．これは，第 6 章で取り上げる導体の直流の電気伝導の場合には大きな問題である．しかし，振動数 ω が有限の場合には，これをうまく逃げる手がある．実際，導体中でも，電子は一カ所で振動しているから，x が時間とともに大きくなるということはないからである．

相互作用ハミルトニアン $\hat{H}_{\mathrm{i}}$ による摂動で，電子の遷移確率を計算しよう．電磁波のないときの電子のハミルトニアンは，第 2 章の式 (2.6) と同じで

$$\hat{H} \equiv \frac{\hat{\boldsymbol{p}}^2}{2m_{\mathrm{e}}} + V(\boldsymbol{r}) \tag{5.3}$$

であるとする．また，このハミルトニアンの固有状態（1 電子固有状態）の波動関数を $\psi_\alpha(\boldsymbol{r})$, $(\alpha \equiv (n, \boldsymbol{k}))$，その固有エネルギーを E_α で表す．状態 α から α' への遷移の行列要素は

$$eE(t)\langle\alpha'|x|\alpha\rangle = eE(t)\int \psi^*_{\alpha'}(\boldsymbol{r})x\psi_\alpha(\boldsymbol{r})\,d\boldsymbol{r} \tag{5.4}$$

である．

右辺の積分が上で述べた問題のところで，まともに行うと発散しそうに見えるが，以下のようなうまい手がある．ハミルトニアン $\hat{H}$ と x との交換関係は

$$[\hat{H}, x] = -i\hbar\frac{\hat{p}_x}{m_{\mathrm{e}}} \tag{5.5}$$

となるが，両辺の行列要素をとると，左辺は

$$\langle\alpha'|[\hat{H},x]|\alpha\rangle = (E_{\alpha'} - E_\alpha)\langle\alpha'|x|\alpha\rangle \tag{5.6}$$

であるから

$$\langle\alpha'|x|\alpha\rangle = -i\hbar\frac{\langle\alpha'|\hat{p}_x|\alpha\rangle}{m_{\rm e}(E_{\alpha'} - E_\alpha)} \tag{5.7}$$

である．さらに，遷移が可能なのは，エネルギー保存則から $E_{\alpha'} - E_\alpha = \hbar\omega$ の場合のみであるから

$$\langle\alpha'|x|\alpha\rangle = -i\frac{\langle\alpha'|\hat{p}_x|\alpha\rangle}{m_{\rm e}\omega} \tag{5.8}$$

を得る．この右辺は発散しそうには見えないし，実際発散しない．また，直流伝導の場合がやっかいだというのは，これからもわかる．

固有波動関数 $\psi_\alpha(\boldsymbol{r})$ はブロッホ関数であり

$$\psi_{n\boldsymbol{k}}(\boldsymbol{r}) = \frac{1}{N^{3/2}}{\rm e}^{i\boldsymbol{k}\cdot\boldsymbol{r}}u_{n\boldsymbol{k}}(\boldsymbol{r}) \tag{5.9}$$

の形である（式 (2.19)）．したがって，運動量の行列要素は

$$\langle\alpha'|\hat{p}_x|\alpha\rangle = \frac{\hbar}{N^3}\int {\rm e}^{i(\boldsymbol{k}-\boldsymbol{k}')\cdot\boldsymbol{r}}u^*_{\alpha'}(\boldsymbol{r})\left(k_x - i\frac{\partial}{\partial x}\right)u_\alpha(\boldsymbol{r})\,d\boldsymbol{r} \tag{5.10}$$

となる．右辺の積分で，k_x のかかった項は，$\psi_{\alpha'}(\boldsymbol{r})$ と $\psi_\alpha(\boldsymbol{r})$ の直交性により 0 になる．一方 $u_\alpha(\boldsymbol{r})$ は $\boldsymbol{r}$ を任意の並進ベクトル（第 2 章参照）だけずらしても不変であるから

$$\langle\alpha'|\hat{p}_x|\alpha\rangle = -i\hbar F_1(\boldsymbol{k}-\boldsymbol{k}')\int_\Omega {\rm e}^{i(\boldsymbol{k}-\boldsymbol{k}')\cdot\boldsymbol{r}}u^*_{\alpha'}(\boldsymbol{r})\frac{\partial}{\partial x}u_\alpha(\boldsymbol{r})\,d\boldsymbol{r} \tag{5.11}$$

$$F_1(\boldsymbol{k}-\boldsymbol{k}') \equiv \frac{1}{N^3}\sum_{\boldsymbol{t}}{\rm e}^{i(\boldsymbol{k}-\boldsymbol{k}')\cdot\boldsymbol{t}} \tag{5.12}$$

となる．ここで，Ω は単位胞内での積分を表し，$\boldsymbol{t}$ に関する和はすべての並進ベクトルについてとる．$F_1(\boldsymbol{k}-\boldsymbol{k}')$ は式 (2.25) で定義されている $F(\boldsymbol{k}-\boldsymbol{k}')$ と因子 $\mathit{\Omega}$（単位胞の体積）だけ違うものであり，$\boldsymbol{k}$ と $\boldsymbol{k}'$ がブリユアン・ゾーン（第 1 ブリユアン・ゾーン）内にある場合には

$$F_1(\boldsymbol{k}-\boldsymbol{k}') = \begin{cases} 1, & (\boldsymbol{k}=\boldsymbol{k}') \\ 0, & (\boldsymbol{k}\neq\boldsymbol{k}') \end{cases} \tag{5.13}$$

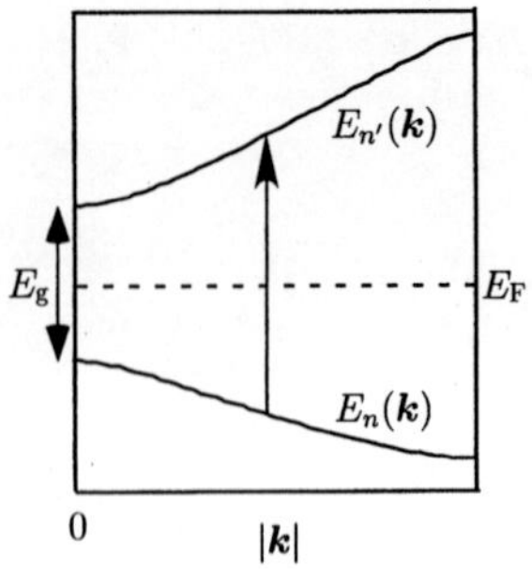

図 5.1 エネルギー・バンドと光による電子の遷移

である．

以上から，電磁波の吸収による遷移が可能であるのは，同じ $\boldsymbol{k}$ をもつ状態間のみであることがわかった[*1]．例えば，図 5.1 のような絶縁体の価電子帯 v から伝導帯 c への遷移の場合，ある状態から真上にある状態への遷移であるという意味で，**垂直遷移**と呼ばれる．

■ 5.2 電磁波の吸収

電子が 1 個遷移すれば，光子が 1 個吸収されるわけであるから，電磁波の吸収率は遷移確率に比例する．式 (5.2)，(5.8) から，エネルギー・バンド v から c への単位時間当たりの遷移確率は，黄金律により

$$\frac{1}{\tau} = \frac{2\pi}{\hbar}\left(\frac{eE_0}{m_{\mathrm{e}}\omega}\right)^2 \times 2\sum_{\boldsymbol{k}}\left|\langle \mathrm{c}\boldsymbol{k}|\hat{p}_x|\mathrm{v}\boldsymbol{k}\rangle\right|^2 \delta\{E_{\mathrm{c}}(\boldsymbol{k}) - E_{\mathrm{v}}(\boldsymbol{k}) - \hbar\omega\} \tag{5.14}$$

で与えられる．ここで，$\sum_{\boldsymbol{k}}$ の前の 2 はスピンの自由度に関する和である．また，遷移が起きるためには，エネルギー・バンド c が空いており v には電子がいなければならない．

図 5.1 では，遷移が起こるために必要な最小の電磁波のエネルギーは，$E_{\mathrm{g}} \equiv E_{\mathrm{c0}} - E_{\mathrm{v0}}$ である．一般の ω に対して式 (5.14) の右辺を計算するのは簡単では

*1 $\boldsymbol{k}$ が同じでも，式 (5.11) の積分が 0 になるために遷移できない場合もある．

ないので，ここでは，ω が E_g に近い場合を考える．この場合は，遷移が起こるのは，$\boldsymbol{k}$ が 0 に近いところでのみであるから，式 (5.14) の右辺の運動量の行列要素を $\boldsymbol{k}=0$ のもので置き換える．また，$\boldsymbol{k}=0$ の近くでは，$E_\mathrm{c}(\boldsymbol{k})$ と $E_\mathrm{v}(\boldsymbol{k})$ の $\boldsymbol{k}$ への依存性が

$$E_\mathrm{c}(\boldsymbol{k}) = E_\mathrm{c}(0) + \frac{\hbar^2 k^2}{2m_\mathrm{c}} \tag{5.15}$$

$$E_\mathrm{v}(\boldsymbol{k}) = E_\mathrm{v}(0) - \frac{\hbar^2 k^2}{2m_\mathrm{v}} \tag{5.16}$$

のようであると仮定すると，式 (5.14) は

$$\frac{1}{\tau} = \frac{(2m_\mathrm{R})^{3/2} V_\mathrm{t}}{\pi \hbar^4} \left(\frac{eE_0}{m_\mathrm{e}\omega} \right)^2 \left| \langle \mathrm{c}0 | \hat{p}_x | \mathrm{v}0 \rangle \right|^2 \sqrt{\hbar\omega - E_\mathrm{g}} \tag{5.17}$$

$$m_\mathrm{R}^{-1} \equiv m_\mathrm{v}^{-1} + m_\mathrm{c}^{-1} \tag{5.18}$$

となる．なお，V_t は系の体積であり，$\boldsymbol{k}$ に関する和は，式 (4.29) により積分に置き換えた．

遷移確率は，実験的には電磁波の吸収を表す．吸収の強さを電磁波のエネルギーの関数として描くと図 5.2 のようになる[*1]．なお，絶縁体および半導体のエネルギー・ギャップ E_g は数 eV 程度で，可視光から近紫外線に相当する．

金属の場合も，同様に電子のエネルギー・バンド間の遷移は起こるが，可視光程度の光の場合には，光が表面で反射されてしまうので問題は簡単ではない．実際，絶縁体の場合でも，遷移が起こる以外に，電気分極が生じて，それが電場

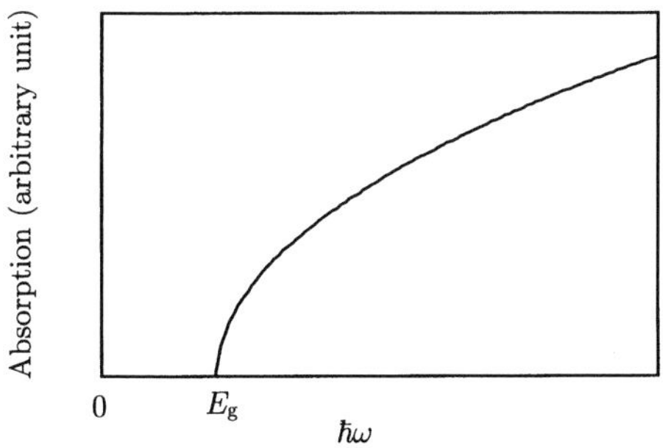

図 5.2 絶縁体による電磁波（光）の吸収強度のエネルギー $\hbar\omega$ への依存性

[*1] 現実のものは，このように簡単ではない．後の節を参照のこと．

を作ることにより吸収率にも影響を与える．したがって，式 (5.17) は定性的には正しいが，定量的には修正が必要である．5.3 節では，この問題を考えよう．

■ 5.3 誘 電 率

電磁波をあてたときの固体の性質は，誘電率で代表させることができる．固体に式 (5.1) のような電場を加えると，電気分極 $\boldsymbol{P}(t) = (P(t), 0, 0)$ が生ずる[*1]．このとき，誘電率 $\epsilon(\omega)$ は

$$\epsilon(\omega)E(t) = \epsilon_0 E(t) + P(t) \tag{5.19}$$

で定義される．電気分極そのものは扱いにくいので，代わりに電流密度を使うことにする．即ち，電気分極も電場と同様に

$$P(t) = P_0 \mathrm{e}^{-i\omega t} \tag{5.20}$$

のような時間依存性をもつと期待できるから

$$\frac{dP(t)}{dt} = -i\omega P(t) \tag{5.21}$$

である．一方，i 番目の電子の平衡位置からのずれを $\bar{x}_i(t)$ とすると

$$P(t) \equiv -\frac{e}{V_\mathrm{t}} \sum_i \bar{x}_i(t) \tag{5.22}$$

であるから

$$\frac{dP(t)}{dt} = -\frac{e}{V_\mathrm{t}} \sum_i v_i(t) = j(t) \tag{5.23}$$

となる．ここで，$v_i(t)$ は電子の速度の，$j(t)$ は電流密度の x 成分である．したがって，式 (5.21) から

$$P(t) = i\frac{j(t)}{\omega} \tag{5.24}$$

---

*1 固体は等方的であるとする．

を得る．

ここで，式 (5.1) のような電場を固体に加えると，数学的にやっかいなことが起こるので，電場の時間依存性は

$$E(t) = E_0 \mathrm{e}^{\eta t} \cos \omega t, \quad (\eta \to +0) \tag{5.25}$$

の形にして，電子と電磁波の相互作用のハミルトニアンを

$$\hat{H}_{\mathrm{i}}(t) = eE_0 x\, \mathrm{e}^{\eta t} \cos \omega t \tag{5.26}$$

とする．その理由は，第 1 に，時間依存性を $\mathrm{e}^{-i\omega t}$ のようにとると，これを式 (5.2) に代入したときにハミルトニアンが非エルミートになってしまい，普通の量子力学の枠からはみ出てしまうからである．第 2 に，いきなり有限の大きさの電場を加えると固体に大きな「ショック」を与えることになり，電子の運動が乱れるので，徐々に電場を強くしていこうということである．

まず，$t = -\infty$ では電場はないので，ある電子が $\psi_\alpha(\boldsymbol{r})$ （$\alpha \equiv (n, \boldsymbol{k})$）で表される固有状態にあったとする．時間がたつにつれて電場の大きさが有限になると，この波動関数は，シュレディンガー方程式

$$i\hbar \frac{d}{dt} \psi_\alpha(\boldsymbol{r}, t) = \mathcal{H}(t) \psi_\alpha(\boldsymbol{r}, t) \tag{5.27}$$

$$\mathcal{H}(t) \equiv \hat{H} + \hat{H}_{\mathrm{i}}(t) \tag{5.28}$$

に従って変化する．この方程式の解は

$$i\hbar \frac{d}{dt} \hat{U}(t) = \mathcal{H}(t) \hat{U}(t) \tag{5.29}$$

を満たす演算子 $\hat{U}(t)$ が求められれば

$$\psi_\alpha(\boldsymbol{r}, t) = \hat{U}(t) \psi_\alpha(\boldsymbol{r}) \tag{5.30}$$

によって与えられる．境界条件に関しては，$t \to -\infty$ では，$\mathcal{H}(t) \to \hat{H}$ であるから $\psi_\alpha(\boldsymbol{r}, t)$ は $\mathrm{e}^{-i\hat{H}t/\hbar} \psi_\alpha(\boldsymbol{r})$ のように振舞う．したがって

$$\hat{U}(t) = \mathrm{e}^{-i\hat{H}t/\hbar}, \quad (t \to -\infty) \tag{5.31}$$

である．$\hat{U}(t)$ の一般形はどの量子力学の教科書にも出ているが，ここでは，$\hat{U}(t)$ を $\hat{H}_{\rm i}(t)$ の1次の近似で計算しよう．

まず

$$\hat{U}(t) = {\rm e}^{-i\hat{H}t/\hbar}\hat{U}_{\rm i}(t) \tag{5.32}$$

とおいて式 (5.29) に代入すると

$$\begin{aligned}\frac{d\hat{U}_{\rm i}(t)}{dt} &= -\frac{i}{\hbar}{\rm e}^{i\hat{H}t/\hbar}\hat{H}_{\rm i}(t)\hat{U}(t) \\ &= -\frac{i}{\hbar}{\rm e}^{i\hat{H}t/\hbar}\hat{H}_{\rm i}(t){\rm e}^{-i\hat{H}t/\hbar}\hat{U}_{\rm i}(t)\end{aligned} \tag{5.33}$$

を得る．これを逐次近似で解けばよい．

$\hat{H}_{\rm i}(t)$ の0次では $\hat{U}_{\rm i}(t)$ は定数であるが，境界条件（式 (5.31)）から，$\hat{U}_{\rm i}(t) = 1$ である．これを式 (5.33) の右辺に代入して両辺を積分して，左から ${\rm e}^{-i\hat{H}t/\hbar}$ をかければ

$$\hat{U}(t) = {\rm e}^{-i\hat{H}t/\hbar}\left(1 - \frac{i}{\hbar}\int_{-\infty}^{t} {\rm e}^{i\hat{H}t'/\hbar}\hat{H}_{\rm i}(t'){\rm e}^{-i\hat{H}t'/\hbar}\,dt'\right) \tag{5.34}$$

を得る．これは，境界条件を満たしている．

ここで，後で必要になる $U(t)$ の行列要素を計算しておこう．波動関数 $\psi_\alpha(\boldsymbol{r})$ と $\psi_{\alpha'}(\boldsymbol{r})$ で表される固有状態の間の行列要素は，式 (5.26)，(5.34) から

$$\begin{aligned}\langle\alpha'|U(t)|\alpha\rangle &= {\rm e}^{-i\omega_{\alpha'}t}\delta_{\alpha'\alpha} \\ &\quad - {\rm e}^{-i\omega_{\alpha'}t}eE_0\langle\alpha'|x|\alpha\rangle\frac{i}{\hbar}\int_{-\infty}^{t}{\rm e}^{\{i(\omega_{\alpha'}-\omega_\alpha)+\eta\}t'}\cos\omega t'\,dt'\end{aligned} \tag{5.35}$$

となる．ただし，$\omega_\alpha \equiv E_\alpha/\hbar$ である．積分を行うと

$$\begin{aligned}\langle\alpha'|U(t)|\alpha\rangle = {\rm e}^{-i\omega_\alpha t}\Bigg[\delta_{\alpha'\alpha} - \frac{eE_0}{2}\langle\alpha'|x|\alpha\rangle \times \Bigg\{&\frac{{\rm e}^{-i\omega t}}{E_{\alpha'} - E_\alpha - \hbar(\omega + i\eta)} \\ &+ \frac{{\rm e}^{i\omega t}}{E_{\alpha'} - E_\alpha + \hbar(\omega - i\eta)}\Bigg\}\Bigg]\end{aligned} \tag{5.36}$$

となる．ここで，η は無限小の正の数であるが，式 (5.35) では，積分を収束さ

せるために必要である．式 (5.36) の右辺でも分母にある η は，分母の実数部が 0 になる可能性があるので残しておかなければならない．これに対して，$\mathrm{e}^{\pm i\omega t}$ となっているところは実際には $\mathrm{e}^{(\pm i\omega+\eta)t}$ であるが，ここでは t は有限であるので，この η は落としてもよい．

さて，計算すべきものは，式 (5.30) で定義される $\psi_\alpha(\boldsymbol{r},t)$ による電流の演算子の期待値である．電流の演算子は基本的には運動量であるから，まず，運動量の x 成分の期待値を計算しよう．これを，$p_\alpha(t)$ と書くと

$$p_\alpha(t) = \langle\alpha|U^\dagger(t)\hat{p}_x U(t)|\alpha\rangle \tag{5.37}$$

である．式 (5.36) を使って右辺の E_0 の 1 次の項を計算すると

$$\begin{aligned} p_\alpha(t) = -\frac{e}{2}\sum_{\alpha'}\langle\alpha|\hat{p}_x|\alpha'\rangle\langle\alpha'|x|\alpha\rangle \times \Bigg\{ &\frac{E_0\mathrm{e}^{-i\omega t}}{E_{\alpha'} - E_\alpha - \hbar(\omega + i\eta)} \\ &+ \frac{E_0\mathrm{e}^{i\omega t}}{E_{\alpha'} - E_\alpha + \hbar(\omega - i\eta)}\Bigg\} + \mathrm{c.c.} \end{aligned} \tag{5.38}$$

となる．ここで，c.c. は前の項の複素共役を意味する．これはまた

$$\begin{aligned} p_\alpha(t) = -\frac{e}{2}\sum_{\alpha'}\Bigg\{ &\frac{\langle\alpha|\hat{p}_x|\alpha'\rangle\langle\alpha'|x|\alpha\rangle}{E_{\alpha'} - E_\alpha - \hbar(\omega + i\eta)} \\ &+ \frac{\langle\alpha|x|\alpha'\rangle\langle\alpha'|\hat{p}_x|\alpha\rangle}{E_{\alpha'} - E_\alpha + \hbar(\omega + i\eta)}\Bigg\} E_0\mathrm{e}^{-i\omega t} + \mathrm{c.c.} \end{aligned} \tag{5.39}$$

とも書ける．

ここまでは，電場を式 (5.25) の形としてきたが，普通は，電場を $E(t) = E_0\mathrm{e}^{-i\omega t}$ のようにして，電流等も含めて実数部をとると約束する．ここからこのような表記法にすると，式 (5.39) では，右辺の第 1 項の 2 倍をとればよいことになる．

状態 α にいる電子が作る分極 $P_\alpha(t)$ は，式 (5.24) から

$$P_\alpha(t) = -\frac{iep_\alpha(t)}{m_\mathrm{e}\omega} \tag{5.40}$$

であり，分極 $P(t)$ は，これを電子のいる状態 α のすべてについて加えて体積で割ったものである．誘電率 $\epsilon(\omega)$ の定義は

$$\epsilon(\omega) = \epsilon_0 + \frac{P(t)}{E_0 \mathrm{e}^{-i\omega t}} \tag{5.41}$$

であるから，絶対零度では，結局

$$\epsilon(\omega) = \epsilon_0 + \frac{2ie^2}{m_\mathrm{e}\omega V_\mathrm{t}} \sum_{\alpha}^{\mathrm{oc.}} \sum_{\alpha'} \left\{ \frac{\langle\alpha|\hat{p}_x|\alpha'\rangle\langle\alpha'|x|\alpha\rangle}{E_{\alpha'} - E_\alpha - \hbar(\omega + i\eta)} + \frac{\langle\alpha|x|\alpha'\rangle\langle\alpha'|\hat{p}_x|\alpha\rangle}{E_{\alpha'} - E_\alpha + \hbar(\omega + i\eta)} \right\} \tag{5.42}$$

となる．ここで，第 2 項の因子 2 はスピンの自由度で，和の記号の上の oc. は，電子のいる状態（occupied states）についてのみ和をとることを意味する．

これで誘電率に対する一般的な表式を得たわけであるが，前にも述べたように，x は取扱いに注意を要する演算子であるので，このままでは実際の系に応用しにくい．以下では，やや技巧的ではあるが，絶縁体と金属の場合に分けて，この式を変型して誘電率の性質を議論する．

■ 5.3.1 絶縁体の誘電率

式 (5.42) を見ると，右辺の { } の中の式は，α と α' との交換に関して反対称であることがわかる．したがって，α' に関する和はすべての状態に関してとってはいるが，電子のいる状態の寄与は消えてしまう．したがって，式 (5.7) を使って x の期待値を $\hat{p}_x$ の期待値に直して，式 (5.11)～(5.13) を使うと

$$\epsilon(\omega) = \epsilon_0 + 4\frac{\hbar^2 e^2}{m_\mathrm{e}^2 V_\mathrm{t}} \sum_{\boldsymbol{k}} \sum_{n}^{\mathrm{oc.}} \sum_{n'}^{\mathrm{unoc.}} \frac{|\langle n\boldsymbol{k}|\hat{p}_x|n'\boldsymbol{k}\rangle|^2}{E_{n'}(\boldsymbol{k}) - E_n(\boldsymbol{k})} \times \frac{1}{(E_{n'}(\boldsymbol{k}) - E_n(\boldsymbol{k}))^2 - \hbar^2(\omega + i\eta)^2} \tag{5.43}$$

となる．ここで，unoc. は，電子のいないエネルギー・バンド（unoccupied band）に関する和を表す．

絶縁体では，上の式の $E_{n'}(\boldsymbol{k}) - E_n(\boldsymbol{k})$ の最小値はバンド・ギャップであるから，$\hbar\omega$ がバンド・ギャップより小さければ $\epsilon(\omega)$ は実数で正である．絶縁体の代表的なものはダイヤモンドである．ダイヤモンドのバンド・ギャップは 6.4 eV であり[*1]，可視光の光子のエネルギー 1.5 ～ 3 eV に比べるとだいぶ大きい．し

---

*1 ダイヤモンドのバンド・ギャップは 5.4 eV と書いてある場合があるが，これは定義が異なるものである．付録 F を参照．

たがって，この範囲では屈折率（比誘電率 $\epsilon(\omega)/\epsilon_0$ の平方根）があまり光の波長によらないので，無色透明に見える．

光子のエネルギーがバンド・ギャップより大きい場合には，一般に誘電率は複素数となる．その虚数部を $\epsilon_2(\omega)$ と書くと，式 (5.43) から

$$\epsilon_2(\omega) = \frac{2\pi e^2}{m_{\mathrm{e}}^2 V_{\mathrm{t}} \omega^2} \sum_{\boldsymbol{k}} \sum_{n}^{\mathrm{oc.}} \sum_{n'}^{\mathrm{unoc.}} |\langle n\boldsymbol{k}|\hat{p}_x|n'\boldsymbol{k}\rangle|^2 \times \delta(E_{n'}(\boldsymbol{k}) - E_n(\boldsymbol{k}) - \hbar\omega) \tag{5.44}$$

となる．このように，誘電率の虚数部は必ず正である．式 (5.14) と比べてみればわかるように，$\epsilon_2(\omega)$ は光の吸収に関係している．

5.3.2 金属の誘電率 I ―振動数に依存する誘電率

絶縁体では，電子の占める状態と空の状態とはバンド・ギャップで隔てられているが，金属の場合はそうではないので，式 (5.43) で α，α' がちょうどフェルミ準位上にあるときは微妙である．そこで，フェルミ準位のあるエネルギー・バンド，即ち，伝導帯の寄与だけは特別に扱う必要がある．伝導帯を $\alpha = \mathrm{c}$ で表して，式 (5.43) の和で $\alpha = \mathrm{c}$ 以外の寄与*1を ϵ_{v} と書く．伝導帯からの寄与は，式 (5.42) にもどってこれを以下のように書き直す．

$$\begin{aligned}\epsilon(\omega) = \epsilon_0 + \epsilon_{\mathrm{v}}(\omega) + \frac{2ie^2}{m_{\mathrm{e}}\hbar\omega^2 V_{\mathrm{t}}} \sum_{\mathrm{c}}^{\mathrm{oc.}} \sum_{\alpha'} \Bigg\{ &\langle \mathrm{c}|x|\alpha'\rangle\langle\alpha'|\hat{p}_x|\mathrm{c}\rangle \\ &-\langle \mathrm{c}|\hat{p}_x|\alpha'\rangle\langle\alpha'|x|\mathrm{c}\rangle + \frac{(E_{\alpha'} - E_{\mathrm{c}})\langle \mathrm{c}|\hat{p}_x|\alpha'\rangle\langle\alpha'|x|\mathrm{c}\rangle}{E_{\alpha'} - E_{\mathrm{c}} - \hbar(\omega + i\eta)} \\ &+ \frac{(E_{\mathrm{c}} - E_{\alpha'})\langle \mathrm{c}|x|\alpha'\rangle\langle\alpha'|\hat{p}_x|\mathrm{c}\rangle}{E_{\alpha'} - E_{\mathrm{c}} + \hbar(\omega + i\eta)} \Bigg\}\end{aligned} \tag{5.45}$$

{　}の中の第 1 項と第 2 項は，状態 α' の完全性により，x と $\hat{p}_x$ の交換関係になる．また，式 (5.7) と式 (5.11)～(5.13) を使うと，誘電率は

$$\epsilon(\omega) = \epsilon_0 + \epsilon_{\mathrm{v}}(\omega) - \frac{e^2 N_{\mathrm{c}}}{m_{\mathrm{e}}\omega^2 V_{\mathrm{t}}}$$

---

*1　α' に関する和は伝導帯以上の状態についてとる．

$$+\frac{4e^2}{m_{\rm e}^2\omega^2 V_{\rm t}}\sum_{\boldsymbol{k}}^{\rm oc.}\sum_{n'}\frac{|\langle {\rm c}\boldsymbol{k}|\hat{p}_x|n'\boldsymbol{k}\rangle|^2(E_{n'}(\boldsymbol{k})-E_{\rm c}(\boldsymbol{k}))}{(E_{n'}(\boldsymbol{k})-E_{\rm c}(\boldsymbol{k}))^2-\hbar^2(\omega+i\eta)^2} \tag{5.46}$$

の形に書ける．ここで，$N_{\rm c}$ は伝導帯にいる電子の総数である．

金属といってもいろいろな種類があるが，取り扱いやすいものの例は，ナトリウム，カリウム等のアルカリ金属である．詳しい計算によれば，アルカリ金属の**伝導電子**（伝導帯にいる電子）はほとんど自由電子に近い振舞をする．その理由は，イオンの作るポテンシャル・エネルギーが弱いからである．この場合には，第 1 章，第 2 章で見たように，ブリユアン・ゾーンの端を除いては，電子の固有状態はほとんど単一の平面波に等しい．したがって，バンド間の運動量の行列要素 $\langle\alpha|\hat{p}_x|\alpha'\rangle$ も小さいので，$\hbar\omega$ がある一つの $E_{\alpha'}-E_\alpha$ に等しくない限りは，式 (5.46) の右辺の第 2，4 項は無視できる．したがって，誘電率は

$$\epsilon(\omega)=\epsilon_0\left(1-\frac{\omega_{\rm p}^2}{\omega^2}\right) \tag{5.47}$$

$$\omega_{\rm p}\equiv\sqrt{\frac{e^2 n_{\rm e}}{m_{\rm e}\epsilon_0}} \tag{5.48}$$

となる．ここで，$n_{\rm e}$ は伝導電子の密度で，$\omega_{\rm p}$ は**プラズマ振動数**[*1]と呼ばれる．アルカリ金属の伝導電子は，1 原子当たり 1 個であるので，$\omega_{\rm p}$ は簡単に計算できる．また，5.4 節で示すように $\omega_{\rm p}$ は光の反射から求めることができて，計算で求めた値とよく一致する．

5.3.3 金属の誘電率 II — 波数に依存する誘電率

ここまでは，空間的に一様な電場に対する分極を考えてきた．金属の場合には，電場の振動数が 0 に近づくと誘電率は発散する．時間的に変動しない一様な電場を金属に加えれば，電流が流れ続けて分極はいくらでも大きくなるので，これは当然である．しかし，電場が空間的に変動する場合には，必ずしもそうはならない．例えば

$$\boldsymbol{E}(\boldsymbol{r})\equiv(E_0\sin qx,0,0) \tag{5.49}$$

[*1] 言葉の意味は，5.3.4 項で説明する．

のような電場が金属に加えれられたとする．この電場が電子に与えるポテンシャル・エネルギーは

$$V(\boldsymbol{r}) = -eE_0\frac{\cos qx}{q} \tag{5.50}$$

であるから，電子は，ポテンシャル・エネルギーの大きいところから小さいところへ移動する．しかし，やがて平衡状態になれば移動はとまる．即ち，電気分極は有限になる．以下では，このような考察に基づいて誘電率を計算しよう．

電場が時間的に変動する場合には，式 (5.24) のように電気分極を電流で表したが，$\omega = 0$ の場合にはこれは使えない．上でも述べたように，今考えている場合には電荷の疎密が生ずるので，これを利用して電気分極を計算しよう．まず，式 (5.49) のような静的な電場を作ろうと思えば，個体内に電荷を分布させるしかない．その電荷密度を $\rho(\boldsymbol{r})$ とすると，マクスウェル方程式によって電場と電荷密度は結びつけられているので，$E(\boldsymbol{r})$ と $\rho(\boldsymbol{r})$ の間には何らかの関係があるはずである．

ただし，ここで注意しなければならないのは，電場を決めるのは，与えた電荷密度だけではないということである．即ち，電子の移動によってできた電荷（分極電荷）を

$$\rho'(\boldsymbol{r}) = \rho' \cos qx \tag{5.51}$$

と書くと

$$\epsilon_0 \mathrm{div}\boldsymbol{E}(\boldsymbol{r}) = \rho(\boldsymbol{r}) + \rho'(\boldsymbol{r}) \tag{5.52}$$

である．一方，誘電率は q に依存する可能性があるので，これを $\tilde{\epsilon}(q)$ と書くと，電気変位 $\boldsymbol{D}(\boldsymbol{r}) \equiv \tilde{\epsilon}(q)\boldsymbol{E}(\boldsymbol{r})$ は真電荷 $\rho(\boldsymbol{r})$ だけに依存して

$$\mathrm{div}\boldsymbol{D}(\boldsymbol{r}) = \tilde{\epsilon}(q)\mathrm{div}\boldsymbol{E}(\boldsymbol{r}) = \rho(\boldsymbol{r}) \tag{5.53}$$

である．したがって，$\rho'(\boldsymbol{r})$ が計算できれば

$$\tilde{\epsilon}(q) = \frac{\rho(\boldsymbol{r})}{\rho(\boldsymbol{r}) + \rho'(\boldsymbol{r})} \tag{5.54}$$

から誘電率 $\tilde{\epsilon}(q)$ を求めることができる．

この計算は，q が十分に小さい場合については，付録 C で行っている．式

(C.9) の $\delta n(\boldsymbol{r})$ は電荷 $\delta\rho(\boldsymbol{r})$ によって生じた電子密度の変化であるから，上の式で

$$\rho(\boldsymbol{r}) = \delta\rho(\boldsymbol{r}), \quad \rho'(\boldsymbol{r}) = -e\delta n(\boldsymbol{r}) \tag{5.55}$$

と置き換えればよい．即ち

$$\begin{aligned}\tilde{\epsilon}(q) &= \frac{\delta\rho(\boldsymbol{r})}{\delta\rho(\boldsymbol{r}) - e\delta n(\boldsymbol{r})} \\ &= \epsilon_0 + \frac{2e^2 D(E_\mathrm{F})}{q^2}\end{aligned} \tag{5.56}$$

を得る．式 (C.11) と同じ結果であるが，そこでは，誘電率と定義してはいなかった．

ここで，簡単な場合について状態密度 $D(E_\mathrm{F})$ を計算しておこう．即ち，フェルミ・エネルギー E_F の近くの固有エネルギーをもつのは一つのエネルギー・バンドのみで，E_F の近くでは，エネルギーは

$$E_n(\boldsymbol{k}) = \frac{\hbar^2 \boldsymbol{k}^2}{2m_\mathrm{c}} + E_n(0) \tag{5.57}$$

のように波数に依存するとする．式 (C.5) の定義から

$$D(E_\mathrm{F}) = \frac{1}{(2\pi)^3} \int \delta(E_\mathrm{F} - E_n(\boldsymbol{k}))\, d\boldsymbol{k} \tag{5.58}$$

であり，積分を行えば

$$D(E_\mathrm{F}) = \frac{m_\mathrm{c} k_\mathrm{F}}{2\pi^2 \hbar^2} \tag{5.59}$$

を得る．ここで，k_F はフェルミ波数で，$|\boldsymbol{k}| = k_\mathrm{F}$ のとき $E_n(\boldsymbol{k}) = E_\mathrm{F}$ である．したがって，式 (C.14) で定義する**トーマス–フェルミ波数**は

$$\kappa = \sqrt{\frac{e^2 m_\mathrm{c} k_\mathrm{F}}{\pi^2 \hbar^2 \epsilon_0}} \tag{5.60}$$

となる．

■ 5.3.4 プラズマ振動

プラズマとは，気体原子が電離して電子とイオンが自由に動ける系をいう．固体の金属の場合も，電子は自由に動けるのでこの言葉を流用する．5.3.2 項で説

明したプラズマ振動数 ω_{p} は，電子の密度波の振動数である．式 (5.54) で $\rho(\boldsymbol{r})$ が $\cos\omega t$ のように時間的に変動しているとしよう．空間的な変化が十分に緩やかであるとすれば，分極電荷 $\rho'(\boldsymbol{r})$ を求めるためには，$\tilde{\epsilon}(q)$ を，式 (5.47) の $\epsilon(\omega)$ で置き換えればよい[*1]．そうすると，ω が非常に ω_{p} に近ければ，$|\rho(\boldsymbol{r})| \ll |\rho'(\boldsymbol{r})|$ であることは容易にわかる．これは，非常に振幅の小さい電荷密度波に電子の密度波が共鳴することを意味する．この密度波が**プラズマ振動**である．密度波の作る電場によって電子に力が働き，電子の集団運動がまた密度波を作ることにより振動が保たれるのである．

密度の変動を伴う波は縦波である．したがって，無限に大きな一様な系では，プラズマ振動と光は相互作用せず，光でプラズマ振動を励起することはできない．しかし，有限の大きさの系や一様でない系では波数が保存しない（または定義できない）ので，横波と縦波の区別がつかない．したがって，このような系では，光でプラズマ振動を励起できる．その一つの例を，5.7.1 項で解説する．

5.4 固体による光の反射

光の反射は，固体の光学的性質を調べるためによく用いられる手段である．測定するのは，反射率の振動数への依存性である．まず，誘電率 $\epsilon(\omega) = \epsilon_1(\omega) + i\epsilon_2(\omega)$ をもつ固体の反射率を計算する．透磁率は，真空と同じ μ_0 であるとする．

固体は空間の $x \geq 0$ の部分を占めており，$x < 0$ の部分は真空であるとする．この固体の表面に，振動数 ω の光を垂直に入射させる．入射光が

$$\boldsymbol{E}_0(\boldsymbol{r}, t) = (0, 0, E_0)\,\mathrm{e}^{i(kx - \omega t)} \tag{5.61}$$

の形であれば，表面が平面であるから，反射光の進行方向も面に垂直であり，反射光，固体に入ってゆく透過光の電場ベクトルは，それぞれ

$$\boldsymbol{E}_1(\boldsymbol{r}, t) = (0, 0, E_1)\,\mathrm{e}^{-i(kx + \omega t)} \tag{5.62}$$

$$\boldsymbol{E}_2(\boldsymbol{r}, t) = (0, 0, E_2)\,\mathrm{e}^{i(k'x - \omega t)} \tag{5.63}$$

の形に書ける．真空中のマクスウェル方程式は

[*1] 式 (5.54) の右辺が誘電率であることは，$\rho(\boldsymbol{r})$ が時間的に変動する場合も変わらない．

$$\mathrm{rot}\boldsymbol{E}(\boldsymbol{r},t) = -\frac{\partial \boldsymbol{B}(\boldsymbol{r},t)}{\partial t} \tag{5.64}$$

$$\mathrm{rot}\boldsymbol{B}(\boldsymbol{r},t) = \epsilon_0\mu_0\frac{\partial \boldsymbol{E}(\boldsymbol{r},t)}{\partial t} \tag{5.65}$$

$$\mathrm{div}\boldsymbol{E}(\boldsymbol{r},t) = 0 \tag{5.66}$$

$$\mathrm{div}\boldsymbol{B}(\boldsymbol{r},t) = 0 \tag{5.67}$$

である．上の二つの式から

$$\mathrm{rot}\{\mathrm{rot}\boldsymbol{E}(\boldsymbol{r},t)\} = -\epsilon_0\mu_0\frac{\partial^2}{\partial t^2}\boldsymbol{E}(\boldsymbol{r},t) \tag{5.68}$$

を得るが，これは，恒等式 $\mathrm{rot}\,\mathrm{rot} = \mathrm{grad}\,\mathrm{div} - \Delta$ と第 3 式を使うと

$$\Delta\boldsymbol{E}(\boldsymbol{r},t) = \epsilon_0\mu_0\frac{\partial^2}{\partial t^2}\boldsymbol{E}(\boldsymbol{r},t) \tag{5.69}$$

となる（Δ はラプラース演算子）．これに式 (5.61)，(5.62) を代入すると，$k = \omega\sqrt{\epsilon_0\mu_0}$ でなければならないことがわかる．

$$c \equiv \frac{1}{\sqrt{\epsilon_0\mu_0}} \tag{5.70}$$

と書くと，これは真空中の光の速さである．

一方，固体中では，式 (5.65) の ϵ_0 を $\epsilon(\omega)$ で置き換えればよい（付録 G 参照）．したがって，真空中の場合と同様にして

$$k' = \frac{\omega}{c'}, \quad c' \equiv \frac{c}{\sqrt{\kappa(\omega)}}, \quad \kappa(\omega) \equiv \frac{\epsilon(\omega)}{\epsilon_0} \tag{5.71}$$

となる．ここで，一般に $\epsilon(\omega)$ は複素数であるので，$\sqrt{\kappa(\omega)}$ には二つの値がありうるが，どちらをとるかが問題である．この場合，k' も複素数であるので，$k' = k_1' + ik_2'$ と書くと，式 (5.62) から

$$\boldsymbol{E}_2(\boldsymbol{r},t) = (0,0,E_2)\mathrm{e}^{ik_1'x - k_2'x - i\omega t} \tag{5.72}$$

となる．固体中に向かって（x の正の方向に）進む光の振幅は減衰することはあっても増大することはありえないから，$k_2' \geq 0$ でなければならない．したがって，$\mathrm{Im}\sqrt{\kappa(\omega)} \geq 0$ となる方の平方根をとらなければならない．$\kappa(\omega)$ が正

の実数の場合，x の正の方向に進む波を表すためには，$k' > 0$ でなければならない．

次に，固体表面における境界条件から，入射波と反射波の振幅の関係を求めよう．この条件は，電場と磁場の表面に平行な成分の連続性である．式 (5.64) から，入射波，反射波，透過波の磁場は，それぞれ

$$\boldsymbol{H}_0(\boldsymbol{r},t) = (0, H_0, 0)\,\mathrm{e}^{i(kx-\omega t)}, \qquad (H_0 \equiv -\frac{E_0}{c\mu_0}) \tag{5.73}$$

$$\boldsymbol{H}_1(\boldsymbol{r},t) = (0, H_1, 0)\,\mathrm{e}^{-i(kx+\omega t)}, \qquad (H_1 \equiv \frac{E_1}{c\mu_0}) \tag{5.74}$$

$$\boldsymbol{H}_2(\boldsymbol{r},t) = (0, H_2, 0)\,\mathrm{e}^{i(k'x-\omega t)}, \qquad (H_2 \equiv -\frac{E_2}{c'\mu_0}) \tag{5.75}$$

となることは容易にわかる．真空側での電場，磁場は入射波と反射波のそれらの和であるから，境界条件は

$$E_0 + E_1 = E_2 \tag{5.76}$$

$$H_0 + H_1 = H_2 \tag{5.77}$$

である．この関係から

$$E_1 = \frac{1-\sqrt{\kappa(\omega)}}{1+\sqrt{\kappa(\omega)}}E_0 \tag{5.78}$$

の関係が容易に得られる．また，反射率は

$$R(\omega) \equiv \left|\frac{E_1}{E_0}\right|^2 = \left|\frac{1-\sqrt{\kappa(\omega)}}{1+\sqrt{\kappa(\omega)}}\right|^2 \tag{5.79}$$

で定義される．

上の式の簡単な応用として，金属の誘電率が式 (5.47) で表される場合の反射率を議論しよう．入射光の振動数がプラズマ振動数 ω_{p} より小さければ，$\kappa(\omega)$ は負の実数であるから $\sqrt{\kappa(\omega)}$ は純虚数である．したがって $R(\omega) = 1$，即ち，反射率は 100%である．章末問題にあるように，一般に金属のプラズマ振動数は紫外領域にある．これが，金属が可視光を非常によく反射する理由である．

入射光の振動数がプラズマ振動数より大きい場合には，$\sqrt{\kappa(\omega)}$ は正の実数と

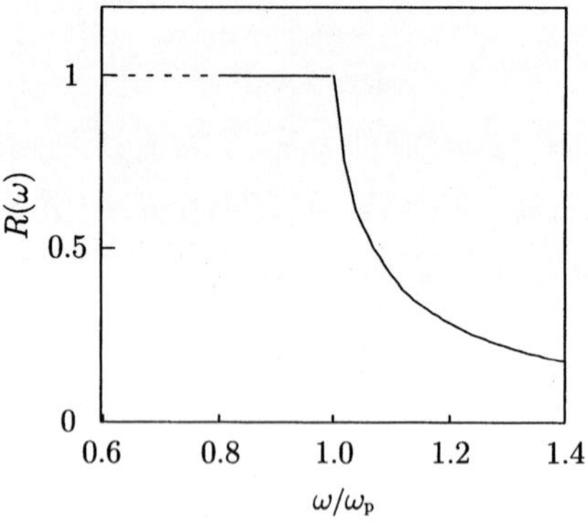

図 **5.3** 金属による光の反射率

なり，反射率は 1 より小さくなる．反射率を ω の関数として書くと，図 5.3 のようにプラズマ振動数のところで急激に落ちる．これを**プラズマ・エッジ**と呼び，これを利用してプラズマ振動数を実験的に決めることができる．プラズマ振動数からは，式 (5.48) によって，伝導帯にあって実際に動ける電子の密度を求めることができる．

反射率が 1 の場合でも，光は金属中に全く入らないわけではない．式 (5.72) からわかるように，表面から $1/k_2'$ 程度のところまでは金属中に入る．式 (5.71) から，$\kappa(\omega) < 0$ であれば

$$k_2' = \frac{\omega}{c}\sqrt{|\kappa(\omega)|} \tag{5.80}$$

である．したがって，式 (5.47) から，$\omega \ll \omega_\mathrm{p}$ であれば

$$k_2' \approx \frac{\omega_\mathrm{p}}{c} \tag{5.81}$$

を得る．この右辺はプラズマ振動数に等しい振動数をもつ光の波数であるから，$1/k_2'$ はその波長程度の大きさである．一般の金属では，これは 100 nm 程度である．このように，電磁波が金属の表面近くにしか侵入できない現象を，**表皮効果**と呼ぶ．

誘電率が複素数の場合には，反射率だけから誘電率を決めることはできない．一つの実数値から，誘電率の実数部，虚数部を決めるのは不可能である．ただし，これは，一つの振動数に関する測定では不可能ということで，広い範囲の振動数にわたっての測定を行えば，反射率から複素誘電率を求めることは可能

である．その方法とは，クラマース–クロニッヒの関係を応用するもので，原理的には $0 < \omega < \infty$ の範囲の反射率を測る必要があるが，複素関数論を応用した巧みな方法である．詳しくは，文献 1) を参照されたい．

5.5 固体中の光の透過

特定の振動数の光だけによる測定で複素誘電率を求めるためには，二つの実数を測ることが必要であるが，一般的には平板状の試料の反射率と透過率を測る．

これらの量と誘電率との関係は，5.4 節の反射率の計算と同様に，試料の両面での電場と磁場の連続性から求められる．ただし，結果はかなり複雑である．試料の中では，裏（光が出てゆく側）の面から反射してきた光も取り入れなければならない．即ち，式 (5.63) の右辺に，$\mathrm{e}^{-i(k'x+\omega t)}$ の形の項を入れる必要がある．ただし，試料の厚さを d として，$k_2'd \gg 1$ であれば，反射波は試料の表にもどってきたときには十分弱くなっており，境界での電磁場の連続性にはほとんど影響しない．この場合の試料中の電場は式 (5.63) のままでよく，試料の裏での連続性から（ここでは反射波を考慮する必要がある），透過率 $T(\omega)$ を計算できる．即ち

$$T(\omega) = \frac{16|\kappa(\omega)|}{|1+\sqrt{\kappa(\omega)}|^4}\mathrm{e}^{-2k_2'd} \tag{5.82}$$

となる．透過率の試料の厚さ d への依存性はこのように指数的である．d の係数は $2k_2'$ であるが，式 (5.71) から

$$k_2' = \frac{k\epsilon_2(\omega)}{[2\epsilon_0\{\sqrt{\epsilon_1^2(\omega)+\epsilon_2^2(\omega)}+\epsilon_1(\omega)\}]^{1/2}} \tag{5.83}$$

であることが導ける．したがって，$\epsilon_1(\omega) \gtrsim \epsilon_2(\omega)$ であれば，k_2' の ω への依存性は，$\epsilon_2(\omega)$ のだいたいの様子を表していることがわかる．5.3.1 項で指摘したように，$\epsilon_2(\omega)$ は光の吸収に関係しているので，k_2' は，吸収係数と呼ばれる（$\alpha(\omega)$ と書くことが多い）．図 5.4 に実験の例を示す．この図では図 5.2 のようになっていないが，**吸収端**（吸収の起こる最小エネルギー）の近くのピークは，5.6 節で説明する励起子によるものである．

上で述べたように，反射率と透過率を実験で求めれば，式 (5.79) と (5.82)

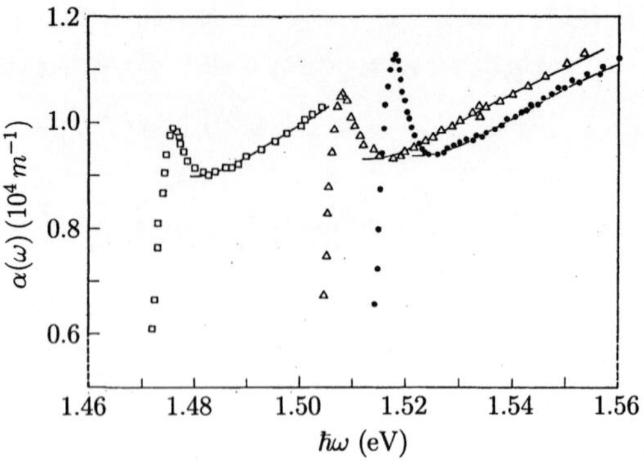

図 5.4 GaAs の光吸収係数 $\alpha(\omega)$ のエネルギーへの依存性
□，△，● はそれぞれ，186 K，90 K，21 K におけるデータである
（文献 3) より）.

から複素誘電率を計算できる．しかし，多くの場合には，吸収係数からエネルギー・バンドのだいたいの様子がわかればよく，このような作業を実際に行うわけではない．

ただし，光の振幅が減衰するのは必ずしも吸収によるものではないことに注意していただきたい．例えば，5.4 節で取り上げた金属による光の反射の場合のように，誘電率 $\epsilon(\omega)$ が負の実数の場合には，k' は純虚数となり「吸収係数」$2k'_2$ は有限ではあるが，透過率と反射率を正確に計算すれば，これらの和が 1 であることを示せる．即ち，光は全く吸収されないのである．

■ 5.6 励 起 子

図 5.4 の吸収係数の振舞は図 5.2 のようになっていないが，吸収がはじまるエネルギー（吸収端）のすぐ上にあるピークは，**励起子**と呼ばれる励起によるもので，半導体や絶縁体の応用に関して非常に重要なものである．励起子は，電子間のクーロン相互作用を無視したこれまでの議論では出てこない励起である．

式 (5.15)，(5.16) で表される図 5.1 のような単純なエネルギー・バンド構造の物質を考える．今，光によって電子がエネルギー・バンド v から c に励起されたとすると，c には電子が 1 個あり，v には電子のぬけた固有状態が 1 個あるという状態ができる．この電子のぬけ穴を**正孔**（ホール）と呼ぶ．まずこの正孔の運動を考えよう.

正孔に電場 $\boldsymbol{E}$ を加えたらどうなるか．といっても，ぬけ穴に電場をかけるのではなく，実際には，他の固有状態を満たしてる電子に電場を加えるのである．電子のいる状態の波数は加速方程式 (1.47) によって変わるから，正孔の波数もこの式に従って変わらざるをえない[*1]．正孔の速度は[*2]

$$\boldsymbol{v} \equiv \frac{1}{\hbar}\frac{dE_{\rm v}(\boldsymbol{k})}{d\boldsymbol{k}} = -\frac{\hbar \boldsymbol{k}}{m_{\rm v}} \tag{5.84}$$

であるから，加速方程式と合わせて

$$m_{\rm v}\frac{d\boldsymbol{v}}{dt} = e\boldsymbol{E} \tag{5.85}$$

という式を得る．この式は，正孔が，質量 $m_{\rm v}$，電荷 e をもった粒子のように振舞うことを示している（$m_{\rm v}$ も e も正に定義していることに注意).

ディラックの相対論的電子論では[2)]，負のエネルギーをもつ状態の電子のぬけ穴が正の電荷をもつ電子（陽電子）として観測されることが予想され，実際にその通りであったが，同じことである．

一方，エネルギー・バンド c にいる電子は質量 $m_{\rm c}$，電荷 $-e$ をもつ粒子のように振舞う．このような二つの粒子がクーロン力により相互作用すれば，束縛状態を作るはずである．その束縛エネルギーは，水素原子の場合と同じで

$$\mathcal{E}_n = \frac{e^4 m_{\rm R}}{2(4\pi\epsilon\hbar n)^2}, \quad (n = 1, 2, 3, \cdots) \tag{5.86}$$

である．ここで，ϵ は誘電率で，換算質量 $m_{\rm R}$ は式 (5.18) で定義されている．この束縛状態を励起子と呼ぶ．

式 (5.86) の束縛エネルギーの大きさは，換算質量 $m_{\rm R}$ と誘電率 ϵ で決まる．この誘電率は，電子と正孔の間のクーロン相互作用を遮蔽するもので，これらがやりとりするエネルギーに相当する振動数のものを使うべきであるから，だいたい束縛エネルギー相当と考えてよい．一般には，束縛エネルギーはエネルギー・ギャップに比べてかなり小さいので，式 (5.43) から，ϵ としては静的（振動数 0）なものを使うべきである．典型的な半導体では，$m_{\rm R} \approx 0.1 m_{\rm e}$，$\epsilon \approx 10\,\epsilon_0$

---

*1　この式の 3 次元版は，k と E をベクトルにすればよいだけである．

*2　$\boldsymbol{k}$ による微分は，k_x による微分が x 成分であること等を示す．

であるから，励起子の束縛エネルギーは，水素原子のものの 1/1000 程度，即ち，0.01 eV 程度である．また，励起子のボーア半径 $a_{\rm B}$ は

$$a_{\rm B} = \frac{4\pi\epsilon}{e^2 m_{\rm R} \hbar^2} \tag{5.87}$$

であるから，水素原子のものの 100 倍程度で数 nm 程度である．

励起子が光によって励起される場合，エネルギー・ギャップよりエネルギーの高い光によって電子と正孔が作られてから束縛状態ができるわけではない．励起子のある状態へと直接遷移するのである．そのために必要な光のエネルギーは，$E_{\rm g} - \mathcal{E}_n$ である．したがって，光の吸収スペクトルは，エネルギー・ギャップより低いエネルギーに線状のピークをもつはずである．理論によれば，吸収係数は，図 5.5 のようなエネルギー依存性をもつはずであるが[4)]，ほとんどの物質では，バンド構造が図 5.1 のように単純でない等の理由により，図 5.5 のような単純な形にはならない．図 5.4 では，$n = 1$ のピークのみが見えている．励起子による多数の吸収線がきれいに見える例として，酸化銅 Cu_2O が知られている[5,6)]．

有効質量があまり小さくなく誘電率も大きくない物質では，式 (5.87) で求めたボーア半径が結晶格子の大きさより十分大きくはならない．このような物質の場合には，上の議論は正しいとはいえない．というのは，束縛状態には $1/a_{\rm B}$ 程度の波数をもつブロッホ状態が含まれるので，この値が大きいと，式 (5.15), (5.16) のような単純な関係が成り立たなくなるような大きな波数の範囲までを

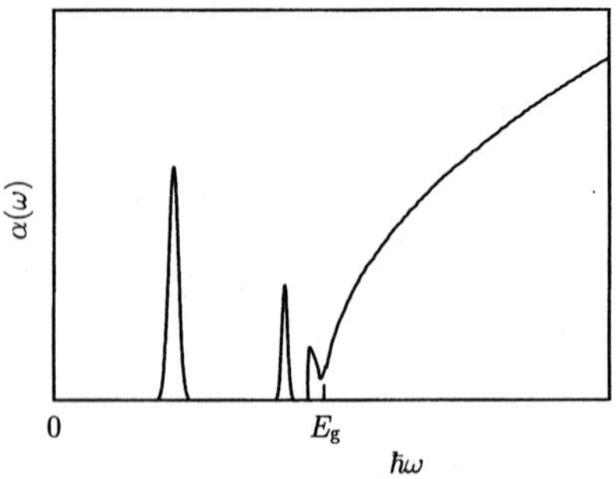

図 5.5 励起子を考慮した吸収係数の光のエネルギーへの依存性（文献 4) による簡単なモデルに基づいた理論的予想）

考えに入れなくてはならないからである．ボーア半径が十分大きい励起子を**ワニア型**，そうでないものを**フレンケル型**と呼ぶ．フレンケル型励起子の束縛エネルギーを定量的に求めるのは難しい．

■ 5.7　特別な系での電磁波と固体の相互作用

第 5 章のここまででは，電磁波と固体の相互作用に関して，無限に大きい一様な系や光が試料の表面に垂直に入射する場合のような単純な場合を扱ってきた．実際，従来はこれに近い状況で実験が行われることが多かった．しかし最近では，特別な状況を作ることによって電磁波と光の相互作用を巧みに利用して，いろいろな分野への応用が行われている．この節では，これらのトピックスをいくつか紹介する．

■ 5.7.1　金属微粒子による光の吸収

無限に大きい固体中では光でプラズマ振動を励起できないことは 5.3.4 項で説明したが，微粒子でならば可能である．ここで考える金属の微粒子は，大きさが 10 nm 程度のものである．なぜこのような大きさがよいかは，後で説明する．可視光程度の光であれば，波長はこれよりもはるかに大きいので，空間的に一様な電場

$$\boldsymbol{E}(t) \equiv (0, 0, E_0)\mathrm{e}^{-i\omega t} \tag{5.88}$$

が，微粒子に加えられたとしてよい．一様な電場が球に加えられた場合に生じる電場は，電磁気学の教科書ならばどれにでものっている．微粒子は誘電率 $\epsilon(\omega)$ の金属から作られており半径 a の球形とすると，微粒子の内部の電場は

$$\boldsymbol{E}_{\mathrm{i}}(t) = \frac{3\epsilon_0}{2\epsilon_0 + \epsilon(\omega)}\boldsymbol{E}(t) \tag{5.89}$$

である．外部の電場は，これを $(E_{\mathrm{o}x}, E_{\mathrm{o}y}, E_{\mathrm{o}z})\mathrm{e}^{-i\omega t}$ と書くと

$$E_{\mathrm{o}x} = \frac{3xz}{r^5}b \tag{5.90}$$

$$E_{\mathrm{o}y} = \frac{3yz}{r^5}b \tag{5.91}$$

$$E_{oz} = E_0 + \frac{3z^2 - r^2}{r^5} b \tag{5.92}$$

$$b \equiv a^3 \frac{\epsilon(\omega) - \epsilon_0}{2\epsilon_0 + \epsilon(\omega)} E_0 \tag{5.93}$$

である．ここでは，微粒子は真空中にあるとしているが，物質中に埋め込まれている場合には，ϵ_0 をその物質の誘電率と置き換えればよい．

注目すべきことは，誘電率 $\epsilon(\omega)$ が式 (5.47) で与えられるとすれば，式 (5.89), (5.93) の右辺の分母は $\omega = \omega_{\rm p}/\sqrt{3}$ のとき 0 になることである．実際には，$\epsilon(\omega)$ には虚数部もあるのでこれが正確に 0 になることはないが，虚数部が小さければ，微粒子の内外の電場は非常に大きくなることがわかる．これは，光がプラズマ振動と共鳴することによる．振動数が $\omega_{\rm p}/\sqrt{3}$ である理由は，以下の通りである．

無限に大きい系で，電子による分極 $\boldsymbol{P}(\boldsymbol{r},t)$ とそれが作る電場 $\boldsymbol{E}(\boldsymbol{r},t)$ が波数 $\boldsymbol{q}$ をもつ縦波であるとすると，外部から導入した電荷がないという条件

$$0 = \mathrm{div}(\epsilon_0 \boldsymbol{E}(\boldsymbol{r},t) + \boldsymbol{P}(\boldsymbol{r},t)) = i\boldsymbol{q} \cdot (\epsilon_0 \boldsymbol{E}(\boldsymbol{r},t) + \boldsymbol{P}(\boldsymbol{r},t)) \tag{5.94}$$

から，$\boldsymbol{E}(\boldsymbol{r},t) = -\boldsymbol{P}(\boldsymbol{r},t)/\epsilon_0$ を得る．一方，球の中では，$\boldsymbol{E}(\boldsymbol{r},t) = -\boldsymbol{P}(\boldsymbol{r},t)/(3\epsilon_0)$ である．この電場の大きさの違いは電子に対する復元力の違いであり，それが共鳴振動数の違いとなって現れるのである．

プラズマ振動を励起した光のエネルギーは，最終的には熱となるか，また光となって出てゆく．前者の場合は光の吸収であるが，後者の場合は，入射波の電場の方向の双極子振動から出る光であり，その方向のまわりに対称に出てゆくので，散乱として観測される．図 5.6 に銀の微粒子による光の吸収の例を示す*1．一般に，金属のプラズマ振動数は紫外線の領域にあり，$\sqrt{3}$ で割っても可視光にはならない場合が多いが，銀ではバンド構造の特殊性によりプラズマ振動数が小さいのである．微粒子を屈折率の高い物質に埋め込んでも共鳴振動数は小さくなる．ステンドグラスはガラスに金属を溶かし込んだものであるが，析出した微粒子による狭い波長帯の光の吸収，散乱により，鮮やかな色が見えると考えられている[9)]．

*1 実験では，吸収としているが，ここで述べたように，散乱の寄与も入っていると考えるべきである．

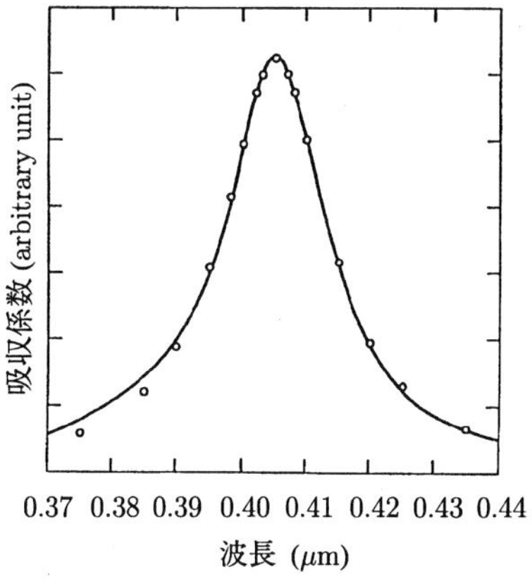

図 5.6 銀の微粒子による光の吸収（文献 8) による）

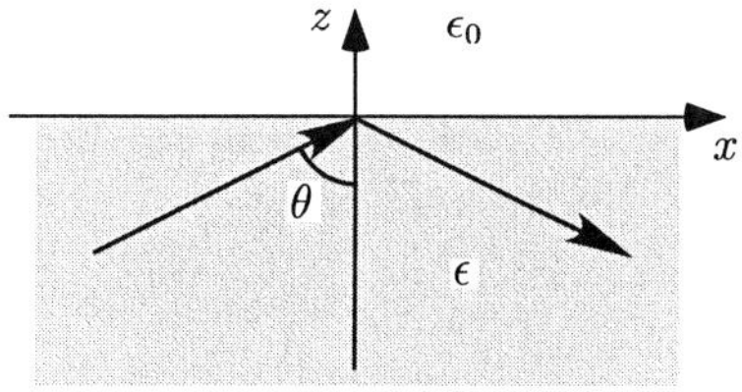

図 5.7 物質表面での全反射

金属微粒子におけるプラズマ共鳴は，現在では，化学や生物学でも大いに利用されている．上で示したように，共鳴によって生じる電場は入射光のそれと比べて非常に大きくなりうる．したがって，例えば，分子によるラマン散乱*1の測定を行う場合，試料を微粒子の表面に吸着させておけば，散乱効率が非常に大きくなる．表面での電場の大きさは共鳴の鋭さで決まるが，この問題に関しては，文献 10) を参照していただきたい．

5.7.2 全反射とエバネッセント波

誘電率の大きい物質から小さい物質へ光が入射する場合，入射角が小さいと全反射が起こることが知られている．5.4 節で説明した金属表面での完全反射と同様に，全反射でも光が誘電率の小さい方の物質中に全く侵入しないわけではない．以下では，この問題を考察しよう．

図 5.7 のように，誘電率 ϵ の物質の表面で，入射角 θ で入射した光が反射されるとする．物質の外は真空で $\epsilon > \epsilon_0$ とする（ϵ の振動数依存性は特に考えない）．入射波の電場が

---

*1 固体や分子に光をあてると，格子振動や電子的な励起にエネルギーを与えて，その分だけ低いエネルギーの光を出す現象．有限温度では，逆に光がエネルギーをもらう過程もある．ラマン（C.V. Raman）とクリシュナン（K.S. Krishnan）によって発見された．

$$\boldsymbol{E}_0(t) = (0, E_0, 0)\mathrm{e}^{i(\boldsymbol{k}\cdot\boldsymbol{r}-\omega t)}, \quad (\boldsymbol{k} = (k_x, 0, k_z)) \tag{5.95}$$

の形である場合を考える．電場を y 成分のみにしたのは，問題を簡単にするためである．

反射波，真空側の電場を，それぞれ $\boldsymbol{E}_1(t)$，$\boldsymbol{E}_2(t)$ とすると

$$\boldsymbol{E}_1(t) = (0, E_1, 0)\mathrm{e}^{i(\boldsymbol{k}'\cdot\boldsymbol{r}-\omega t)}, \quad (\boldsymbol{k}' = (k_x, 0, -k_z)) \tag{5.96}$$

$$\boldsymbol{E}_2(t) = (0, E_2, 0)\mathrm{e}^{i(\boldsymbol{k}''\cdot\boldsymbol{r}-\omega t)}, \quad (\boldsymbol{k}'' = (k_x, 0, k_z'')) \tag{5.97}$$

の形となる．k_x が共通なのは，x 方向の並進対称性のため波数（運動量）が保存するからである．式 (5.71) から，固体中での波数と真空中での波数は

$$\omega = c|\boldsymbol{k}''| = c\sqrt{\frac{\epsilon_0}{\epsilon}}|\boldsymbol{k}| \tag{5.98}$$

の関係にある．これから

$$k_z'' = |\boldsymbol{k}|\sqrt{\frac{\epsilon_0}{\epsilon}\cos^2\theta - \left(1 - \frac{\epsilon_0}{\epsilon}\right)\sin^2\theta} \tag{5.99}$$

となるので

$$\tan\theta > \sqrt{\frac{\epsilon_0}{\epsilon - \epsilon_0}} \tag{5.100}$$

であれば，k_z'' は虚数となり，真空側では光は急速に減衰する．このような波動を**エバネッセント波**と呼ぶ．この場合には，反射波の振幅は入射波のものに等しく全反射が起こっているはずであるが，これを確かめるのは読者にまかせることにする．

エバネッセント波を利用すれば，光吸収やラマン散乱により，表面上にある試料の表面に近い部分だけからの情報を得ることが可能であるので，化学や生物学でも大いに利用されている．

■ 5.8 フォトニック結晶

電子と同様に，光も波動であるからには，空間的に周期的な構造の中ではエネルギーバンド構造をなすはずである．しかし，可視光程度では，自然の結晶

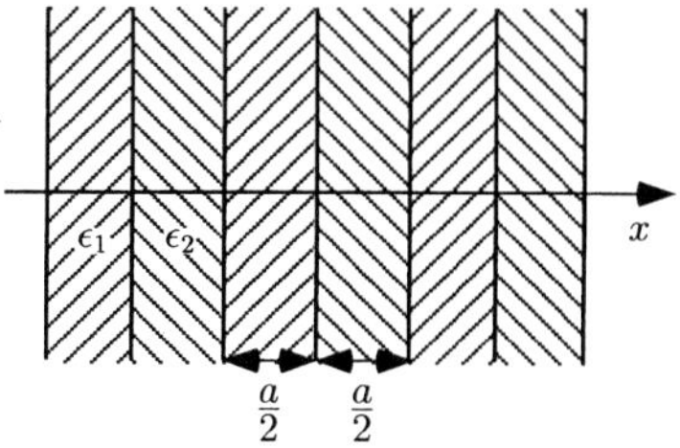

図 **5.8** 簡単なフォトニック結晶の例

の周期は波長に比べてはるかに小さいので，ブリユアン・ゾーンが光の波数に比べて非常に大きくなってしまい，ゾーンの端におけるバンド・ギャップを観測したりすることは難しい．しかし，光の波長程度の周期をもつ構造を人工的に作れば，これは可能である．このような構造を**フォトニック結晶**と呼ぶ．

一番簡単な例として，図 5.8 のような，誘電率 ϵ_1，ϵ_2 をもつ 2 種類の物質の厚さ $a/2$ の層を交互に並べた構造を考えよう（ϵ_1，ϵ_2 は正の実数とする．また，透磁率はともに真空のものに等しいとする）．この構造の中を層に垂直な方向（図では x 方向）に伝搬する電磁波を考える．この波の電場は z 成分のみをもつとして

$$\boldsymbol{E}(x,t) = (0,0,E(x))\mathrm{e}^{-i\omega t} \tag{5.101}$$

の形を仮定する．式 (5.69)，(5.71) から，$E(x)$ の満たすべき方程式は

$$\frac{d^2}{dx^2}E(x) = -\epsilon_j\mu_0\omega^2 E(x) \tag{5.102}$$

であることがわかる．ここで，x の領域に応じて $j=1$ または 2 である．

この方程式の解は，A，B を定数として

$$E(x) = A\mathrm{e}^{iq_jx} + B\mathrm{e}^{-iq_jx} \tag{5.103}$$

$$q_j \equiv \frac{\omega n_j}{c}, \quad n_j \equiv \sqrt{\frac{\epsilon_j}{\epsilon_0}} \tag{5.104}$$

である．n_j は，いわゆる屈折率である．

一方，並進対称性に関する条件は第 1 章の電子の場合と全く同じであるから，$E(x)$ は，$u(x)$ を周期 a の周期関数として

$$E(x) = \mathrm{e}^{ikx}u(x), \quad (-\frac{\pi}{a} < x \leq \frac{\pi}{a}) \tag{5.105}$$

の形をとりうる．層の境界における条件は，電場と磁場の平行成分が連続であることである．今考えている条件では，磁場は y 成分のみをもち，その大きさは

$$H(x) = \frac{i}{\mu_0 \omega} \frac{dE(x)}{dx} \tag{5.106}$$

であるから，境界条件は $E(x)$ とその微分が連続であることであり，電子の波動関数の場合と全く同じである．したがって，第 1 章 1.3 節で説明したクロニッヒ–ペニーモデルの結果がそのまま使える．即ち，式 (1.38) で $q = q_1$，$Q = q_2$ と置けばよく，$w = a\omega/c$ と書くと

$$\cos ak = \cos\frac{wn_1}{2}\cos\frac{wn_2}{2} - \frac{n_1^2 + n_2^2}{2n_1 n_2}\sin\frac{wn_1}{2}\sin\frac{wn_2}{2} \tag{5.107}$$

を解くことにより，波数 k と振動数 ω の関係が得られる．クロニッヒ–ペニーモデルの場合と同様に，一つの k に対して無限個の ω の解があり，バンド構造をなす．図 5.9 に例を示す．図のように，ω の値にはギャップがあり，その振動数の光は透過しない．したがって，フォトニック結晶は，光のフィルターとして利用できる．また，ブリユアン・ゾーンの端近くでは，$d\omega/dk$ が小さいので，ω の単位幅当たり多数のモードがあることになる．したがって，このような振動数の光を使えば，レーザーの発振が容易になる．このように，フォトニック結晶にはいろいろな応用が期待されている．

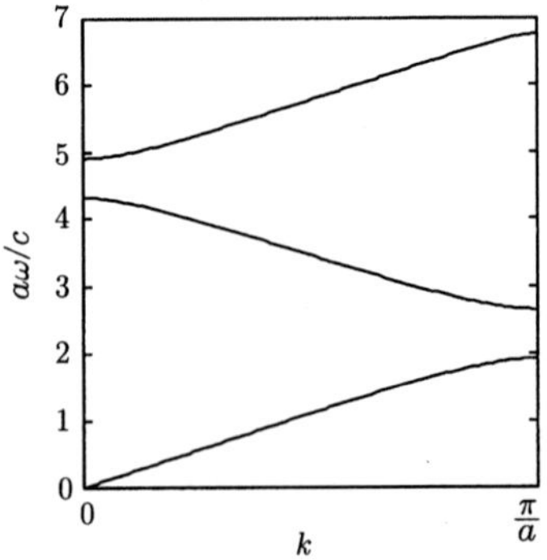

図 5.9 フォトニック結晶における波数 k と振動数 ω の関係
$n_1 = 1$，$n_2 = \pi/2$ とした．

文 献

1) C. Kittel: Introduction to Solid State Physics (John Wiley & Sons) 第 11 章.
2) P.A.M. Dirac: The Principle of Quantum Mechanics (Oxford) 第 73 節.
3) M.D. Stuge: Phys. Rev. **127** (1962) 768.
4) R.J. Elliott: Phys. Rev. **108** (1957) 1384.
5) P.W. Baumeister: Phys. Rev. **121** (1961) 359.
6) J.H. Apfel and L.N. Hadley: Phys. Rev. **100** (1955) 1689.
7) R. Wood: Phys. Rev. **44** (1933) 353.
8) R.H. Doremus: J. Chem. Phys. **42** (1965) 414.
9) J.C. Maxwell-Garnet: Phil. Trans. **A203** (1904) 385.
10) A. Kawabata and R. Kubo: J. Phys. Soc. Jpn. **21** (1966) 1765.

章末問題

(1) $\omega=0$ の場合について，単純な摂動論によって絶縁体の誘電率を求めて，第 5 章で得られた結果と比べよ．

(2) 図 5.10 は，アルカリ金属の光の反射率の波長依存性である（文献 7) より）．この依存性が 5.4 節の議論から説明できることを示せ．電子密度等は，例えば，文献 1) の第 1 章の表から求めることができる．

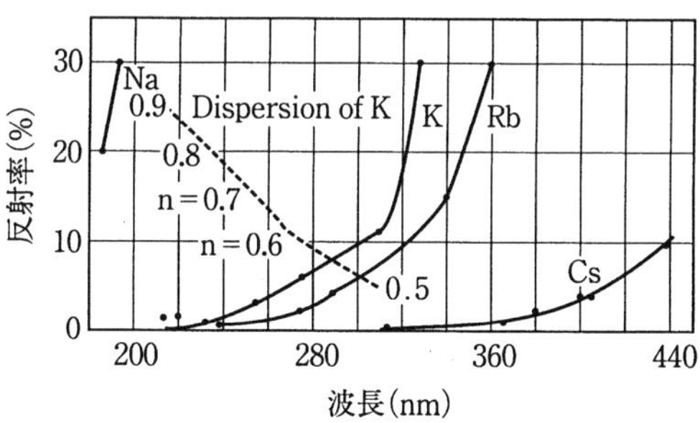

図 **5.10** アルカリ金属の光の反射率

(3) 板状の試料における光の反射率と透過率の和は，誘電率 $\epsilon(\omega)$ が実数ならば 1 であることを示せ．

(4) 図 5.4 の吸収端（吸収の起こるエネルギーの下端）は高温になると低エネルギーの方に移動するが，これは，エネルギー・ギャップ E_g が小さくなっていることを示している．その理由を考えてみよ（第 5 章で説明したことと直接関係はないが）．

第6章

電気伝導 I

電気伝導は，固体物理のいろいろな現象の中で特に重要なものである．現代の世の中を支えている電子機器のほとんどは，電気伝導を利用して動いているからである．電気伝導に関する物質の性質を表す量は電気抵抗である．電気抵抗は簡単な機具でかなりの精度の測定が可能であるので，電気伝導は，ほとんどの読者にとっては高校以来お馴染みの現象であろうが，まだ基本的な点でわかっていないことの多い奥の深い現象である．

電気伝導の理論の目的は，簡単にいってしまえば，ある物質の電気抵抗がどれだけであるか，また，それが温度等の条件にどのように依存するか，を示すことにある．しかし，電気伝導を量子力学的に取り扱うのはなかなか難しい．その理由は，第1には電流が流れている状態は熱平衡の状態ではないからである．熱平衡状態の取扱いに関しては，我々は，熱力学や統計力学のような整った理論の体系をもっているが，非平衡状態の取扱いに関してはこのような「万能薬」は存在しない．

第2には，第1章1.4節で示したように，完全な結晶構造をもった金属の電気抵抗は0であり，電気抵抗の原因となるのは不純物等の「乱れ」である．規則正しい構造を取り扱うことはすでに学んだが，乱れたものを扱うためには，また，別の方法を開発しなくてはならない．

とはいうものの，電気抵抗がどのようにして生ずるかということを理解するためには，必ずしも数学的に整った理論が必要なわけではない．そこで，まず現象論からはじめよう．

■ 6.1 電気伝導の現象論

金属の試料の両端に電位差を与えると，一般には電位差に応じた定常的な（時間によらない）電流が流れる．後で述べるように，電流が何によって駆動されるかということは必ずしも簡単な問題ではないのだが，ここでは，単純に，金属中の電場によると考えよう．

現実の金属中の電子の固有状態はエネルギー・バンドをなしているが，結晶格子に乱れがなければ電気抵抗が 0 である点では真空中の電子と変わらない．したがって，ここでは取扱いを簡単にするために，伝導に寄与するエネルギー・バンド，即ち，フェルミ準位のあるエネルギー・バンドのエネルギーが真空中のように

$$E(\boldsymbol{k}) = \frac{\hbar^2 \boldsymbol{k}^2}{2m^*} \tag{6.1}$$

の形であるとする．実際，結晶格子による散乱が弱いアルカリ金属等ではこれは非常によい近似になってる．ここで，m^* は有効質量と呼ばれる．また，波数 $\boldsymbol{k}$ の固有状態の波動関数も，試料の体積を V_t として

$$\psi_{\boldsymbol{k}}(\boldsymbol{r}) = \frac{1}{\sqrt{V_\mathrm{t}}} \mathrm{e}^{i\boldsymbol{k}\cdot\boldsymbol{r}} \tag{6.2}$$

の形であるとする．

電子は，電場 $\boldsymbol{E}$ によって電場と逆方向に加速されるので，これを妨げるものがなければ，電流は時間とともに増大して定常的にはならない．現実には，電流は定常的になるので，このような「何か」があるはずだとして話を進める．試料中の電気伝導に寄与する電子の総数を N_e，i 番目の電子の運動量を $\boldsymbol{p}_i(t)$ とすると，電流密度は

$$\boldsymbol{j}(t) = -\frac{e}{m^* V_\mathrm{t}} \sum_{i=1}^{N_\mathrm{e}} \boldsymbol{p}_i(t) \tag{6.3}$$

である．電場による電子の加速度は $-e\boldsymbol{E}$ であるから，電流密度に対する運動方程式は

$$\frac{d\boldsymbol{j}(t)}{dt} = \frac{e^2 N_{\mathrm{e}} \boldsymbol{E}}{m^* V_{\mathrm{t}}} - \boldsymbol{f}(t) \tag{6.4}$$

となる．ここで，$\boldsymbol{f}(t)$ は上に述べた電流が無限に増加するのをおささえる「何か」によるものであるとする．これが，$\boldsymbol{j}(t)$ に比例すると仮定するのは，自然である．実際，τ を適当な定数として

$$\boldsymbol{f}(t) = \frac{\boldsymbol{j}(t)}{\tau} \tag{6.5}$$

と仮定すると，定常状態の条件 $d\boldsymbol{j}(t)/dt = 0$ から

$$\boldsymbol{j}(t) = \frac{N_{\mathrm{e}} e^2 \tau \boldsymbol{E}}{m^* V_{\mathrm{t}}} \tag{6.6}$$

となって，電流密度が電場に比例する．これは，オームの法則の一つの形であり，式 (6.5) の仮定がもっともらしいことを示している．

次に τ の意味を理解するために，電場のもとで定常電流が流れている状態で時刻 t_0 で電場を切ったとする．そうすると，式 (6.4)，(6.5) から

$$\frac{d\boldsymbol{j}(t)}{dt} = -\frac{\boldsymbol{j}(t)}{\tau} \tag{6.7}$$

となり，これを解くと

$$\boldsymbol{j}(t) = \boldsymbol{j}(t_0) \mathrm{e}^{-(t-t_0)/\tau} \tag{6.8}$$

となる．したがって，τ は電流が減衰する時間（緩和時間）であることがわかる．

さらに，この電流の減衰が何によって起こるのかを考察しよう．電子は，平均として，単位時間当たり $1/\tau_0$ 回，不純物等により散乱されるとする．そうすると，十分短い時間 δt の間に散乱される電子の数は $\delta t N_{\mathrm{e}}/\tau_0$ である．散乱直後の電子の運動量は様々であろうが，平均値は 0 であるとすれば[*1]，散乱により電流は全体に対して $\delta t/\tau_0$ だけ減少する．即ち

$$\boldsymbol{j}(t+\delta t) - \boldsymbol{j}(t) = -\frac{\delta t}{\tau_0} \boldsymbol{j}(t) \tag{6.9}$$

である．この両辺を δt で割って $\delta t \to 0$ とすると，$\tau_0 = \tau$ ならば式 (6.7) を得る．これから，τ は，電子が散乱される平均の時間間隔であることがわかった．

---

*1 この点に関しては，6.2 節で詳しく検討する．

■ 6.2　不純物による電気抵抗

まず，不純物による電子の散乱を考察する．モデルとして，ポテンシャル・エネルギー $u(\boldsymbol{r})$ をもつ $N_{\rm i}$ 個の不純物が，互いに無関係にランダム（でたらめ）に分布しているとする．不純物が作るポテンシャル・エネルギーは

$$U_{\rm i}(\boldsymbol{r}) = \sum_{j=1}^{N_{\rm i}} u(\boldsymbol{r} - \boldsymbol{r}_j) \tag{6.10}$$

で与えられる．ここで，$\boldsymbol{r}_j$ は j 番目の不純物の位置である．現実の固体では，個々の不純物の位置は決まっており，その与えられた位置に対して抵抗を計算しなければならない．しかし，実際に不純物の位置を知ることは不可能であるので，普通は不純物の位置について何らかの意味で平均をとることが行われる．厳密にいえば，抵抗の平均をとるのか，その逆数であるコンダクタンスの平均をとるかで結果が違いうるのであるが，いずれにしろ近次的な計算であれば，あまりこの点にこだわっても仕方がない．以下に見るように，一番簡単なのは，式 (6.6) の τ の逆数の平均値を求めることである．

上で述べたように，$1/\tau$ は電子が散乱される単位時間当たりの確率である．波数 $\boldsymbol{k}$ をもつ状態 $|\boldsymbol{k}\rangle$ にいた電子が他の状態に散乱される単位時間当たりの確率は，U_i に関する最低次の摂動の範囲で，いわゆる「黄金律」により

$$\frac{1}{\tau} = \frac{2\pi}{\hbar} \sum_{\boldsymbol{k}' \neq \boldsymbol{k}} |\langle \boldsymbol{k}' | U_{\rm i}(\boldsymbol{r}) | \boldsymbol{k} \rangle|^2 \delta(E(\boldsymbol{k}) - E(\boldsymbol{k}')) \tag{6.11}$$

で与えられる．ただし，式 (6.6) に入れるべき τ としてはこれは正しくない．というのは，式 (6.8) でわかるように，正確には，τ は電流の緩和時間である．電子が $|\boldsymbol{k}\rangle$ から $\boldsymbol{k}'\rangle$ に散乱された場合，その電子がもつ電流の変化のもとの値に対する比は，図 6.1 からわかるように

$$\frac{\boldsymbol{k} \cdot (\boldsymbol{k} - \boldsymbol{k}')}{\boldsymbol{k}^2} \tag{6.12}$$

である．

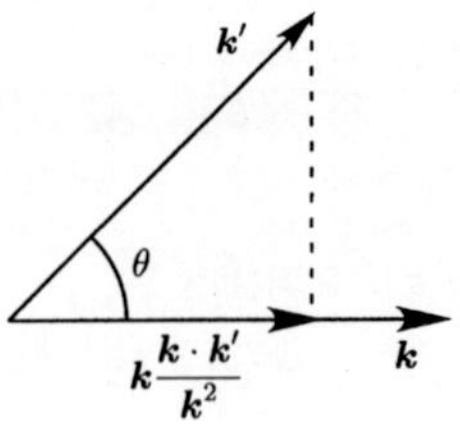

図 6.1 状態 $|\boldsymbol{k}\rangle$ から $|\boldsymbol{k}'\rangle$ へ電子が散乱されたときの電流の変化

したがって，緩和時間は

$$\frac{1}{\tau_{\mathrm{tr}}}=\frac{2\pi}{\hbar}\sum_{\boldsymbol{k}'\neq\boldsymbol{k}}|\langle\boldsymbol{k}'|U_{\mathrm{i}}(\boldsymbol{r})|\boldsymbol{k}\rangle|^2\delta(E(\boldsymbol{k})-E(\boldsymbol{k}'))\frac{\boldsymbol{k}\cdot(\boldsymbol{k}-\boldsymbol{k}')}{\boldsymbol{k}^2} \tag{6.13}$$

で与えられるものを使わなければならない．この τ_{tr} は輸送緩和時間と呼ばれ，式 (6.11) の τ とは区別される．

さて，上の式の右辺を不純物の配置に関して平均しなければならないが，平均をとるべきものは $|\langle\boldsymbol{k}'|U_{\mathrm{i}}(\boldsymbol{r})|\boldsymbol{k}\rangle|^2$ である．これを式 (6.10) を使って書くと

$$\begin{aligned}|\langle\boldsymbol{k}'|U_{\mathrm{i}}(\boldsymbol{r})|\boldsymbol{k}\rangle|^2=&\sum_{j=1}^{N_i}\langle\boldsymbol{k}'|u(\boldsymbol{r}-\boldsymbol{r}_j)|\boldsymbol{k}\rangle\langle\boldsymbol{k}|u(\boldsymbol{r}-\boldsymbol{r}_j)|\boldsymbol{k}'\rangle\\&+\sum_{j\neq l}\langle\boldsymbol{k}'|u(\boldsymbol{r}-\boldsymbol{r}_j)|\boldsymbol{k}\rangle\langle\boldsymbol{k}|u(\boldsymbol{r}-\boldsymbol{r}_l)|\boldsymbol{k}'\rangle\end{aligned} \tag{6.14}$$

となる．ここで，二つの $U_{\mathrm{i}}(\boldsymbol{r})$ に含まれる不純物が同じ場合と異なる場合を区別することが重要である．これを不純物の位置について平均するには，$\boldsymbol{r}_j$ あるいは $\boldsymbol{r}_l$ に関して積分して系の体積 V_{t} で割る．この式の右辺の第 2 項は，平均をとると 0 になることに注意していただきたい．というのは，$u(\boldsymbol{r}-\boldsymbol{r}_j)$，$u(\boldsymbol{r}-\boldsymbol{r}_l)$ をそれぞれ $\boldsymbol{r}_j$，$\boldsymbol{r}_l$ について積分すると定数になってしまい，$\boldsymbol{k}\neq\boldsymbol{k}'$ であるところから，定数の行列要素は 0 になるからである．したがって，平均を $\langle\ \ \rangle_{\mathrm{av}}$ で表すことにすると

$$\langle|\langle\boldsymbol{k}'|U_{\mathrm{i}}(\boldsymbol{r})|\boldsymbol{k}\rangle|^2\rangle_{\mathrm{av}}=\frac{N_{\mathrm{i}}}{V_{\mathrm{t}}}\int|\langle\boldsymbol{k}'|u(\boldsymbol{r}-\boldsymbol{r}_j)|\boldsymbol{k}\rangle|^2\,d\boldsymbol{r}_j \tag{6.15}$$

となる．

不純物による散乱は，式 (6.11) からもわかるように，弾性散乱であり波数の

大きさは変化しない．したがって，図 6.1 のように，$\boldsymbol{k}$ と $\boldsymbol{k}'$ の間の角度を θ として

$$\bar{u}(\theta) \equiv \int u(\boldsymbol{r}) \mathrm{e}^{i(\boldsymbol{k}-\boldsymbol{k}')\cdot\boldsymbol{r}}\, d\boldsymbol{r} \tag{6.16}$$

と書くと，式 (6.2) から

$$|\langle \boldsymbol{k}'|u(\boldsymbol{r})|\boldsymbol{k}\rangle|^2 = \frac{|\bar{u}(\theta)|^2}{V_{\mathrm{t}}^2} \tag{6.17}$$

$$\langle |\langle \boldsymbol{k}'|U_{\mathrm{i}}(\boldsymbol{r})|\boldsymbol{k}\rangle|^2\rangle_{av} = \frac{N_{\mathrm{i}}}{V_{\mathrm{t}}^2}|\bar{u}(\theta)|^2 \tag{6.18}$$

となることは容易にわかる．

式 (6.13) で $\boldsymbol{k}'$ に関する和を積分

$$\frac{V_{\mathrm{t}}}{(2\pi)^3}\int k'^2 dk' d\Omega \tag{6.19}$$

に置き換える．ここで，Ω は，$\boldsymbol{k}'$ の方向の立体角である．$\delta-$ 関数に関する公式

$$\delta(E(\boldsymbol{k}) - E(\boldsymbol{k}')) = \frac{\delta(k-k')}{|dE(\boldsymbol{k}')/dk'|} \tag{6.20}$$

を使うと，式 (6.13) は

$$\frac{1}{\tau_{\mathrm{tr}}} = \frac{m^* k}{4\pi^2\hbar^3}\frac{N_{\mathrm{i}}}{V_{\mathrm{t}}}\int |\bar{u}(\theta)|^2(1-\cos\theta)\, d\Omega \tag{6.21}$$

となる．

■ 電気伝導率とコンダクタンス

物質の電気的性質を表す量としてよく使われる量は，**電気伝導率** σ である．電気伝導率は，大きな試料の中の，局所的な電流密度と電場の比として定義される．即ち

$$\boldsymbol{j} = \sigma \boldsymbol{E} \tag{6.22}$$

である．不純物による散乱によって電流の緩和が決まる場合には，式 (6.6) で τ を τ_{tr} で置き換えれば

$$\sigma = \frac{n_e e^2 \tau_{tr}}{m^*} \tag{6.23}$$

である．ただし，$n_e \equiv N_e/V_t$ は電子の密度である．

電気伝導率と似てはいるが異なる量に**コンダクタンス**がある．コンダクタンス G は，試料の両端に電位差 V を加えたときに流れる電流を I とすると

$$G = \frac{I}{V} \tag{6.24}$$

で定義される．試料の電流に垂直な断面積が S，平行な方向の長さが L であるとすれば，電気伝導率が試料の形にはよらないのに対して，コンダクタンスは

$$G = \frac{S\sigma}{L} \tag{6.25}$$

で与えられる．コンダクタンスの次元は電気伝導率のそれとは違うことに注意していただきたい．なお，2 次元系では，S の代わりに試料の幅が入るので，これらの次元は等しい．

電気抵抗の原因となるのは，不純物以外には格子振動による電子の散乱がある．第 6 章のはじめで述べたように，規則正しく並んだ結晶格子上の原子による散乱は抵抗に寄与しないが，格子振動により位置に乱れが生ずると抵抗の原因となる．格子振動の寄与は，有限温度では重要であるが，これをごまかしなしに扱うのはなかなか面倒なので，ここでは触れないことにする．

■ 6.3 電気伝導の量子論—久保の理論とランダウアーの理論

6.2 節では，電気伝導の現象論を紹介した．実際，電気伝導のかなりの部分は現象論で理解できるものである．しかし，後の章で扱うアンダーソン局在や量子ホール効果等の量子力学的な側面が強く現れる現象を取り扱うためには，はじめから量子力学に基づいた理論が必要である．このような理論で現在広く使われているものとしては，久保の理論とランダウアー（Landauer）の理論がある．これらは，ともに 1957 年に発表されたが，その内容は驚くほど違って見える．以下では，この二つの理論を簡単に紹介しよう．

電気伝導の理論で問題にするのは，試料の両端に電位差を与えたときに，ど

れだけ電流が流れるか，ということである．電気伝導の取扱いで最も難しいのは，直流の場合である．交流の場合は意外に難しくない．実際，第5章で振動する電場によって引き起こされた分極を議論したが，これを電流とみなすこともできるのは，付録Gに示す通りである．電気伝導における電流の駆動力が電場であるとすれば*1，交流の電気伝導はすでに考察していることになる．直流の場合は，この結果で，振動数が0の極限をとればよい，と思うかもしれないが，実はそう簡単ではなく，デリケートな問題を含んでいる．その一つは，試料の端の問題である．試料が有限の大きさで孤立していれば，永遠に電流が流れ続けることはできない．

久保の理論とランダウアーの理論では，電流を引き起こすメカニズム，試料の端の問題に関して全く異なる立場をとる．以下では，この二つの理論を紹介しよう．

■ 6.3.1 久保の理論

久保の理論は，電気伝導だけでなく，一般に平衡状態にある系にその状態を変えるような作用をおよぼしたときに，ある物理量の変化をその作用の線形の範囲で与えるものである．重要なのは，その作用によって，平衡状態が非平衡状態に変わる場合である．例えば，磁性体に磁場を加えた場合には，系は別の平衡状態に移るだけであって，普通の摂動論で取り扱うことができる．しかし，電気伝導の場合には，電流が流れている状態は非平衡状態であり，普通の摂動論では取り扱えない．一般の非平衡の場合を扱う久保の理論は，かなり数学的な技巧を使うので，ここでは扱わず，その考え方を電気伝導に応用した場合のみを示す．一般論は，原論文[1]または解説[2]を参照していただきたい．

久保の理論では，電流の駆動力は電場であると考えて，一様な電場中に置かれた無限に大きい（少なくとも電場の方向には）試料を考える．

ここでも，電場のないときの電子のハミルトニアンは

$$\hat{H} = \frac{\hat{\boldsymbol{p}}^2}{2m^*} + U_{\mathrm{i}}(\boldsymbol{r}) \tag{6.26}$$

とする．$U_{\mathrm{i}}(\boldsymbol{r})$ は，不純物によるポテンシャル・エネルギーで，式(6.10)で与

*1 電流は何によって引き起こされるか，という問題は，後で述べるように，単純ではない．

えられる．このハミルトニアンの固有状態の波動関数を $\varphi_\alpha(\boldsymbol{r})$ と書く．$\varphi_\alpha(\boldsymbol{r})$ は不純物による散乱のため，運動量の固有関数ではないが，電子が伝導帯以外の状態に散乱されることはないとすれば，式 (6.2) の波動関数によって

$$\varphi_\alpha(\boldsymbol{r}) = \sum_{\boldsymbol{k}} C_{\alpha\boldsymbol{k}}\phi_{\boldsymbol{k}}(\boldsymbol{r}) \tag{6.27}$$

のように展開できる．これは，電子が不純物によって散乱されていろいろな運動量の状態をめぐってゆくことを意味している．α や $\varphi_\alpha(\boldsymbol{r})$ の具体的な形を示すのは難しいが，実際にはその必要はない．

電流を駆動する電場のハミルトニアンは，式 (5.2) と同じで

$$\hat{H}_{\mathrm{i}}(t) = eE_0 x\mathrm{e}^{(-i\omega+\eta)t} \tag{6.28}$$

である．振動数 ω と電場をゆっくりと加えるための正の数 η は，後で 0 にもってゆく．

5.3 節で議論したように，$t \to -\infty$ で $\hat{H}$ の固有状態 α にいた電子の運動量の電場による変化は，式 (5.39) で与えられる*1．ここでも，右辺の第 1 項の 2 倍をとることにする．状態 α に電子がいる確率はフェルミ分布関数 $f_{\mathrm{F}}(E_\alpha)$ で与えられるので，電子の速度 $p_\alpha(t)/m^*$ にこの重みと電子の電荷をかけて α について加えたものが電流となる．即ち

$$J_x(t) = \frac{2e^2}{m^*}\sum_{\alpha,\alpha'}\left\{\frac{f_\alpha\langle\alpha|\hat{p}_x|\alpha'\rangle\langle\alpha'|x|\alpha\rangle}{E_{\alpha'} - E_\alpha - \hbar(\omega + i\eta)}\right. \\ \left. + \frac{f_\alpha\langle\alpha|x|\alpha'\rangle\langle\alpha'|\hat{p}_x|\alpha\rangle}{E_{\alpha'} - E_\alpha + \hbar(\omega + i\eta)}\right\} E_0\mathrm{e}^{(-i\omega+\eta)t} \tag{6.29}$$

ここで，$f_\alpha \equiv f_{\mathrm{F}}(E_\alpha)$ である．また，因子 2 は，一つの固有状態 α に二つのスピンの状態の電子が入ることによる．

この式を式 (5.7) を使って書き直し*2，{ } の中の第 2 項で α と α' を入れ替えると

$$J_x(t) = -\frac{2i\hbar e^2}{m^{*2}}\sum_{\alpha,\alpha'}\frac{\langle\alpha|\hat{p}_x|\alpha'\rangle\langle\alpha'|\hat{p}_x|\alpha\rangle}{E_{\alpha'} - E_\alpha - \hbar(\omega + i\eta)}$$

---

*1 この式の導出では，α はブロッホの固有状態としていたが，それはどこにも使っていない．

*2 m_{e} は m^* で置き換える．

$$\times \frac{f_\alpha - f_{\alpha'}}{E_{\alpha'} - E_\alpha} E_0 \mathrm{e}^{(-i\omega+\eta)t} \tag{6.30}$$

となる．

ここで，$\omega = 0$，$\eta \to +0$ とすると

$$\frac{1}{E_{\alpha'} - E_\alpha - \hbar(\omega + i\eta)} = i\pi\delta(E_{\alpha'} - E_\alpha) + \frac{\mathcal{P}}{E_{\alpha'} - E_\alpha} \tag{6.31}$$

となる．ただし，$\mathcal{P}$ は主値を表す．したがって，電流は

$$J_x(t) = \frac{2\hbar e^2}{m^{*2}} \sum_{\alpha,\alpha'} \left\{ -\pi \frac{df_\alpha}{dE_\alpha} \delta(E_{\alpha'} - E_\alpha) |\langle\alpha|\hat{p}_x|\alpha'\rangle|^2 + i\mathcal{P} \frac{f_{\alpha'} - f_\alpha}{(E_{\alpha'} - E_\alpha)^2} |\langle\alpha|\hat{p}_x|\alpha'\rangle|^2 \right\} E_0 \tag{6.32}$$

となる．この式の右辺で，虚数部は α と α' を入れ替えると符号が変わるので，和をとると 0 になる．また，十分低温では

$$\frac{df_\alpha}{dE_\alpha} = -\delta(E_\alpha - \mu) \tag{6.33}$$

と近似できるので，電流に対する最終的な表式は

$$J_x(t) = \frac{2\pi\hbar e^2}{m^{*2}} \sum_{\alpha,\alpha'} \delta(E_\alpha - \mu)\delta(E_{\alpha'} - E_\alpha) |\langle\alpha|\hat{p}_x|\alpha'\rangle|^2 E_0 \tag{6.34}$$

となる．

ここで注意しておくが，電子の固有状態は縮退しており，同じエネルギーをもった状態が無数にあるので，$E_\alpha = E_{\alpha'}$ だからといって $\alpha = \alpha'$ とはいえない．

次に，この表式が，以前議論した現象論の結果とどのように結びつくか考察しよう．まず，考えている系が等方的であるとすれば，この式の右辺で $\hat{p}_x$ を $\hat{p}_y$ または $\hat{p}_z$ に置き換えてもその値は変わらない．したがって，このような置き換えをしたものを足して 3 で割ることにする．即ち

$$J_x(t) = \frac{2\pi\hbar e^2}{3m^{*2}} \sum_{\alpha,\alpha'} \delta(E_\alpha - \mu)\delta(E_{\alpha'} - E_\alpha) |\langle\alpha|\hat{\boldsymbol{p}}|\alpha'\rangle|^2 E_0 \tag{6.35}$$

である．ここで，$|\langle\alpha|\hat{\boldsymbol{p}}|\alpha'\rangle|$ の 2 乗は，$\hat{\boldsymbol{p}}$ のベクトル積の意味も含むとする．

上の式の右辺を求めるために

$$P_\alpha \equiv \sum_{\alpha'} \delta(E_{\alpha'} - E_\alpha) |\langle \alpha | \hat{\boldsymbol{p}} | \alpha' \rangle|^2 \tag{6.36}$$

$$\bar{P}_\alpha(t) \equiv \frac{1}{2\pi\hbar} \langle \alpha | \hat{\boldsymbol{p}}(t) \cdot \hat{\boldsymbol{p}} | \alpha \rangle \tag{6.37}$$

という二つの量を考える．ここで，$\hat{\boldsymbol{p}}(t)$ は $\hat{\boldsymbol{p}}$ のハイゼンベルグ表示で，$\hat{\boldsymbol{p}}(t) \equiv \mathrm{e}^{i\hat{H}t/\hbar} \hat{\boldsymbol{p}} \mathrm{e}^{-i\hat{H}t/\hbar}$ である．

$\bar{P}_\alpha(t)$ は

$$\bar{P}_\alpha(t) = \frac{1}{2\pi\hbar} \sum_{\alpha'} |\langle \alpha | \hat{\boldsymbol{p}} | \alpha' \rangle|^2 \, \mathrm{e}^{i(E_\alpha - E_{\alpha'})t/\hbar} \tag{6.38}$$

のように書き直せるので

$$P_\alpha = \int_{-\infty}^{\infty} \bar{P}_\alpha(t) \, dt \tag{6.39}$$

であることは容易にわかる．また，式 (6.27) を使うと，$\bar{P}_\alpha(t)$ は

$$\bar{P}_\alpha(t) = \frac{1}{2\pi\hbar} \sum_{\boldsymbol{k},\boldsymbol{k}'} C^*_{\alpha\boldsymbol{k}'} \langle \boldsymbol{k}' | \hat{\boldsymbol{p}}(t) \cdot \hat{\boldsymbol{p}} | \boldsymbol{k} \rangle C_{\alpha\boldsymbol{k}} \tag{6.40}$$

のようにも書き直せる．当然，$\hat{\boldsymbol{p}} | \psi_{\boldsymbol{k}}(\boldsymbol{r}) = \hbar\boldsymbol{k}\psi_{\boldsymbol{k}}(\boldsymbol{r})$ であるので，この式は

$$\bar{P}_\alpha(t) = \frac{1}{2\pi\hbar} \sum_{\boldsymbol{k},\boldsymbol{k}'} C^*_{\alpha\boldsymbol{k}'} C_{\alpha\boldsymbol{k}} \hbar\boldsymbol{k} \cdot \langle \boldsymbol{k}' | \hat{\boldsymbol{p}}(t) | \boldsymbol{k} \rangle \tag{6.41}$$

となる．ここで，$\boldsymbol{k}$ と $\hat{\boldsymbol{p}}(t)$ は内積をとる．

さて，$t = 0$ では，$\psi_{\boldsymbol{k}}(\boldsymbol{r})$ の直交性により，$\boldsymbol{k}' = \boldsymbol{k}$ の項しか残らないので，これらの項に注目しよう．$\langle \boldsymbol{k} | \hat{\boldsymbol{p}}(t) | \boldsymbol{k} \rangle \equiv \langle \boldsymbol{k} | \mathrm{e}^{i\hat{H}t/\hbar} \hat{\boldsymbol{p}} \mathrm{e}^{-i\hat{H}t/\hbar} | \boldsymbol{k} \rangle$ という量は，時刻 0 で $\psi_{\boldsymbol{k}}(\boldsymbol{r})$ であった状態の時刻 t における $\hat{\boldsymbol{p}}$ の期待値である．t が十分に大きければ，不純物による散乱のため，状態 $\mathrm{e}^{-i\hat{H}t/\hbar}\psi_{\boldsymbol{k}}(\boldsymbol{r})$ はもはや波数の固有状態ではなく，いろいろな波数の固有状態の線形結合となっていて，運動量の期待値は 0 である．これがどの程度の時間でほぼ 0 になるかというのが，6.2 節で議論した電流の緩和時間であり，特に，$\hbar\boldsymbol{k}$ への射影の緩和時間であるので，式 (6.13) で与えられる τ_{tr} と考えるべきである．

以上から，$\hbar\boldsymbol{k}\cdot\langle\boldsymbol{k}|\hat{\boldsymbol{p}}(t)|\boldsymbol{k}\rangle$ という量の時間依存性は

$$\hbar\boldsymbol{k}\cdot\langle\boldsymbol{k}|\hat{\boldsymbol{p}}(t)|\boldsymbol{k}\rangle=\hbar^2\boldsymbol{k}^2\,\mathrm{e}^{-t/\tau_{\mathrm{tr}}} \tag{6.42}$$

のようになると考えるのが自然である．

式 (6.40) の $\boldsymbol{k}'\neq\boldsymbol{k}$ の項は，$t=0$ では 0 であり，$t>0$ では各項がいろいろな値をとるので，打ち消し合って大きな寄与にはならないと考えられる．したがって，これらを無視することにすると，式 (6.41)，(6.42) から

$$\bar{P}_\alpha(t)=\frac{1}{2\pi\hbar}\sum_{\boldsymbol{k}}\hbar^2\boldsymbol{k}^2|C_{\alpha\boldsymbol{k}}|^2\,\mathrm{e}^{-t/\tau_{\mathrm{tr}}} \tag{6.43}$$

を得る．

ただし，以上の考察は $t\geq 0$ の場合である．$t<0$ の場合には，式 (6.37) から

$$\bar{P}_\alpha(-t)=\frac{1}{2\pi\hbar}\langle\alpha|\hat{\boldsymbol{p}}\cdot\hat{\boldsymbol{p}}(t)|\alpha\rangle \tag{6.44}$$

となり，上と同様の考察を行えば，$\bar{P}_\alpha(-t)=\bar{P}_\alpha(t)$ であって，式 (6.43) の右辺の t は $|t|$ で置き換えてよいことがわかる．したがって，式 (6.37) から

$$P_\alpha=\frac{\tau_{\mathrm{tr}}}{\pi\hbar}\sum_{\boldsymbol{k}}\hbar^2\boldsymbol{k}^2|C_{\alpha\boldsymbol{k}}|^2 \tag{6.45}$$

を得る．

さて，この P_α を使って式 (6.35) の右辺を計算しようというわけであるが，右辺のデルタ関数 $\delta(E_\alpha-\mu)$ に注目する．十分低温では，化学ポテンシャル μ はフェルミ・エネルギー $E_{\mathrm{F}}\equiv\hbar^2k_{\mathrm{F}}^2/2m^*$ で置き換えることができる．固有状態 $\varphi_\alpha(\boldsymbol{r})$ はいろいろな平面波の重ね合わせで書けるが，不純物のポテンシャルがあまり強くなければそれらの波数の大きさはほぼ k_{F} に等しい．したがって，式 (6.45) の $\boldsymbol{k}^2$ は k_{F}^2 で置き換えてよい．そうすると，$\psi_{\boldsymbol{k}}(\boldsymbol{r})$ の完全性を使えば

$$P_\alpha=\frac{\tau_{\mathrm{tr}}}{\pi\hbar}\sum_{\boldsymbol{k}}|C_{\alpha\boldsymbol{k}}|^2\hbar^2k_{\mathrm{F}}^2=\frac{\tau_{\mathrm{tr}}\hbar k_{\mathrm{F}}^2}{\pi} \tag{6.46}$$

となることがわかる．

結局，P_α が α によらなくなったので，計算すべき量として残っているのは，

$\sum_\alpha \delta(E_\alpha - \mu)$ のみである．上のような近似をした以上は，これに関しても，E_α を $E(\boldsymbol{k}) \equiv \hbar^2\boldsymbol{k}^2/2m^*$ で置き換えるべきであり，完全系で和をとるのは，$|\alpha\rangle$ でも $|\boldsymbol{k}\rangle$ でも同じであるから，この和は

$$\sum_{\boldsymbol{k}} \delta\left(\frac{\hbar^2\boldsymbol{k}^2}{2m^*} - \frac{\hbar^2 k_{\mathrm{F}}^2}{2m^*}\right) = \frac{V_{\mathrm{t}}}{(2\pi)^3}\int \delta\left(\frac{\hbar^2\boldsymbol{k}^2}{2m^*} - \frac{\hbar^2 k_{\mathrm{F}}^2}{2m^*}\right) d\boldsymbol{k}$$
$$= \frac{V_{\mathrm{t}} m^* k_{\mathrm{F}}}{2\pi^2\hbar^2} \tag{6.47}$$

で置き換えられる．

以上のような考察から，式 (6.35) の右辺を計算することができるが，$J_x(t) = \sigma E_0$ で定義される電気伝導率 σ は

$$\sigma = \frac{e^2\tau_{\mathrm{tr}} k_{\mathrm{F}}^3}{3\pi^2 m^*} \tag{6.48}$$

となる．また，電子密度とフェルミ波数の関係は

$$n_{\mathrm{e}} = \frac{2}{(2\pi)^3}\int_{k\le k_{\mathrm{F}}} d\boldsymbol{k} = \frac{k_{\mathrm{F}}^3}{3\pi^2} \tag{6.49}$$

で与えられるから，結局，式 (6.23) と同じく

$$\sigma = \frac{n_{\mathrm{e}} e^2 \tau_{\mathrm{tr}}}{m^*} \tag{6.50}$$

を得る*1．

結局，現象論と同じ結果が出ただけでは量子力学を持ち出した意味がないように見えるかも知れないが，後の章で示す量子力学的な側面が強く現れる現象を取り扱うためには，量子力学による定式化をきちんとしておく必要がある．

電気伝導の久保理論に関しては異論がないわけではない．現実の系で電流が流れている状態では，電子は電場からエネルギーをもらいそれが熱として試料から放出される，という定常状態になっている．上で述べたような，無限の過去に平衡状態にあった系に，無限にゆっくりと電場を加えてゆくことによりできる状態と，現実の定常状態が同じものか，という点に関しては明確な答えはない．しかし，今のところ，この問題のために久保理論が誤った結果を与えた

*1 式 (6.34) の右辺をもっと数学的にきちんと評価する方法については，文献 9) を参照されたい．

と考えられる例はなく，久保理論は数多くの現象に応用されて成功をおさめている．

なお，久保理論は，電子が非弾性散乱を受ける場合も取り扱える．例えば，不純物がなくても，有限温度では格子振動による散乱のために，電気伝導率は有限となる．実際の計算で非弾性散乱を扱うのはなかなか面倒なのでここには示さないが，温度がデバイ温度に比べて非常に小さい場合には $1/\sigma \propto T^5$，デバイ温度より大きい場合には，$1/\sigma \propto T$ の寄与を与える．

6.3.2 ランダウアーの理論

久保の理論が発表されたのと同じ 1957 年にランダウアーは非常に特異な電気伝導の理論を発表した[3]．この論文はよく引用されるのであるが，非常に難解で何をいいたいのかよくわからない．少なくとも，今盛んに引用されるいわゆる「ランダウアーの公式」はこの論文には示されていない．ランダウアー自身は，この論文を書いたときに頭の中にこの公式があったようにも見えるのであるが．ランダウアーの考え方が明解な形で示されている文献は，例えば，文献 4) である．

ランダウアーの理論では，試料の端の問題を解決するために，有限の長さの試料の両端に「電子溜め」の存在を仮定する．電子溜めは十分に大きく，電子の出入りによってその化学ポテンシャルが変化することはないとする（図 6.2）．電子溜めは，例えば電池のモデルであると考えればよい．ランダウアーの理論が威力を発揮するのは，主として低次元系である．ここでは，まず 1 次元系を考える．即ち，試料もリード線も 1 次元であるとする．リード線は理想的なものであり，その中では電子は散乱されないとする．また，試料中でも非弾性散

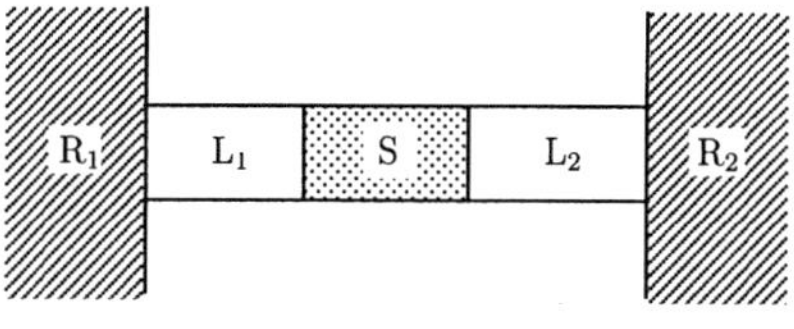

図 6.2 ランダウアーの理論のモデル
電気抵抗を測定すべき試料 S は，リード線 L_1，L_2 を介して電子溜め R_1，R_2 につながっている．

乱は起こらないとする．

ランダウアーの理論では，電流の駆動力となるのは電子溜め間の化学ポテンシャルの差である．R_1，R_2 の化学ポテンシャルを μ_1，μ_2 として $\mu_1 > \mu_2$ とする．以下では，絶対零度で考えるとして，ランダウアーの理論では以下のようないくつかの仮定をおく．

仮定 1：

試料とリード線中の μ_2 よりエネルギーの小さい状態はすべて電子で満たされている．
そうすると，この範囲のエネルギーをもつ電子の電流への寄与は打ち消し合って 0 である．電流は，μ_1 と μ_2 の間のエネルギーの電子によって運ばれる．この範囲のエネルギーの電子は，電子溜め R_1 からリード線 L_1 に補給される．

この過程に関して次の仮定をおく．

仮定 2：

リード線 L_1 の状態で，エネルギーが μ_1 と μ_2 の間にあり速度が右向きのものはすべて満たされている．
これらの電子のうち，一部のものは試料によって反射され，電子溜め R_1 にもどる．他のものは，試料を透過してリード線 L_2 を通って電子溜め R_2 に入る．

この過程に関して次の仮定をおく．

仮定 3：

リード線から電子溜めに入る電子は，すべて受け入れられる．電子溜め R_2 に入る電子は μ_2 より高いエネルギーをもっているが，電子溜め中では，エネルギーは μ_2 にただちに緩和する．また，電子溜め R_1 中で電子を L_1 に補給するために生じた正孔はただちに μ_1 にある電子によって埋められる．

以上の仮定に基づいて電流を計算してみる．まず，試料 S が電子を 100%透過させる場合を考える．リード線 L_1 の中での波数 k をもつ電子のエネルギーを $\varepsilon(k) = \hbar^2 k^2/2m^*$ とすると，速度は $\hbar k/m^*$ である．波数 k_1，k_2 を

$$\varepsilon(k_1) = \mu_1 \tag{6.51}$$

$$\varepsilon(k_2) = \mu_2 \tag{6.52}$$

となるような波数（正とする）であるとすると，上の仮定により，電流は

$$\begin{aligned} I &= 2e \int_{k_2}^{k_1} \frac{\hbar k}{m^*} \frac{dk}{2\pi} \\ &= \frac{e}{\pi\hbar}(\mu_1 - \mu_2) \end{aligned} \tag{6.53}$$

となる（R_2 から R_1 に向かう方向を正とする．上の式の右辺の先頭の 2 は，スピンの自由度である）．

二つの電子溜めの間の電位差は，電子を 1 個 R_2 から R_1 にもってゆくための最小のエネルギーを e で割ったものである．このエネルギーは，μ_2 の直下から μ_1 の直上へ電子をもってゆくエネルギーであるから，電位差は，$V \equiv (\mu_1 - \mu_2)/e$ であり，コンダクタンスは[*1]

$$G \equiv \frac{I}{V} = \frac{2e^2}{h} \tag{6.54}$$

となる．ここで，$h = 2\pi\hbar$ である．

試料が透過率 $\mathcal{T}$ で電子を透過させる場合には，試料を通り抜けて R_2 に達する電流は，式 (6.53) の $\mathcal{T}$ 倍になる．したがって，コンダクタンスも $\mathcal{T}$ 倍になり

$$G = \frac{2e^2}{h}\mathcal{T} \tag{6.55}$$

となる．一般には，これをランダウアーの公式と呼んでいる．

このように，ランダウアーの理論では，ほとんど計算らしい計算もせずにコンダクタンスを求めてしまうのは，久保の理論と対照的である．ただし，ランダウアーの理論では，電子間の相互作用や非弾性散乱のある場合を取り入れることはできず，適用範囲は限られている．

[*1] 電気伝導率は電流密度と電場の比である．コンダクタンスとの違いに注意していただきたい．

6.3.3 ランダウアーの理論の検証

ランダウアーの公式は単純明解であるので，これを実験で確かめてみたくなるのは当然である．本当の 1 次元系を作ることはできないが，1 次元系のように振舞う系を作ることはできる．代表的な例は，いわゆる量子細線である．量子細線は，普通には，GaAs と $Al_xGa_{1-x}As$ [*1] の界面に形成される 2 次元電子系上に作る．これらの物質は絶縁体であるが，界面には，面にそって 2 次元的に自由に運動できる電子が存在する．この機構については，第 7 章 7.2 節で説明する．正確にいうと，これらの電子は，面に垂直な方向（z 方向とする）には，狭く深いポテンシャル・エネルギーにとらえられている．これを，$U_\perp(z)$ と書いて，シュレディンガー方程式

$$-\frac{\hbar^2}{2m^*}\frac{d^2}{dz^2}\varphi(z) + U_\perp(z)\varphi(z) = E\varphi(z) \tag{6.56}$$

の固有関数，固有エネルギーをそれぞれ $\varphi_l(z)$，E_l とすると，面に平行な自由度も含めた電子の固有状態の波動関数，エネルギーは

$$\Psi_{l\boldsymbol{k}}(\boldsymbol{r}) = \varphi_l(z)\mathrm{e}^{i(k_x x + k_y y)} \tag{6.57}$$

$$E_{l\boldsymbol{k}} = E_l + \frac{\hbar^2\boldsymbol{k}^2}{2m^*} \tag{6.58}$$

である．ただし，$\boldsymbol{k} = (k_x, k_y)$ である．また，$E_1 < E_2 < E_3 < \cdots$ とする．

フェルミ・エネルギー E_F が E_1 と E_2 の間にあり，E_2 と E_F の差が温度エネルギー $k_\mathrm{B}T$ に比べて十分に大きければ，電子は $l = 1$ の状態のみを占める．したがって，低エネルギーの現象に関しては，界面に垂直な電子の自由度は凍結されて，自由に動ける電子は実質的に 2 次元系となる．

1 次元系のように振舞う「準 1 次元系」を作るためには，図 6.3 のように，試料の上に金属の電極 G（ゲート電極）をつけて，これに 2 次元電子系に対して負の電圧を加える．そうすると，電極に生じた負の電荷の反発力によって電極の下の 2 次元電子系からは電子が排除される（図 6.4 の斜線部分．空乏層と呼ぶ）．図の中央部の細く残った 2 次元電子系は，幅が十分に狭ければ，1 次元的な性格をもっており量子細線と呼ばれる．詳しくいえば，電極にある電荷に

[*1] AlAs と GaAs の混晶で，x は 0.3 程度．

よって作られるポテンシャル・エネルギー $U_\parallel(x,y)$ は，図の中央部では，y にのみ依存して，谷のような形になる．シュレディンガー方程式

$$-\frac{\hbar^2}{2m^*}\frac{d^2}{dy^2}\phi(y)+U_\parallel(y)\phi(y)=E\phi(y) \tag{6.59}$$

の固有波動関数，固有エネルギーを $\phi_n(y)$，E'_n とすると（$E'_1<E'_2<E'_3<\cdots$ とする)，x，z 方向の自由度も含めた電子の固有状態の波動関数，固有エネルギーは

$$\varPhi_{1nk}(\boldsymbol{r})=\mathrm{e}^{ikx}\phi_n(y)\varphi_1(z) \tag{6.60}$$

$$E_{1n}(k)=\frac{\hbar^2k^2}{2m^*}+E_1+E'_n \tag{6.61}$$

となる[*1]．この固有状態は，n 番目のサブバンドと呼ばれる．フェルミ・エネルギーが E'_1+E_1 と E'_2+E_1 の間にあれば，十分低温では電子は $n=1$ の状態のみを占めるので，低エネルギーの現象に関しては y 方向の自由度は凍結されて x 方向の自由度のみが残る（図 6.5(a) 参照)．したがって，この系は量子細線の部分では 1 次元のように振舞う．波動関数 $\phi_n(y)$ は束縛状態のそれであるから，$y=0$ が $U_\parallel(y)$ が最小値をとる点であるとすると，$|y|$ がある大きさを超えると急激に小さくなる．図 6.3(b) の斜線部分の境界は，$|y|$ のこの大きさを示す目安であり，正確に決められるものではない．

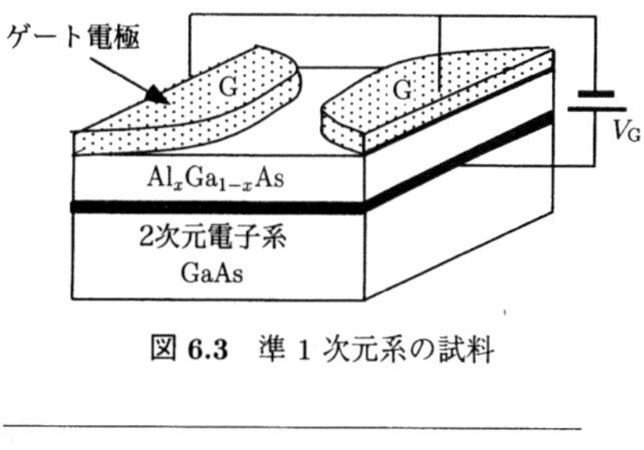

図 6.3 準 1 次元系の試料

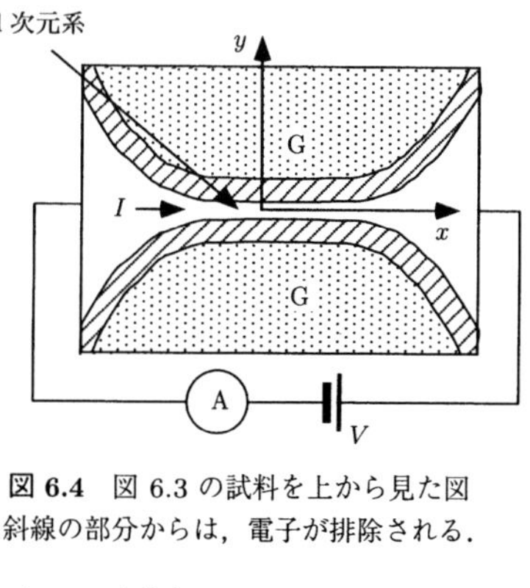

図 6.4 図 6.3 の試料を上から見た図
斜線の部分からは，電子が排除される．

*1 電極 G にある電荷が作るポテンシャル・エネルギーは，z にも依存する．しかし，一般に，電極と 2 次元電子系の距離，二つの電極間の距離等は 10 ～ 100 nm 程度であるのに対して，$\varphi_1(z)$ の広がりは 1 nm 程度であり，ポテンシャル・エネルギーはこの広がり程度の z の変化ではほとんど変わらない．したがって，$\varphi_1(z)$ もほとんど影響を受けない．

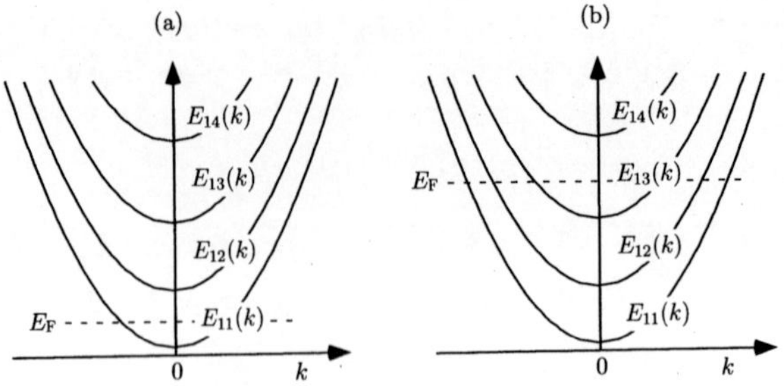

図 6.5 量子細線のサブバンド構造

(a) 電子が最低のサブバンドにのみいる場合，(b) 高いサブバンドにも電子がいる場合.

量子細線の両端の $U_{\|}(x,y)$ が x にも依存する領域では，このように，波動関数を x の関数と y の関数の積に書くことはできない．ランダウアーのモデルと比べるとこの部分は電子溜めで，量子細線の部分はリード線と試料とみなすことができる．量子細線のコンダクタンスを測定するには，図 6.4 の電子溜めの部分に電極をつけて電位差を与え，量子細線を流れる電流を測定する.

6.3.4 コンダクタンスの量子化

上で説明したような量子細線の利点は，ゲート電極 G に加える電圧によって $U_{\|}(x,y)$ の形を変えて E'_n をある程度制御できることにある．電圧 V_G は電極側を正に定義するが普通であるが，V_G を小さくする（負で絶対値を大きくする）と，電極にある負電荷は増して $U_{\|}(x,y)$ は大きく狭くなる．したがって，E'_n は大きくなる．フェルミ・エネルギーが図 6.5(b) のように $E'_N(0)$ と $E'_{N+1}(0)$ の間にあれば，電子は N 番目以下のサブバンドに入る．この場合のコンダクタンスはどうなるか考えてみよう.

簡単な場合として，量子細線中で電子があるサブバンドから他のサブバンドに散乱されることはないとする．また，ランダウアーの理論の仮定は各サブバンドについて成り立つとする．そうすると，量子細線を流れる電流は各サブバンドのものの和であり，コンダクタンスも各サブバンドの寄与の和である．したがって，サブバンド n における電子が試料を透過する確率を $\mathcal{T}_n$ とすると，コンダクタンスは

$$G = \frac{2e^2}{h}\sum_{n=1}^{N} T_n \qquad (6.62)$$

となる．なお，透過率は電子のエネルギーに依存するが，電子溜め間の化学ポテンシャルの差が十分に小さければ，電流を運ぶ電子はフェルミ準位にあるものであるから，透過率はフェルミ準位のものを使う．どのサブバンドでも透過率が100%であれば，コンダクタンスは

$$G = \frac{2e^2}{h}N \qquad (6.63)$$

となる．

上で述べたように，V_{G} を大きくしてゆくと（負で絶対値を減らす），E'_n は小さくなるので，フェルミ・エネルギーを固定しておけば N は増加する．理想的な細線では，一つのサブバンドに電子が入りさえすれば $2e^2/h$ だけの寄与をするので，コンダクタンスは $E_{1n}(0)$ がフェルミ・エネルギーを横切るたびに $2e^2/h$ だけ増加するはずである．この現象をコンダクタンスの量子化と呼ぶ．

ただし，このような振舞が見られるためには，ランダウアーの理論の仮定が成り立つことが必要であるが，どのような試料でこれが成り立つか，ということは簡単にはわからない．しかし，案ずるより生むが易しで，上で述べたような試料でコンダクタンスの量子化が観測されている．

図 6.6 は，はじめてコンダクタンスの量子化が観測されたデータである．ただし，当時は，幅に比べて十分に長い量子細線でコンダクタンスの量子化が観測できるような良質のものはまだ実現していなかった．この実験は，細線の長さが幅と同程度の「ポイント・コンタクト」と呼ばれるタイプの試料によるものである．実際，ランダウアーの理論では，細線の長さが十分長くなければならないという制約はない．試料の詳細や,「ポイント・コンタクト」の名前の由来等は，文献 7) を参照していただきたい．

■ 6.4 アンダーソン局在

第 6 章のこれまでで示したように，金属中の不純物は電子の伝導を妨げ，電気伝導率を減少させる．式 (6.21)，(6.23) によれば，電気伝導率は，不純物の

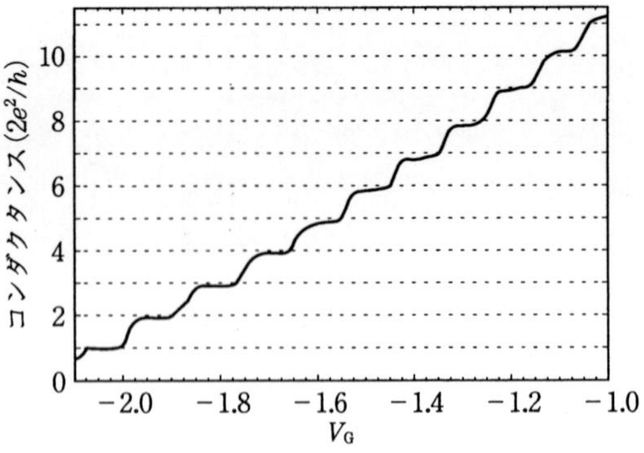

図 6.6 コンダクタンスの量子化の実験（文献 6) より）

密度を増すと，それに反比例して小さくなる．しかし，これは，不純物の密度が十分に小さい場合の近似である．というのは，ここまでの議論では，電子が散乱される確率は，1 個の不純物に散乱される確率に不純物の数をかけただけだからである．即ち，各不純物による電子の散乱は独立だとみなされている．しかし，不純物の密度がある程度以上大きくなると，ある不純物で散乱された電子波が他の不純物で散乱されるという「散乱の干渉」が起こる確率が大きくなる．このような干渉を取り入れるのは簡単ではないが，とにかく，電気伝導率と不純物密度との関係は，式 (6.21)，(6.23) のような簡単なものではないことは予想できる．不純物密度が増加すれば電気伝導率が減少することは確かであろうが，電気伝導率は 0 に近づくだけなのか，あるいは，ある有限の不純物密度で 0 になってしまうのか，二つの可能性が考えられる．

この問題を最初に取り上げて，有限の不純物密度で電気伝導率が 0 になる可能性があることを示したのがアンダーソン（P.W. Anderson）であるとみなされている [8)]．アンダーソンが文献 8) で取り上げたのは電気伝導そのものではなく，数学的に整った証明が示されているわけでもないのであるが，その結果だけは多くの人々の信じるところとなり，現在にいたるまで研究が続けられている．

不純物密度を増すことにより電気伝導率が 0 となることは，その系が導体から絶縁体に転移することであり，このような転移を**アンダーソン転移**と呼ぶ．電気伝導率が 0 になるのは，フェルミ準位の固有状態が**局在**するからである．局在した固有状態とは，束縛状態のように，遠方で波動関数の振幅が減衰するものをいう．ただし，以下に述べるように，局在した状態と束縛状態には本質的な違いがある．このような状態が存在しうることをはじめに指摘したのがアンダーソンであるので，固有状態が局在することを**アンダーソン局在**と呼ぶ．

なお，以下に述べることは，いろいろな研究の結果大多数の人々が認めていることではあるが，それを導くのはこの本の範囲では少々難しい．したがって，この部分に限っては，直感的な説明と結果のみを述べる場合が多いので，そのつもりで読んでいただきたい．それでもこの 6.4 節を設けたのは，後に続く章で必要になるいろいろな概念を知っておいてほしいからである．

6.4.1 局在した固有状態

まず

$$V(x) = \begin{cases} -V_0, & (|x| < a) \\ 0, & (|x| \geq a) \end{cases} \tag{6.64}$$

のような，1 次元の単純な井戸型ポテンシャルの中の電子の固有状態を考えよう．束縛状態のエネルギー E は負で，$|x| \geq a$ におけるシュレディンガー方程式は

$$-\frac{\hbar^2}{2m_\mathrm{e}}\frac{d^2}{dx^2}\psi(x) = E\psi(x) \tag{6.65}$$

であるから，$\kappa \equiv \sqrt{2m_\mathrm{e}|E|/\hbar^2}$ とおくと，その解は

$$\psi(x) \propto \mathrm{e}^{-\kappa|x|} \tag{6.66}$$

となる．このように，束縛状態の波動関数が遠方で指数的に減衰するのは，$|x| \geq a$ ではエネルギーがポテンシャル・エネルギーより小さいからである．

それでは，多数の井戸が並んでいる場合の固有状態はどうなるだろうか？

すべて同じ形の井戸が等間隔に並んでいる場合は，第 1 章で議論したクロニッヒ–ペニーモデルである．固有波動関数はブロッホ関数で，束縛状態は存在しない．

次に，不純物のある場合のモデルとして，井戸の深さが井戸によってまちまちである場合を考えよう．l 番目の井戸の深さを $V_l(>0)$ として，この系のハミルトニアンを $\hat{H}$ とする（図 6.7）．また，すべての井戸の深さが V_l の平均値に等しい系を考えて，そのハミルトニアンを $\hat{H}_{\mathrm{a}}$ とする．この系の固有状態はブロッホ関数であるから，1.6 節で議論したように，ワニア関数は完全直交系をなし，これらを基底として $\hat{H}_{\mathrm{a}}$ を表すことができる（タイト・バインディング・モデル）．また，$\hat{H}$ を表すこともできる．話を簡単にするために，エネルギー・バンドは一つだけを考えて，$\hat{H}$ を行列で

$$t_{l,l'} \equiv \langle l|\hat{H}|l'\rangle = \int W_l^*(x)\hat{H}W_{l'}(x)dx, \quad (l \neq l') \tag{6.67}$$

$$\xi_l \equiv \langle l|\hat{H}|l\rangle = \int W_l^*(x)\hat{H}W_l(x)dx \tag{6.68}$$

のように表す．ハミルトニアン $\hat{H}_{\mathrm{a}}$ をこのような形で表す場合と異なり，対角エネルギー ξ_l は l に依存する．ここでは，ξ_l の平均値を $\bar{\xi}$ として，ξ_l は $|\xi_l-\bar{\xi}| < \Delta$ の範囲に分布しているとする．また，$t_{l,l'}$ も l と l' の差のみではなく両方に依存する．

まず，$t_{l,l'}$ がすべて 0 である場合を考えると，ハミルトニアンはワニア関数によって対角化されているので，ワニア関数はこの系の固有状態である．

次に，$t_{l,l'}$ の平均の大きさ $\bar{t}$ が Δ に比べて十分に小さいとして，ワニア関数 $W_l(x)$ に対する補正 $\delta W_l(x)$ を $t_{l,l'}$ の最低次の摂動で求めると

$$\delta W_l^{(1)}(x) = \sum_{l'\neq l} a_{l',l}^{(1)} W_{l'}(x) \tag{6.69}$$

$$a_{l',l}^{(1)} \equiv \frac{t_{l',l}}{\xi_l - \xi_{l'}} \tag{6.70}$$

となる．分母にある ξ_l，$\xi_{l'}$ の分布はランダムであるので，$|\bar{t}| \ll \Delta$ であれば，$|t_{l',l}| \gtrsim |\xi_l - \xi_{l'}|$ である確率は小さい．したがって，ほとんどのワニア関数は

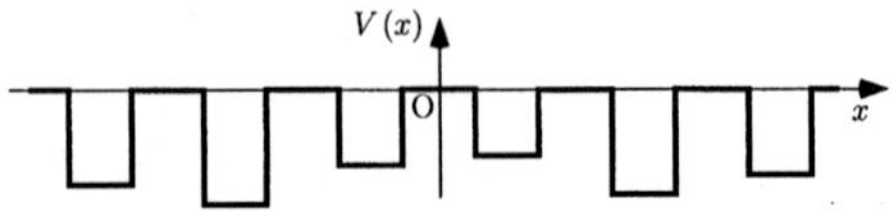

図 6.7 井戸型ポテンシャルの列

よい近似で固有状態になっているといえそうである．しかし，ことはそう簡単ではないことは，高次の摂動を見ればわかる．

2次の摂動による補正は

$$\delta W_l^{(2)}(x) = \sum_{l'} a_{l',l}^{(2)} W_{l'}(x) \tag{6.71}$$

$$a_{l',l}^{(2)} \equiv \sum_{l''\neq l} \frac{t_{l',l''} a_{l'',l}^{(1)}}{\xi_l - \xi_{l'}}, \quad (l' \neq l) \tag{6.72}$$

$$a_{l,l}^{(2)} \equiv -\frac{1}{2} \sum_{l''\neq l} |a_{l'',l}^{(1)}|^2 \tag{6.73}$$

で与えられる．もし，$t_{l',l}$ が隣り合う井戸の間以外は無視できるとしても，2次の摂動によれば，固有状態には二つ離れた井戸上のワニア関数も混じることになる．おおざっぱにいえば，その振幅は $|\bar{t}/\varDelta|^2$ の程度である．しかし，隣の井戸とは対角エネルギーの差が $|\bar{t}|$ より十分大きくても，二つ離れた井戸に非常に近いものがあれば，振幅は大きくなる．同様に，n 次の補正項の振幅はおおざっぱには $|\bar{t}/\varDelta|^n$ の程度であるが，n 個離れた井戸までの間に対角エネルギーが非常に近いものがあれば，振幅は大きくなる．n が大きくなれば，この可能性は大きくなるので，たとえ平均として $|\bar{t}| \ll \varDelta$ であっても，ワニア関数がよい近似で固有関数になっているとは簡単にはいえないのである．

以上のように，「乱れ」のある系の固有波動関数の振舞は微妙な問題ではあるが，$x \to \pm\infty$ で振幅が0になる**局在した状態** (localized state) と，揺らぎはあるが，そうならない**広がった状態** (extended state) の二つがありうることは理解できるであろう．局在した状態が束縛状態と違うのは，上にも述べた通り，束縛状態の波動関数が $x \to \pm\infty$ で0になるのは，ある値より $|x|$ が大きい領域では運動エネルギーが負になるためであるのに対して，局在した状態の場合は，どんなに遠方になっても運動エネルギーが正になる領域が存在することである．

なお，局在した状態の波動関数は，一番振幅の大きい場所 $\boldsymbol{r}_0$ から十分離れたところでは，揺らぎはあるものの

$$|\psi(\boldsymbol{r})|^2 \propto \exp(-|\boldsymbol{r} - \boldsymbol{r}_0|/\xi) \tag{6.74}$$

のように減衰すると考えられている．この ξ を**局在長**と呼ぶ．$\boldsymbol{r}_0$ はランダムに分布するが，十分広い範囲で見れば一様に分布している．

ここでは，話をわかりやすくするために井戸のようなポテンシャルが並んだ系を考えて，束縛状態に近いワニア関数から出発したが，ポテンシャルの上端よりも大きい固有エネルギー（図 6.7 では $E > 0$）の状態でも局在しうると考えられている．実際，1，2 次元系では，少しでもポテンシャル・エネルギーに乱れがあればすべての固有状態が局在することが理論的に予言されており，それは，数値計算等でも支持されている[*1]．

6.4.2 アンダーソン局在に関する問題

読者は，アンダーソン局在に関する問題の中で最も重要なものは，アンダーソン転移が起こる条件を決めることである，と思うかもしれない．しかし，これは物質によっていろいろな条件が異なるので，一般論を作るのは難しいし，あまり意味もない．それよりも，どんな物質にも共通の普遍的な性質に目をつけるのが基礎物理学の考え方である．

まず，考えている系が絶縁体であるためには，すべての固有状態が局在している必要はなく，フェルミ準位にある状態がすべて局在していればよいことを示そう．式 (6.34) からわかるように，試料に電場をかけた場合の電流を決めるのは，フェルミ準位にある固有状態間の運動量の行列要素である．運動量を質量で割ったものは速度であり，位置の時間による微分であることから

$$
\begin{aligned}
\langle\alpha|\hat{p}_x|\alpha'\rangle &= \frac{im_{\rm e}}{\hbar}\langle\alpha|[\hat{H},x]|\alpha'\rangle \\
&= \frac{im_{\rm e}}{\hbar}(E_\alpha - E_{\alpha'})\langle\alpha|x|\alpha'\rangle
\end{aligned}
\tag{6.75}
$$

という関係が成り立つ．したがって，固有状態 α，α' が局在していてこれらの間の x の行列要素が有限であれば[*2]，$\hat{p}_x$ の行列要素は 0 となり，電流も 0 となる．

[*1] ここでいう「少しでも」とは，例えば図 6.7 で有限個の井戸の深さだけが乱れている，ということではなく，どんなに遠方にいっても乱れはあるが，その振幅がどんなに小さくても有限であれば，という意味である．

[*2] これが，局在の定義というべきである．

次に，フェルミ準位上の固有状態が局在している場合には，それ以外のエネルギーをもった状態はどうなっているのだろうか？ 一般に，乱れた系の中では，エネルギーの高い状態は局在しにくいと考えられている．エネルギーが高いということは，運動エネルギーがポテンシャル・エネルギーに比べて大きいということであり，固有状態がポテンシャル・エネルギーの影響を受けにくいということである．したがって，局在した固有状態でも，局在長（式 (6.74) を参照）はエネルギーが大きいほど長くなる．6.3 節で述べたように，1 次元，2 次元の系ではすべての固有状態は局在しているが，3 次元系では，エネルギーがあるエネルギー E_c に下から近づくと局在長は発散し，それよりエネルギーの高い固有状態は局在しないと考えられている．エネルギー E_c はポテンシャルの乱れによって決まる量で，**移動度端**（mobility edge）と呼ばれる．エネルギー E が下から E_c に近づくと，局在長 ξ は

$$\xi \propto (E_c - E)^{-\nu} \tag{6.76}$$

のように発散する．ここで，ν は正の定数で，**臨界指数**と呼ばれる．

臨界指数の値は，移動度端 E_c とは異なり，試料にはよらない普遍的な値であると考えられている．定量的に信頼できるのは，今のところ数値計算によるものしかなく，$\nu = 1.58$ である[10,11]．

実験では，臨界指数は誘電率から求めることができる．測定する試料のフェルミ・エネルギー E_F が E_c より小さければ，電子がいる状態はすべて局在しているので，この試料は絶縁体であり，第 5 章で示したように，静的な誘電率 ($\omega = 0$) は有限である．E_F が E_c より大きくなれば試料は金属的になり静的な誘電率は無限大となるから，E_F が E_c に下から近づけば誘電率は大きくなってゆくと考えられる．その様子を，式 (5.56) を使って考察する．

この式を導いたときの考察を思い出そう．試料に電場が加えられると，フェルミ準位にいる電子は式 (5.50) で与えられるポテンシャル・エネルギーの山から谷へ移動するから，その移動距離は π/q の程度である．したがって，それがフェルミ準位における局在長 ξ に比べて十分に小さければ，電子は局在の影響をあまり受けずに移動できるから，$\tilde{\epsilon}(q)$ は金属のものとあまり変わらず，式 (5.56) のように q が小さくなると大きくなると考えられる．しかし，局在して

いる電子は，局在長より長い距離を移動することはできないから，$\pi/q \gtrsim \xi$ となれば，式 (5.56) はあてはまらなくなる．また，フェルミ・エネルギー E_{F} が E_{c} より小さい限りは試料は絶縁体であるから，$q=0$ の誘電率は有限であるはずである．したがって，$q \lesssim \pi/\xi$ では $\tilde{\epsilon}(q)$ はあまり q に依存せず

$$\tilde{\epsilon}(0) \approx \tilde{\epsilon}\left(\frac{\pi}{\xi}\right) \tag{6.77}$$

と考えられる．通常の実験で測定される誘電率は $\epsilon \equiv \tilde{\epsilon}(0)$ であるから，E_{F} が E_{c} に十分近い場合には，式 (5.56) から

$$\epsilon \approx \frac{2e^2 D(E_{\mathrm{F}})\xi^2}{\pi^2} \propto (E_{\mathrm{c}} - E_{\mathrm{F}})^{-2\nu} \tag{6.78}$$

のように振舞うことがわかる．

一方，E_{F} が上から E_{c} に近づく場合には，試料は金属的で，静的な電気伝導率は有限であるが，$E_{\mathrm{F}} = E_{\mathrm{c}}$ となったときに 0 になるはずである．説明は省略するが，電気伝導率は

$$\sigma \propto (E_{\mathrm{F}} - E_{\mathrm{c}})^{\nu} \tag{6.79}$$

のように変化すると考えられている．

このような誘電率や電気伝導率の振舞を実験的に観測するのによく用いられるのが，不純物を添加した半導体である．詳しいことは，第 7 章の 7.1.3 項で説明するが，半導体は，純粋なものは絶縁体であり，余分な電子を供給する不純物*1を添加することにより，伝導帯に電子が入って金属的な伝導を示すようになる．不純物の密度 n_{i} が増すと，伝導帯の電子密度が増加してフェルミ・エネルギー E_{F} は増加するが，不純物は乱れたポテンシャル・エネルギーをも増加させるので，E_{c} も増加すると考えられる．どちらの変化が大きいかということを理論的に示すのは難しいが，経験的には，E_{F} の変化の方が大きく，n_{i} がある値 n_{c} をこえたところで試料は金属的な伝導を示すようになる．ここで，n_{i} が n_{c} に十分近い範囲では，E_{F} も E_{c} も n_{i} に対して線形に変化すると仮定すると

$$E_{\mathrm{F}} - E_{\mathrm{c}} = C(n_{\mathrm{i}} - n_{\mathrm{c}}), \quad (C > 0) \tag{6.80}$$

---

*1 例えば，シリコン（4 価）にはリン（5 価）．

となる．したがって，誘電率，電気伝導率は，式 (6.78)，(6.79) から

$$\epsilon \propto (n_c - n_i)^{-2\nu} \tag{6.81}$$

$$\sigma \propto (n_i - n_c)^{\nu} \tag{6.82}$$

のように振舞うことがわかる．

上の仮定に関していえば，フェルミ・エネルギーは電子密度の単純な関数であり，n_i の関数として，$n_i = n_c$ が特異点になっている（微分不可能）とは考えにくいので，十分狭い範囲では線形の依存性を仮定してよい．一方，E_c の n_i への依存性に関しては，議論が必要である．不純物の作る乱れたポテンシャルが電子の密度に関係がないとすれば，E_c が E_F に一致するような n_i は特別な値ではないから，そこで E_c が n_i の関数として特異な振舞をするとは思えない．しかし，電子による不純物のポテンシャルの遮蔽を考えると問題は簡単ではなく，よくわからないというのが正直なところである．

さて，実験はといえば，臨界指数 ν の値を決めるのは非常に難しい．不純物密度 n_i が n_c に十分近くないと式 (6.80) の仮定が成り立たなくなるが，近すぎると電気伝導率が非常に小さくなり，電流が小さくなって測定精度が落ちる．電流を大きくするために電圧を高くすれば，非線形効果，即ち，オームの法則が成り立たなくなる可能性がある，等々の困難がある．実験の例として，図 6.8 に，ガリウムを添加したゲルマニウムの場合を示す．この図では，$\nu = 0.5$ であるように見えるが，最近のより詳しい実験と解析によれば，$n_i = n_c$ のごく近くでは $\nu = 1.2$ となっている[13)]．

この種の実験の困難さのもう一つの原因は，不純物密度を少しずつ変えた均質な試料を多数用意しなければならないことである．この問題を避けるために，光で伝導帯に電子を励起する方法も試みられたが，この実験ではほぼ $\nu = 1$ である[14)]（図 6.9）．いずれにしろ，数値計算による $\nu = 1.58$ とは，食い違いがあり，理論，実験ともにいっそうの検討が必要である．

文献

1) R. Kubo: J. Phys. Soc. Jpn. **12** (1957) 570.
2) 川畑有郷：電子相関（パリティ物理学コース・クローズアップ，長岡洋介編，1992，丸

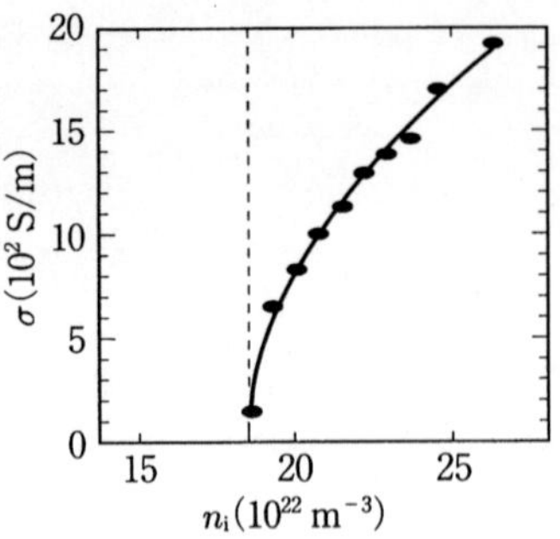

図 6.8 ガリウムを添加したゲルマニウムの電気伝導率 σ と不純物密度 n_i との関係
$n_c = 1.86 \times 10^{23}$である（文献 12) より）．

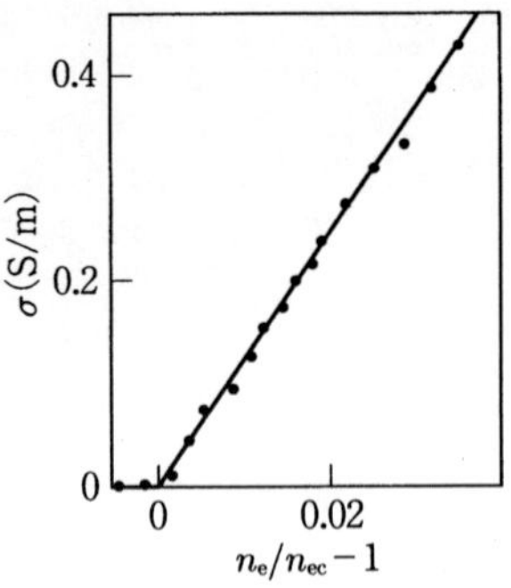

図 6.9 光の照射により $Al_{0.3}Ga_{0.7}As$ の伝導帯の電子密度 n_e を制御して電気伝導率 σ を測定したもの
n_ec は σ が 0 になる臨界密度である．この実験では，臨界指数 ν は，1 に近いことがわかる．

善）付録 A.2.
3) R. Landauer: IBM J. Res. & Dev. **1** (1957) 223.
4) R. Landauer: Z. Phys. B, Condens. Matter **68** (1987) 217.
5) 安藤恒也：半導体ヘテロ構造超格子（物理学最前線 13 巻，大槻義彦編，1986，共立出版）．
6) B.J. van Wees, H. van Houten, C.W.J. Beenakker, J.G. Williamson, L.P. Kouwenhoven, D. van der Marel and C.T. Foxon: Phys. Rev. Lett. **60** (1988) 848.
7) 川畑有郷：メゾスコピック系の物理学（1997，培風館）p. 46.
8) P.W. Anderson: Phys. Rev. **109** (1958) 1492.
9) 川畑有郷：アンダーソン局在のスケーリング理論（物理学最前線 13 巻，大槻義彦編，1986，共立出版）第 5 章.
10) T. Ohtsuki, K. Slevin and T. Kawarabayashi: Ann. Phys. (Leipzig) **8** (1999) 655. *Proc. Int. Conf. Localisation 1999, ed. M. Schreiber, 1999 Hamburg.*
11) K. Slevin, P. MarKoš and T. Ohtsuki: Phys. Rev. Lett. **86** (2001) 3597.
12) K.M. Itoh, E.E. Haller, J.W. Beeman, W.L. Hansen, J. Emes, L.A. Reichertz, E. Kreysa, T. Shutt, A. Cummings, W. Stockwell, B. Sadoulet, J. Muto, J.W. Farmer and V.I. Ozhogin: Phys. Rev. Lett. **77** (1996) 4058.
13) 伊藤公平，渡部道生，大塚洋一：日本物理学会誌 **57** (2002) 813.
14) S. Katsumoto, F. Komori, N. Sano and S. Kobayashi: J. Phys. Soc. Jpn. **56** (1987) 2259.

章末問題

(1) 不純物のポテンシャル・エネルギー $u(\boldsymbol{r})$ がクーロン・ポテンシャル

$$u(\boldsymbol{r}) = -\frac{Ze^2}{4\pi\epsilon r} \tag{6.83}$$

の形である場合，および

$$u(\boldsymbol{r}) = u_0\delta(\boldsymbol{r}) \tag{6.84}$$

の形である場合について，式 (6.11)，(6.21) で与えられる τ と τ_{tr} を比べてみよ．

(2) 式 (6.24) の定義から，コンダクタンスの次元が $e^2/\hbar$ の次元と等しいことを示せ．

第 7 章

電気伝導 II — 半導体における電気伝導

現在の電子機器の主要部分はほとんどが半導体における電気伝導の特徴を利用しているものである．半導体は純粋なものは低温では絶縁体であるが，以下に説明するように，不純物を添加することにより定性的には金属的な電気伝導を示すようになる．不純物の密度等により電気伝導を制御できる点が半導体の優れた点の一つである．

■ 7.1　半導体中の不純物

■ 7.1.1　不純物準位

話を具体的にするために，シリコンにリンを添加した場合を考える．シリコンのエネルギー・バンドは実際にはかなり複雑であるが，ここでは，伝導帯，価電子帯の構造は図 7.1 のように単純な形で，伝導帯，価電子帯における波数 $\boldsymbol{k}$ をもった電子のエネルギーは，$|\boldsymbol{k}|$ の小さい範囲では，それぞれ

$$E_{\mathrm{c}}(\boldsymbol{k}) = E_{\mathrm{c}}(0) + \frac{\hbar^2 \boldsymbol{k}^2}{2m_{\mathrm{c}}} \tag{7.1}$$

$$E_{\mathrm{v}}(\boldsymbol{k}) = E_{\mathrm{v}}(0) - \frac{\hbar^2 \boldsymbol{k}^2}{2m_{\mathrm{v}}} \tag{7.2}$$

であるとする．純粋なシリコンでは，電子は価電子帯を満たしていて伝導帯は空なので，0 K では絶縁体である．

はじめに，半導体中に不純物が 1 個だけある場合を考えよう．リンの原子は，

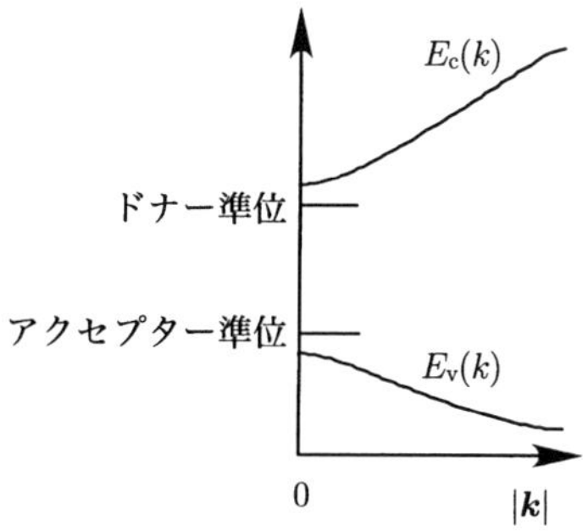

図 7.1 半導体のエネルギー・バンドとドナー，アクセプター準位（$n=1$ のものだけが書いてある）

原子核の電荷も電子もシリコンに比べると 1 個多い．シリコン原子の最外殻電子は 4 個 ($3s^2 3p^2$) であるのに対して，リン原子では 5 個である．リン原子の電子の波動関数はシリコン原子のものとは多少違うだろうが，5 個の電子のうち 4 個の電子はシリコン原子と同様にまわりの原子との結合に使うと考えられる．実際，リン原子はシリコン原子に置き換わっているので，この考え方は正しいことがわかる*1．そこで，単純なモデルとして，シリコンの結晶中に $+e$ の正電荷と電子が 1 個あるというモデルを考えよう．また，シリコンの結晶といっても空間的な構造は考えない．即ち，第 5 章 5.6 節で説明したように，伝導帯にいる電子は質量 m_c，電荷 $-e$ をもつ粒子のように振舞い，価電子帯にいる電子は質量 m_v，電荷 e をもつ粒子のように振舞う，としよう（このような近似を**有効質量近似**と呼ぶ）．$+e$ の電荷の影響を考えると，価電子帯においては，電子はこの電荷によって反発力を受けるので，固有状態は少し変わるだろうが本質的な変化はないと考えられる．一方，伝導帯においては，電子は引力を受けるので，水素原子のような束縛状態ができる．その束縛エネルギーは

$$\mathcal{E}_n = \frac{e^4 m_c}{2(4\pi\epsilon_s \hbar n)^2}, \quad (n = 1, 2, 3, \cdots) \tag{7.3}$$

である（ϵ_s は，シリコンの誘電率）．

典型的な半導体の伝導帯の有効質量 m_c は真空中の電子の質量の 1/10 程度，また，誘電率は真空の誘電率の 10 倍程度であるから，この束縛エネルギーは水

*1 一般に，不純物は，母体の原子と置き換わる場合と，母体原子の隙間に入る場合がある．

素原子のものの 1/1000 程度で 0.01 eV 程度である．また，有効ボーア半径は

$$a^* = \frac{4\pi\epsilon_s\hbar^2}{m_c e^2} \tag{7.4}$$

であり，水素原子のものの 100 倍程度で数 nm である．ここに示したような有効質量近似がよい近似であるためには，電子の波動関数が多数のシリコン原子の上にまたがっていなくてはならないが，その条件は満たされている．見方を変えれば，束縛状態の波動関数は，$k \lesssim 1/a^*$ 程度の大きさの波数をもったブロッホ状態から構成されるので，この範囲で固有エネルギーが $\hbar^2k^2/2m_c$ のように振舞わなければならないが，a^* が格子定数に比べて十分大きければこの範囲はブリユアン・ゾーンのごく一部であり，条件は満たされる[*1]．

この束縛状態は，伝導帯の波動関数から作られているので，伝導帯の $\boldsymbol{k}=0$ の位置から $\mathcal{E}_n$ だけ下にできる（図 7.1）から，絶対零度では，不純物がもっていた余分な電子はこの状態に入っている．このような状態を**ドナー準位**と呼ぶ．また，ドナー準位を作るような，母体の原子より価数の多い不純物を**ドナー** (donor) と呼ぶ．

逆に，シリコンにアルミニウム（3 価）を添加したらどうなるか．上と同じように考えれば，シリコンの中に $-e$ の電荷を入れたと思えばよい．この場合は，伝導帯の固有状態はあまり影響を受けないが，価電子帯の電子は $+e$ の電荷をもった粒子のように振舞うので，束縛状態ができる．そのエネルギーは，価電子帯の $\boldsymbol{k}=0$ の位置から

$$\mathcal{E}'_n = \frac{e^4 m_v}{2(4\pi\epsilon_s\hbar n)^2}, \quad (n = 1, 2, 3, \cdots) \tag{7.5}$$

だけ上にできる（図 7.1）．この準位は，価電子帯の固有状態を集めて作ったものであるから，この準位と価電子帯の準位の数の合計が不純物のないときの価電子帯の準位の数に等しい．電子の数は不純物のない場合より 1 個少ないので，絶対零度では，この束縛状態には電子は入らない．見方を変えれば，この準位には正孔が入っているわけである．このような準位を，**アクセプター準位**と呼び，それを作る不純物を**アクセプター** (acceptor) と呼ぶ．

[*1] ただし，束縛エネルギーには不純物の原子核に近い引力の大きい場所での波動関数の振舞が効くので，正確な値を求めるためにはよりミクロな考察が必要である．

以上で説明したドナー準位，アクセプター準位（以下ではこれらを**不純物準位**と呼ぶ）は，半導体の電気伝導にとって非常に重要である．まず，不純物の密度が小さく，ある不純物から見て有効ボーア半径以内の距離に他の不純物がある確率が小さいとすれば，ほとんどの不純物準位は他の不純物の影響を受けないと考えてよい．このような場合には，0 K では余分の電子または正孔は不純物準位にとらえられているので動くことができず，試料は絶縁体である．しかし，上に示したように，不純物準位の束縛エネルギーは 0.01 eV 程度で温度に換算して 100 K 程度であるから，室温では，ドナーにいた電子は伝導帯に，アクセプター準位にいた正孔は価電子帯に励起されて動き回ることができるようになり，電気伝導が生ずることに関しても同じである．このように，不純物から供給される電子や正孔（**担体**（carrier）と呼ぶ）による電気伝導を**不純物伝導**と呼ぶ．電気伝導率は自由に動ける担体の密度で決まるから，不純物の密度によって電気伝導率を制御できる．これが半導体の優れた性質の一つである．

■ 7.1.2　不純物準位と化学ポテンシャル

有限の温度では，不純物準位から励起される電子や正孔の密度はフェルミ分布関数によって与えられるが，フェルミ分布関数の大きさは化学ポテンシャルか与えられないと決まらない．純粋な半導体は基本的には絶縁体であるから，第 4 章 4.3.2 項の議論がそのまま使えて，式 (4.61) を今のモデルにあてはめれば，化学ポテンシャルは

$$\mu = \frac{E_{\mathrm{c}}(0) + E_{\mathrm{v}}(0)}{2} + \frac{3k_{\mathrm{B}}T}{4}\log\left(\frac{m_{\mathrm{v}}}{m_{\mathrm{c}}}\right) \tag{7.6}$$

となる．

次に，ドナーが添加されている場合を考えるが，ドナーにいる電子には単純なフェルミ分布関数を適用できないので注意が必要である．一つの不純物に一つのドナー準位しか考えないとしても，スピンを考慮すれば，2 個の電子が入りうる．今考えている系では，電子はドナー当たり 1 個であるから，0 K では化学ポテンシャル μ はドナー準位に一致するはずである．しかし，実際には，電子間のクーロン反撥力のためドナーに 2 個の電子は入りえない．そこで，第 4 章の式 (4.40) のすぐ後で行った考察を応用しよう．

ドナー準位のエネルギーを E_d とすると，ドナー準位に電子がいない確率，スピンが上向き，下向きの電子がいる確率の比は $1 : \mathrm{e}^{-\beta(E_\mathrm{d}-\mu)} : \mathrm{e}^{-\beta(E_\mathrm{d}-\mu)}$ であるから，これらの合計が 1 になるように規格化すれば，電子がいない確率は

$$\frac{1}{1+2\mathrm{e}^{-\beta(E_\mathrm{d}-\mu)}} \tag{7.7}$$

である．単純なフェルミ分布では，分母の第 2 項の因子 2 は 1 になる．低温の極限では，すべてのドナーに電子がいるので，上の表式の値は 0 である．したがって，$\mu > E_\mathrm{d}$ でなければならない．十分低温で $k_\mathrm{B}T \ll \mu - E_\mathrm{d}$ の場合，ドナーの密度を N_d とすると，電子のいないドナーの密度は

$$\bar{n}_\mathrm{d} = \frac{N_\mathrm{d}}{2}\mathrm{e}^{\beta(E_\mathrm{d}-\mu)} \tag{7.8}$$

となる．

一方，伝導帯に励起されている電子の密度は，式 (4.60) を今のモデルにあてはめれば

$$n_\mathrm{e} = 2\mathrm{e}^{\beta(\mu-E_\mathrm{c}(0))}\left(\frac{m_\mathrm{c}k_\mathrm{B}T}{2\pi\hbar^2}\right)^{3/2} \tag{7.9}$$

である．ここでも，$k_\mathrm{B}T \ll E_\mathrm{c}(0) - \mu$ を仮定した．今は，化学ポテンシャルは伝導帯の底とドナー準位との間にあるので，温度は，$E_\mathrm{c}(0) - E_\mathrm{d}$ より小さく，バンドギャップに比べてはるかに小さい．したがって，価電子帯の電子が励起されてできる正孔の数は非常に小さく，電子数の保存は $n_\mathrm{e} = \bar{n}_\mathrm{d}$ から決まる．これから，化学ポテンシャルは

$$\mu = \frac{E_\mathrm{c}(0)+E_\mathrm{d}}{2} + k_\mathrm{B}T\log\left\{\frac{N_\mathrm{d}}{4}\left(\frac{2\pi\hbar^2}{m_\mathrm{c}k_\mathrm{B}T}\right)^{3/2}\right\} \tag{7.10}$$

のようになる．このように，0 K では，化学ポテンシャルは伝導帯の底とドナー準位の中間にくる．

この式では，$N_\mathrm{d} \to 0$ としてもドナーのない場合の結果（式 (7.6)）に一致しない．これは，温度を有限の一定値にして N_d を減らしていくと μ は小さくなってきて E_d に近づくため，上で仮定した $k_\mathrm{B}T \ll \mu - E_\mathrm{d}$ の条件が破れてしまうからである．実際には，ドナーの密度が小さい場合には，十分低温では上

の式が成り立つが，ある程度温度が高くなって価電子帯の正孔の数が無視できなくなると，式 (7.6) が成り立つようになる．

このように，微量のドナーを含む半導体の化学ポテンシャルは，低温では温度に非常に敏感である．

アクセプターを添加した半導体の場合には，アクセプターの密度を N_{a}，アクセプター準位のエネルギーを ε_{a} とすると，全く同様にして

$$\mu = \frac{E_{\mathrm{v}}(0) + E_{\mathrm{a}}}{2} - k_{\mathrm{B}} T \log \left\{ \frac{N_{\mathrm{a}}}{4} \left(\frac{2\pi\hbar^2}{m_{\mathrm{v}} k_{\mathrm{B}} T} \right)^{3/2} \right\} \tag{7.11}$$

を得る．

以上では，不純物濃度が十分に小さく，各ドナーまたはアクセプター準位がほとんど孤立している場合を考えてきたが，次に，不純物の密度が大きくなると何が起こるか，ということを考えよう．

7.1.3 半導体におけるアンダーソン局在

不純物の密度が大きくなると，ある不純物から見て，有効ボーア半径以内の距離に他の不純物がある確率が大きくなる．こうなると，不純物準位を孤立したものとして扱うわけにはいかない．ここでの不純物準位を第 6 章 6.4 節（アンダーソン局在）で使ったモデルのポテンシャル井戸による束縛状態と考えれば，不純物準位がほぼ孤立している場合には，固有状態はアンダーソン局在していると解釈できる．不純物密度が大きくなれば不純物状態の波動関数同士の重なりが大きくなる確率が増して，固有状態は多数の不純物原子にまたがったものになる．それでも，不純物密度がある値になるまでは，依然として固有状態は局在しているだろうが，やがては，アンダーソン局在が解けて試料は 0 K でも有限の電気伝導率をもつようになると考えられる．この臨界密度を理論的に定量的に求めるのは難しいが，実験によれば，シリコンにリンを添加した場合は $3.7\times10^{24}\mathrm{m}^{-3}$，ゲルマニウムにガリウムを添加した場合は $1.86\times10^{23}\mathrm{m}^{-3}$ である．

不純物密度を増すと，不純物は担体を供給すると同時にそれらを散乱して抵抗を増す原因にもなるが，実際には，電気伝導率は増加する．その一つの理由

は，試料が金属的になれば，遮蔽効果（付録C参照）により不純物のポテンシャル・エネルギーを弱めるからである．

■ 7.2 n型半導体，p型半導体とその応用

一般に，ドナーを添加した半導体を**n型半導体**，アクセプターを添加したものは**p型半導体**と呼ぶ．n，pは，担体の電荷の符号（negative，positive）を表している．現在の電子技術のかなりの部分は，これらの特徴をうまく利用することで成り立っている．以下に，いくつかの例を示そう．

■ 7.2.1 MOSFET

MOSFETは，Metal-Oxide-Semiconductor Field Effect Transistorの略であり，単に**MOS**とも呼ばれる．MOSの果たした役目で最も重要なことは，**2次元電子系**を実現したことである．実用的には，2次元電子系であることは本質的ではないが，依然として現在の電子技術の中心となっているデバイスである．

MOSの構造は，図7.2のように，半導体（ほとんどの場合，シリコンを使う）の表面を酸化して[*1]，その上に金属を蒸着する（**金属ゲート**と呼ぶ）．シリコンには，適当な量のアクセプターを添加して，p型にしておく．図のように，金属ゲートが正になるようにシリコンとの間に電圧を加えると，金属ゲートは正に帯電し，シリコンは負に帯電する．シリコンはp型で伝導性があるので，この負電荷は，金属ゲート上の正電荷に引き寄せられて酸化シリコンとの境界面に集まる．この界面上の電荷が界面にそって2次元的な運動をするのを利用するのがMOSである．以下では，この電荷の状態をミクロに見てみよう．

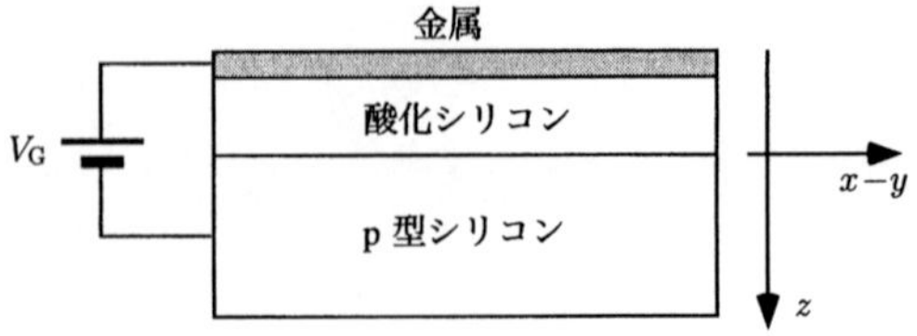

図 7.2　MOSFETの構造

[*1] 酸化シリコン SiO_2 は絶縁体である．

MOS は平板コンデンサーとみなせるので，金属ゲートとシリコンの間に加える電位差を $V_{\rm G}$，金属ゲートと界面上の電荷密度をそれぞれ ρ，$-\rho$ とすると，酸化シリコンの誘電率を $\epsilon_{\rm so}$，厚さを d として

$$\rho = \frac{\epsilon_{\rm so} V_{\rm G}}{d} \tag{7.12}$$

である．電子は，これらの電荷が作る静電ポテンシャル $\phi(z)$ の中で運動する（図のように，酸化シリコンと p 型シリコンの境界面に平行に x–y 面を，垂直に z 軸をとる）．金属ゲート上の電荷は電子のいる位置から遠いので，z 方向の分布は考える必要はないが，シリコンの中では電子密度 $n(z)$ をミクロに考える必要がある．当然

$$\rho = e \int_0^\infty n(z) dz \tag{7.13}$$

である．また，$\phi(z)$ と $n(z)$ は，ポアッソン方程式

$$-\frac{d^2}{dz^2}\phi(z) = -\frac{en(z)}{\epsilon_{\rm s}} \tag{7.14}$$

によって関係づけられる．ここで，$\epsilon_{\rm s}$ はシリコンの誘電率である．

静電ポテンシャルの境界条件についていえば，z が十分大きいところでは，電場は 0 になっているはずである（そうでないと電流が流れてしまう）．したがって，式 (7.14) の両辺を積分して式 (7.13) を使うと

$$\frac{d\phi(z)}{dz} = \begin{cases} -\rho/\epsilon_{\rm s}, & (z=0) \\ 0, & (z \to \infty) \end{cases} \tag{7.15}$$

であることがわかる．電子が感じるポテンシャル・エネルギーを $U_\perp(z)$ と書くと，$z \geq 0$ では $U_\perp(z) \equiv -e\phi(z)$ である．一方，酸化シリコンの中には電子は入れないので，$z < 0$ には無限に高いポテンシャルがあるとしてこれを加えると，$U_\perp(z)$ は図 7.3 のような形である．このポテンシャル・エネルギーの空間的な変化が十分に緩やかであるとすれば，7.1.1 項で紹介した有効質量近似を使うことができる．即ち，伝導帯にいる電子は，シュレディンガー方程式

$$\left[-\frac{\hbar^2}{2m_{\rm c}}\Delta + U_\perp(z) + E_{\rm c}(0)\right]\Psi(\boldsymbol{r}) = E\Psi(\boldsymbol{r}) \tag{7.16}$$

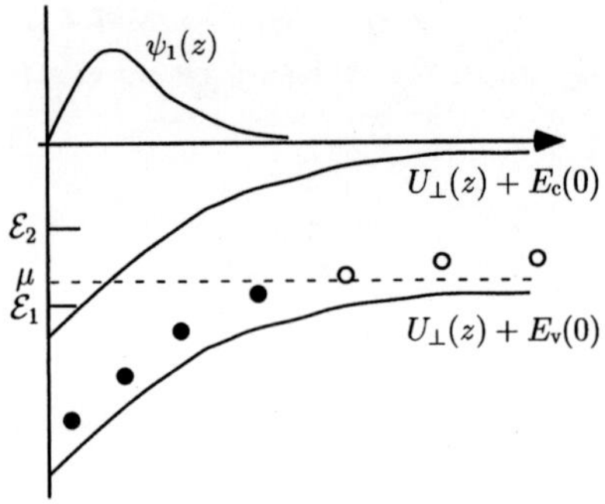

図 7.3 MOS の中の電子が感じるポテンシャル・エネルギー $U_\perp(z)$ と束縛状態
白丸は電子の入っていないアクセプター準位，黒丸は電子の入っている準位を表す．
$E_c(0)$，$E_v(0)$ は，それぞれ，伝導帯の底と価電子帯の頂点のエネルギーである．

に従うとする．m_c はシリコンの伝導帯の有効質量である．現実のシリコンでは，有効質量に異方性があり，伝導帯は縮退しているが，ここでは，MOS の原理を示すのが目的であるので，これらの要素は考えないことにする．$U_\perp(z)$ が適当に深ければ，この方程式の解には束縛状態がある．また，価電子帯にいる電子に関しては，界面上の電荷は斥力として働くので，束縛状態は生じない．

この方程式の解を

$$\Psi(\boldsymbol{r}) = e^{ik_x x + ik_y y}\psi(z) \tag{7.17}$$

とおくと，$\psi(z)$ の満たすべき方程式は

$$\left[-\frac{\hbar^2}{2m_c}\frac{d^2}{dz^2} + U_\perp(z)\right]\psi(z) = \mathcal{E}\psi(z) \tag{7.18}$$

$$\mathcal{E} = E - \frac{\hbar^2(k_x^2 + k_y^2)}{2m_c} \tag{7.19}$$

である．束縛状態の解があるとして，それらの固有波動関数，固有エネルギーを $\psi_n(z)$，$\mathcal{E}_n$ $(n = 1, 2, 3, \cdots,\ \mathcal{E}_1 < \mathcal{E}_2 < \mathcal{E}_3 \cdots)$ とする．

これらの固有状態に入る電子が，式 (7.14) の電荷密度 $n(z)$ を作るわけである．この負電荷の層は，正孔が伝導を担う p 型シリコンの中にあるので，反転層と呼ばれる．これらの電子は，シリコンから供給されるので，0 K では，シリコン中の化学ポテンシャル μ 以下のエネルギーをもつ状態が満たされる．シリコンは p 型なので，μ は，価電子帯とアクセプター準位の中間にある（7.1.2

項参照)．したがって，図 7.3 のように $\mathcal{E}_1 < \mu < \mathcal{E}_2$ となっていれば，$n = 1$ の

$$\frac{\hbar^2(k_x^2 + k_y^2)}{2m_c} \le \mu - \mathcal{E}_1 \tag{7.20}$$

を満たす状態に電子が入る．このような状態の単位面積当たりの数は，$k_F \equiv \sqrt{2m_c(\mu - \mathcal{E}_1)}/\hbar$ とすると

$$2\int_{k \le k_F} \frac{d\boldsymbol{k}}{(2\pi)^2} = \frac{m_c(\mu - \mathcal{E}_1)}{\pi\hbar^2} \tag{7.21}$$

である．したがって，反転層中の電子密度は

$$n(z) = \frac{m_c(\mu - \mathcal{E}_1)}{\pi\hbar^2}|\psi_1(z)|^2 \tag{7.22}$$

である．ただし，図 7.3 に示してあるように，界面に近く，アクセプター準位が化学ポテンシャルより下にある部分では，アクセプター準位は電子で満たされて負に帯電しているので，正確にはこの電荷も $n(z)$ に加える必要がある．

最後にまとめると，反転層中の準位は，境界条件（式 (7.15)）のもとで，方程式 (7.14)，(7.18) および (7.22) が，$U_\perp(z) = -e\phi(z)$ として，矛盾のないように決まるものである．この問題を実際に解くのは簡単なことではなく，ここでは取り上げない．$n = 1$ の状態の波動関数 $\psi_1(z)$ の形は図 7.3 に示したようなものであるが，z 方向への広がりの典型的な値は，数 nm である．

MOS は，ゲート電圧 V_G によって 2 次元電子系の電子密度を増減させて界面にそった電気伝導を制御できるので，現在でも電子技術の中心をなすデバイスである．また，上に示したような $n = 1$ の状態のみに電子が入っている場合には，界面に垂直な方向の運動は量子化されているので，関係するエネルギーの値が $\mathcal{E}_2 - \mathcal{E}_1$ に比べて非常に小さい現象に関しては，電子の運動は 2 次元とみなすことができる．電子の面密度を変えることにより，一つの試料でいろいろな条件を作ることができるのも MOS の長所である．ゲート電圧 V_G を大きくすれば，電子密度はいくらでも大きくなりそうであるが，現実には，酸化シリコンの絶縁破壊の限界のため，$10^{17}\mathrm{m}^{-2}$ 程度が実用の限界である．

なお，MOS に関する詳しいことは，文献 1) を参照していただきたい．

7.2.2　ヘテロ接合

半導体の界面を利用するもう一つの重要なデバイスが，ヘテロ接合である．よく使われるものは，GaAs と $Al_xGa_{1-x}As$*1の界面である．これらを接触させないときのエネルギー・バンドの構造は，図 7.4(a) のようになっている．エネルギー・バンドの相対的な位置は，仕事関数の差によって決まる．

この構造の $Al_xGa_{1-x}As$ にシリコンを添加する．4 価のシリコンは，3 価の Al または Ga と置き換わるので，ドナーとなる．絶対零度では，化学ポテンシャルは，$Al_xGa_{1-x}As$ ではドナー準位と伝導帯の底との中間に，GaAs ではバンド・ギャップの中間にあり，後者の方が低いので，電子が $Al_xGa_{1-x}As$ のドナーから GaAs の伝導帯に流れ込む*2．これらの電子は，空になったドナーの正電荷に引き付けられて界面付近に分布する．これらの電荷は，ポテンシャル・エネルギー $U_\perp(z)$ を作る．この構造の中での電子の振舞が有効質量近似で取り扱えるとして，GaAs と $Al_xGa_{1-x}As$ の伝導帯の底のエネルギーを加えれば，電子の感じるポテンシャル・エネルギーは図 7.4(b) のようになる．MOS の場合と同様に，このポテンシャル・エネルギーの中での束縛状態にある電子の電荷分布が，$U_\perp(z)$ と矛盾しないようになっていなければならない．また，$U_\perp(\infty) - U_\perp(-\infty)$ が GaAs と $Al_xGa_{1-x}As$ が接触していないときの化学ポ

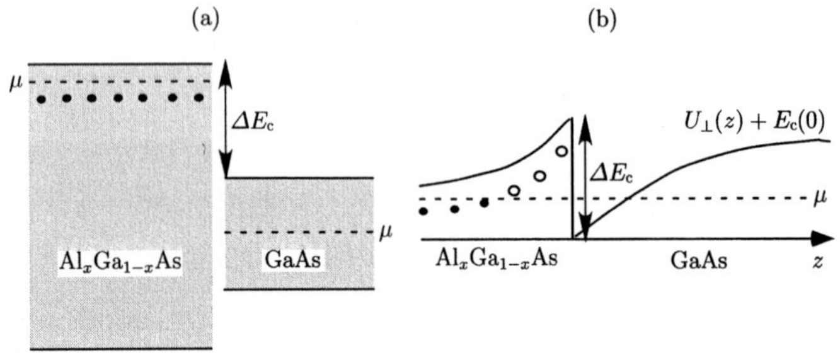

図 7.4　(a) GaAs と $Al_xGa_{1-x}As$ のエネルギー・バンド構造．灰色の部分がバンド・ギャップを，その上端が伝導帯の底を表す．黒丸は電子のいるドナー準位である．(b) 界面上の電荷によるポテンシャル・エネルギーを各伝導帯の底のエネルギーに加えたもの．白丸は電子の抜けたドナー準位である

---

*1　AlAs と GaAs の混晶で x は 0.3 程度．

*2　異種の金属を接触させると，仕事関数の小さい方から大きい方に電子が移動して接触電位差を生ずるが，これと同じことである．

テンシャルの差になっていなければならない．

このような界面に垂直な方向に束縛された電子が2次元電子系となることは，MOSと同じである．このデバイスの特徴は，2次元電子系のあるGaAsの側には不純物がないことである．したがって，電子の平均自由行程は非常に長く，電気抵抗を非常に小さくすることができる．よい試料では，平均自由行程が数mmに達するものもある．

このデバイスは，MOSとともに2次元電子系の研究に欠かせないものであるが，さらに，これを使って1次元系を作ることもできることは，第6章6.3.3項で示した通りである[*1]．

なお，半導体界面を利用したデバイスについては，文献2)を参照していただきたい．

文 献

1) T. Ando, A.B. Fowler and F. Stern: Rev. Mod. Phys. **54** (1982) 487.
2) 安藤恒也：半導体ヘテロ構造超格子（物理学最前線13巻，大槻義彦編，1986，共立出版）．

章末問題

(1) 2次元電子系で，エネルギーと波数の関係が $E(\boldsymbol{k}) = \hbar^2 \boldsymbol{k}^2/(2m_c)$ である場合について，状態密度を求めよ．

(2) 2次元の水素原子の束縛状態の固有エネルギー，固有波動関数を求めよ．

(3) 2次元電子系の電子が実際に2次元的に運動していることを確かめるための手段を考えよ．

[*1] 第6章の式(6.56)では，$U_\perp(z)$ に伝導帯の底のエネルギーも含めてある．

第8章

磁場中の電子の運動

磁場中では電子は特有な運動をする．この性質をうまく利用することにより，固体中の電子の状態に関する情報を得ることができる．また，磁場中で起こる種々の現象は，固体物理学の世界を非常に豊かなものにしているのである．

磁場中での電子の運動は，量子力学が確立される以前から考察されており，古典力学で理解できる現象も少なくはない．したがって，まず古典力学の範囲内で問題を考察してみよう．磁場は電子のスピンとも相互作用するため，問題によっては重要であるが，ここでは軌道運動に対する磁場の影響のみを考える．

■ 8.1　磁場中の電子の古典論

どのような条件のもとで古典理論が正しいか，ということは後にまわすことにする．まず，電子が散乱されることなく，z 方向の磁場 $\boldsymbol{B}$ と x 方向の電場 $\boldsymbol{E}$ の中で運動する場合を考えよう．古典力学では，磁場の影響は電子が受けるローレンツ力 $-e\boldsymbol{v}(t)\times\boldsymbol{B}$ のみである（$\boldsymbol{v}(t)$ は電子の速度）．したがって，m_e を電子の質量とすると，運動方程式は

$$\frac{dv_x(t)}{dt} = -\frac{eB}{m_\mathrm{e}}v_y(t) - \frac{eE}{m_\mathrm{e}} \tag{8.1}$$

$$\frac{dv_y(t)}{dt} = \frac{eB}{m_\mathrm{e}}v_x(t) \tag{8.2}$$

$$\frac{dv_z(t)}{dt} = 0 \tag{8.3}$$

となる．

この方程式の解は

$$v_x(t) = v_{\rm c}\cos(\omega_{\rm c}t + \theta) \tag{8.4}$$

$$v_y(t) = -v_{\rm c}\sin(\omega_{\rm c}t + \theta) - \frac{E}{B} \tag{8.5}$$

$$v_z(t) = v_0 \tag{8.6}$$

の形であることは容易にわかる．ここで，θ，$v_{\rm c}$，v_0 は初期条件で決まる量であり

$$\omega_{\rm c} \equiv \frac{eB}{m_{\rm e}} \tag{8.7}$$

は，**サイクロトロン振動数**と呼ばれる．

これから，もし電場がなければ，電子は，磁場の方向には一定の速度で，$x-y$ 面内では，角速度 $\omega_{\rm c}$ で円運動することがわかる．電場がある場合には，円運動の中心が y 方向に速度 $-E/B$ で移動していく．円運動による電流は，$1/\omega_{\rm c}$ より十分に長い時間にわたって平均すれば 0 になるので，電子の密度を $n_{\rm e}$ とすると，電流密度 $\boldsymbol{j}$ の x 成分は 0，y 成分は

$$j_y = \frac{en_{\rm e}}{B}E \tag{8.8}$$

である．このように，磁場中では，電場の方向と電流の方向は必ずしも一致しないので，電場と電流密度の関係は**電気伝導率テンソル**によって与えられる．即ち，その成分を $\sigma_{\alpha\beta}$ $(\alpha, \beta = x, y, z)$ とすると

$$j_\alpha = \sum_\beta \sigma_{\alpha\beta}E_\beta \tag{8.9}$$

である．式 (8.8) から

$$\sigma_{yx} = \frac{en_{\rm e}}{B} \tag{8.10}$$

であることがわかる．

以上は，不純物等による電子の散乱が全くないとしたときの話であり，現実にはこのようなことはありえない．また，試料が有限の大きさであることを考慮しないと，実験データと $\sigma_{\alpha\beta}$ との関係が正しく解釈できない．次にこれらの点を考えよう．

■ 8.2 磁場中の電気伝導

不純物による散乱の効果は，第 6 章の式 (6.4)，(6.5) と同様にして取り入れることができる．即ち，電流密度を電荷と電子の密度で割ったものは電子の平均の速度であるから，式 (8.1)～(8.3) の各項の右辺に $-\boldsymbol{v}(t)/\tau$ の各成分を付け加えればよい．ただし，これからは，$\boldsymbol{v}(t)$ は各電子の速度の平均値と解釈することにする．電子の運動方程式は

$$\frac{dv_x(t)}{dt} = -\frac{eB}{m_\mathrm{e}}v_y(t) - \frac{eE}{m_\mathrm{e}} - \frac{v_x(t)}{\tau} \tag{8.11}$$

$$\frac{dv_y(t)}{dt} = \frac{eB}{m_\mathrm{e}}v_x(t) - \frac{v_y(t)}{\tau} \tag{8.12}$$

$$\frac{dv_z(t)}{dt} = -\frac{v_z(t)}{\tau} \tag{8.13}$$

となる．ただし，磁場に垂直な方向と平行な方向では，何らかの意味で条件が違うわけであるから，不純物散乱の影響の取り入れ方が同じでよいという保証はないのだが，あまり細かいことをいってもしようがないのでこのままにしておく．

この方程式を一般的に解くこともできるが，ここでは定常解を求めよう．即ち，磁場も電場も時間によらないので，時間によらない定常電流が実現すると考えてよいからである．したがって，一つ一つの電子の速度は円運動したり散乱されたりで時間とともに変わるが，その平均値は時間によらないはずである．以後それを $\boldsymbol{v}$ と書くと，式 (8.11)～(8.13) の右辺を 0 とおけば

$$v_x = -\frac{e\tau E}{m_\mathrm{e}(1+\omega_\mathrm{c}^2\tau^2)} \tag{8.14}$$

$$v_y = -\frac{e\omega_\mathrm{c}\tau^2 E}{m_\mathrm{e}(1+\omega_\mathrm{c}^2\tau^2)} \tag{8.15}$$

$$v_z = 0 \tag{8.16}$$

を得る．これらに $-en_\mathrm{e}$ をかければ，各方向の電流密度となるから，式 (8.9) から

$$\sigma_{xx} = \frac{1}{1+\omega_{\mathrm{c}}^2\tau^2}\sigma_0 \tag{8.17}$$

$$\sigma_{yx} = \frac{\omega_{\mathrm{c}}\tau}{1+\omega_{\mathrm{c}}^2\tau^2}\sigma_0 \tag{8.18}$$

$$\sigma_{zx} = 0 \tag{8.19}$$

を得る．ここで

$$\sigma_0 \equiv n_{\mathrm{e}}e^2\tau/m_{\mathrm{e}} \tag{8.20}$$

は磁場のない場合の電気伝導率である（式 (6.23) 参照．ただし，τ と τ_{tr} の区別はしないものとする）．電場を y 方向にかけた場合を考えると，z 軸のまわりの回転対称性から

$$\sigma_{yy} = \sigma_{xx} \tag{8.21}$$

$$\sigma_{xy} = -\sigma_{yx} \tag{8.22}$$

$$\sigma_{zy} = 0 \tag{8.23}$$

は明らかである．

電場を，z 方向にかけた場合は，話が別である．式 (8.11)〜(8.13) で電場を z 方向にかけたとすれば

$$\sigma_{xz} = \sigma_{yz} = 0 \tag{8.24}$$

$$\sigma_{zz} = \sigma_0 \tag{8.25}$$

であることは簡単にわかる．

■ 8.3　電気伝導率テンソルと測定

磁場のある場合に，電気伝導率テンソルの各成分を測定結果から求めるのには注意を要する．例えば，図 8.1(a) のようにして電気伝導率を測定すれば σ_{xx} が得られるか，というとそうではない．磁場中では，電流の方向と電場の方向は一致しないからである．

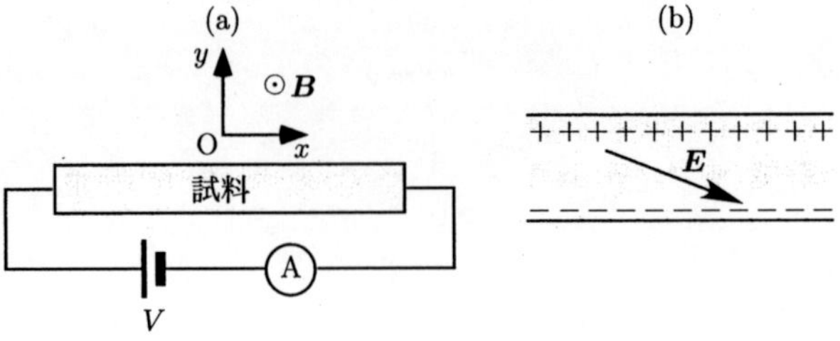

図 8.1 (a) 電気伝導率テンソルの測定. (b) 試料の端にたまった電荷と, それが作る電場に外から加えた x 方向の電場を加えたもの

磁場は紙面に垂直であるとして, 図のように x, y 軸をとると, 試料が x 方向に十分に長ければ, $j_y = j_z = 0$ である. 試料に電池をつないだ直後は, 試料の中では電場は x 方向を向いているが, σ_{yx} が 0 でないので y 方向にも電流が流れる. しかし試料の幅が有限であれば電流が流れ続けることはできず, 試料の端に電荷がたまる. この電荷が作る y 方向の電場も加えて $j_y = 0$ となったときに定常状態になるのである (図 8.1(b) 参照). この場合の電場の x, y 成分の比は

$$j_y = \sigma_{yx}E_x + \sigma_{yy}E_y = 0 \tag{8.26}$$

から求められる. また

$$j_x = \sigma_{xx}E_x + \sigma_{xy}E_y \tag{8.27}$$

と上に示した電気伝導率テンソルの成分間の関係から

$$j_x = \frac{\sigma_{xx}^2 + \sigma_{yx}^2}{\sigma_{xx}} E_x \tag{8.28}$$

となるが, 式 (8.17), (8.18) を代入すると, 結局

$$j_x = \sigma_0 E_x \tag{8.29}$$

となってしまう. 試料の長さを L, 電池の電圧を V とすると $E_x = V/L$ であることは変わらないから*1, このような測定では, 電気伝導率テンソルを決めることはできないのである.

*1 リード線による電圧降下はないとする.

8.3.1 コルビノ円盤

電気伝導率テンソルの σ_{xx} を独立に測定するには，コルビノ円盤（Corbino disk）を用いる．コルビノ円盤は，環状の試料の内外に電極をつけたものである（図 8.2(a)）．磁場は，円盤の面に垂直に加える．

二つの電極間に電位差 V を与えると試料の中での電場は，図 8.2 の (b) のように放射状となり，円周方向の成分はない．中心から距離 r の場所での電場の大きさを $E(r)$ とすると，半径 r の円筒を横切る電流は，試料の厚さを d とすると

$$I = 2\pi r d\sigma_{xx}E(r) \tag{8.30}$$

である．電流はどこでも電場と一定の角度 $\tan^{-1}(\sigma_{yx}/\sigma_{xx})$（**ホール角**と呼ぶ）をなすので円周方向にも成分をもつが，これは I には寄与しない．この I は r によらないはずであるから，$E(r) = C/r$ の形となる（C は定数）．$E(r)$ を積分したものが V であることから，試料の外径，内径をそれぞれ R_1，R_2 とすると

$$E(r) = \frac{V}{r\log(R_1/R_2)} \tag{8.31}$$

を得る．したがって，I を測定すれば，式 (8.30) から σ_{xx} を求めることができる．

式 (8.29) は式 (8.17)，式 (8.18) を使った結果であるが，これらはある近似によって導かれたものであるから，常に正確に成り立つとは限らない．しかし式

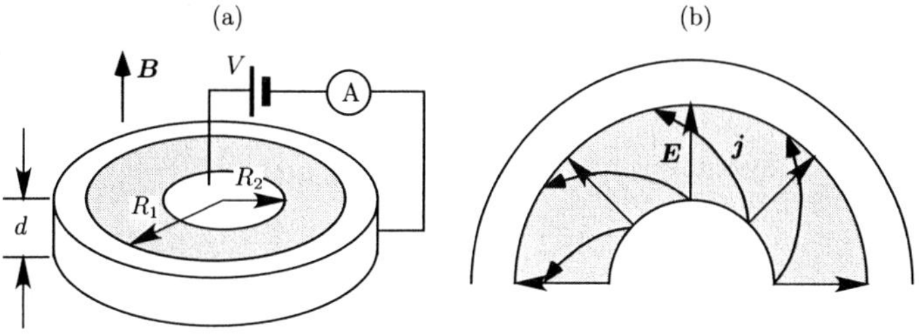

図 8.2 (a) コルビノ円盤．灰色の部分が試料で白い部分が電極である．(b) コルビノ円盤中の電気力線と電流密度 $\boldsymbol{j}$ の分布．電流密度はどこでも電気力線と一定の角度をなす

(8.28) は常に成り立つものであり，図 8.1 のような測定とコルビノ円盤を使った測定を組み合わせることにより，σ_{xx}，σ_{yx} を求めることができる.

8.3.2 ホール効果

電気伝導率テンソルを測定するもう一つの方法は，図 8.1 のような試料の両側に電極をつけて電場の y 成分を測定することである（図 8.3).

これらの電極間に加える電位差 V_{H} は，これらの間に流れる電流 I_{H} が 0 になるように決める．即ち，図 8.1 の場合と同じく $j_y = 0$ となる．したがって，試料の幅，長さを W，L とすれば，$E_x = V/L$，$E_y = -V_{\mathrm{H}}/W$ であり，式 (8.26) から

$$\frac{\sigma_{yx}}{\sigma_{yy}} = \frac{LV_{\mathrm{H}}}{WV} \tag{8.32}$$

を得る．この式と式 (8.28) を組み合わせれば，σ_{xx}，σ_{yx} を求めることができる.

このような測定に関する電気伝導率テンソル以外の重要な量は

$$R_{\mathrm{H}} \equiv \frac{E_y}{j_x B} \tag{8.33}$$

で定義される**ホール係数**である（Hall coefficient)．式 (8.26)，(8.27) から

$$R_{\mathrm{H}} = -\frac{\sigma_{yx}}{(\sigma_{xx}^2 + \sigma_{yx}^2)B} \tag{8.34}$$

であることは容易にわかる．ここで式 (8.17)，(8.18) を使うと

$$R_{\mathrm{H}} = -\frac{\omega_{\mathrm{c}}\tau}{\sigma_0 B} \tag{8.35}$$

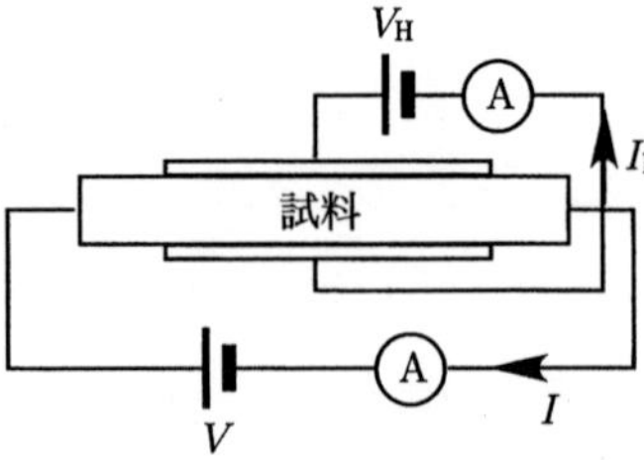

図 8.3 電気伝導率テンソルとホール係数の測定法

となるが，式 (8.7)，(8.20) を使うと

$$R_{\mathrm{H}} = -\frac{1}{n_{\mathrm{e}} e} \tag{8.36}$$

を得る．

ここでは，電子の電荷を $-e$ としているので，R_{H} は負である．ホール係数の重要さは，これから電子の密度 n_{e} が求められることである．この電子の密度は，当然伝導に寄与する電子のみの密度である．金属でも固体中の電子がすべて伝導に寄与するわけではなく，一般には，一番エネルギーの高いエネルギー・バンドにいる電子のみである．また，第 7 章で説明した不純物を添加した半導体では，どれだけの電子が実際に電気伝導に寄与しているかは，測定によらなければわからない．

式 (8.36) では R_{H} は負であるが，複雑なバンド構造をもつ物質で担体が正孔である場合には，ホール係数は正となる．いずれの場合でも，ホール係数が式 (8.36) のように単純に電子密度だけで決まるのは，すべての電子の緩和時間 τ が等しい場合である．

■ 8.4 磁場中の電子の量子論

ポテンシャル・エネルギー $V(\boldsymbol{r})$ の中で運動する電子に空間的に一様な磁場 $\boldsymbol{B}$ を加えたときの電子のハミルトニアンは，$\boldsymbol{B}$ に対するベクトル・ポテンシャルを $\boldsymbol{A}(\boldsymbol{r})$ とすると

$$\hat{H} = \frac{(\hat{\boldsymbol{p}} + e\boldsymbol{A}(\boldsymbol{r}))^2}{2m_{\mathrm{e}}} + V(\boldsymbol{r}) \tag{8.37}$$

である．この式の導出については，量子力学の教科書を参照していただきたい．

同じ磁場に対してもベクトル・ポテンシャルには任意性がある．上のハミルトニアンの固有状態は，ベクトル・ポテンシャルが異なると全く異なって見える場合がある．この点が磁場中の電子の量子論の難しいところであり，古典論との対応がなかなかつかみにくい．よく使われるのは，$\boldsymbol{B} = (0, 0, B)$ に対して

$$\boldsymbol{A}(\boldsymbol{r}) = (0, Bx, 0) \tag{8.38}$$

とする，いわゆる**ランダウ・ゲージ** (Landau gauge)*1である．この場合のハミルトニアンは，$V(\boldsymbol{r})=0$ とすると

$$\hat{H}=\frac{1}{2m_{\mathrm{e}}}\{\hat{p}_x^2+(\hat{p}_y+eBx)^2+\hat{p}_z^2\} \tag{8.39}$$

となる．

このハミルトニアンには y，z が含まれていないので，その固有状態は $\hat{p}_y$，$\hat{p}_z$ の固有状態でもありうる．したがって，固有波動関数を

$$\psi(\boldsymbol{r})=\mathrm{e}^{-iky}\mathrm{e}^{iqz}\phi(x) \tag{8.40}$$

とおくと*1，シュレディンガー方程式は

$$\begin{aligned}\hat{H}\psi(\boldsymbol{r})&=\frac{1}{2m_{\mathrm{e}}}\{\hat{p}_x^2+(eBx-\hbar k)^2+\hbar^2q^2\}\psi(\boldsymbol{r})\\&=E\psi(\boldsymbol{r})\end{aligned} \tag{8.41}$$

となる．これから，$\phi(x)$ の満たすべき方程式は

$$\left[\frac{\hat{p}_x^2}{2m_{\mathrm{e}}}+\frac{(eB)^2}{2m_{\mathrm{e}}}(x-\frac{\hbar k}{eB})^2\right]\phi(x)=E'\phi(x) \tag{8.42}$$

$$E=E'+\frac{\hbar^2q^2}{2m_{\mathrm{e}}} \tag{8.43}$$

となることは容易にわかる．式 (8.42) は，バネ定数が $(eB)^2/m_{\mathrm{e}}$ でポテンシャル・エネルギーの中心が $x=\hbar k/eB$ にある調和振動子のシュレディンガー方程式に等しい．調和振動子の固有状態は，初等量子力学の教科書に必ずのっているので，適当なものを参照していただきたい．中心が $x=0$ にあるとした場合の波動関数は，$H_n(z)$ をエルミート多項式として

$$\bar{\phi}_n(x)\equiv\sqrt{\frac{1}{\sqrt{\pi}2^nn!\,\ell}}H_n\left(\frac{x}{\ell}\right)\exp\left(-\frac{x^2}{2\ell^2}\right) \tag{8.44}$$

$$\ell\equiv\sqrt{\frac{\hbar}{eB}} \tag{8.45}$$

---

*1 ゲージとは，ベクトル・ポテンシャルの選び方のことである．

*1 $\hat{p}_y$ の固有値を $-\hbar k$ としたのは，その方が後の式の形がよくなるからである．

である．したがって

$$\phi_{n,k}(x) \equiv \bar{\phi}_n(x - k\ell^2) \tag{8.46}$$

は式 (8.42) の解であり，固有エネルギーは

$$E' = E_n \equiv \hbar\omega_{\mathrm{c}}(n + \frac{1}{2}) \tag{8.47}$$

である $(n = 0, 1, 2, \cdots)$．ここで，ω_{c} は式 (8.7) で定義されるサイクロトロン振動数である．ある n をもつ固有状態を n 番目のランダウ準位と呼ぶ．

以上から，磁場中の電子の固有状態は量子数 n, k, q で指定され，波動関数とエネルギーは

$$\psi_{n,k,q}(\boldsymbol{r}) \equiv C\mathrm{e}^{-iky}\mathrm{e}^{iqz}\phi_{n,k}(x) \tag{8.48}$$

$$E_{n,k,q} \equiv \hbar\omega_{\mathrm{c}}(n + \frac{1}{2}) + \frac{\hbar^2 q^2}{2m_{\mathrm{e}}} \tag{8.49}$$

で与えられる．ここで，C は規格化定数である．

この波動関数は，n があまり大きくなければ，x 方向には，$x = k\ell^2$ を中心として ℓ 程度の幅の中でのみ大きな振幅をもつ．一方，y 方向には振幅は一定である，したがって，古典力学における $x - y$ 平面内での円運動とは直感的なつながりがない．また，この系で起こる現象は，x 方向と y 方向で同等であるはずであるが，波動関数はそうなっていない．これは，ベクトル・ポテンシャルの取り方によるものである．このような点が，磁場中の電子の問題の取り扱いにくいところである．

次に，波数 k，q がどのような値をとりうるかを考える．試料は，x，y，z の方向の長さがそれぞれ L_x，L_y，L_z である直方体とする．境界条件は，y，z 方向には周期的境界条件を用いる．この方向には，エネルギーの固有状態は波数の固有状態にもなっているので，自由な電子の場合と同様に，n_y，n_z を整数とすると

$$k = \frac{2\pi}{L_y} n_y \tag{8.50}$$

$$q = \frac{2\pi}{L_z} n_z \tag{8.51}$$

である．なお，このように，k, q を離散的にとり，波動関数の規格化を

$$\int |\psi_{n,k,q}(\boldsymbol{r})|^2 d\boldsymbol{r} = 1 \tag{8.52}$$

とするならば，式 (8.48) の規格化定数は，$C = 1/\sqrt{L_y L_z}$ である．

x 方向に関しては，周期的境界条件で扱うのは簡単ではなく，普通は，以下のような便法を使う．境界条件として，$x = \pm L_x/2$ で波動関数が 0 という条件を科す．式 (8.44), (8.48) から，n があまり大きくない限り，$\psi_{n,k,q}(\boldsymbol{r})$ は $|x - k\ell^2|$ が ℓ より十分大きくなると急激に小さくなる．したがって，$x = k\ell^2$ が $x = \pm L_x/2$ から十分離れていれば，境界条件は非常によい近似で成り立っている．したがって，λ を ℓ の数倍の大きさの長さとすると，式 (8.48) は $-L_x/2 + \lambda < k\ell^2 < L_x/2 - \lambda$ では十分よい近似で固有状態になっている．したがって，$L_x \gg \ell$ であれば，k は

$$-L_x/2\ell^2 < k < L_x/2\ell^2 \tag{8.53}$$

の範囲をとれるとしてよい．式 (8.49) に見るように，$\psi_{n,k,q}(\boldsymbol{r})$ の固有エネルギーは k に依存しない．式 (8.50), (8.53) から，n_y のとれる範囲は

$$-L_x L_y/4\pi\ell^2 < n_y < L_x L_y/4\pi\ell^2 \tag{8.54}$$

であるから，各固有状態は，$L_x L_y/2\pi\ell^2$ 重に縮退していることになる．

磁場中の電子を議論する場合の境界条件は，以上のように中々やっかいである．特に，次の 8.5 節で議論する 2 次元電子系に関しては，境界条件をある程度現実的なモデルで真面目に議論しなければならない場合がある．

■ 8.5　磁場中の 2 次元電子系

2 次元電子系の磁場中での振舞には，3 次元系にはない特異なものがある．2 次元系を実現するには，第 7 章で説明した MOS やヘテロ接合を利用する．MOS を使えば，ゲート電極に加える電圧 V_{G} によって電子の密度を広い範囲にわたって制御できる．

■ 磁場中の 2 次元電子系のホール効果

以下の議論では，磁場は電子が運動する面に垂直であるとする．磁場中の 2 次元電子系の固有状態の波動関数，エネルギーは，8.4 節で求めたものから z 方向の運動の寄与を除けばよく

$$\psi_{n,k}(x,y) = \frac{1}{\sqrt{L_y}} \mathrm{e}^{-iky} \phi_{n,k}(x) \tag{8.55}$$

$$E_{n,k} = \hbar\omega_{\mathrm{c}}(n + \frac{1}{2}) \tag{8.56}$$

で与えられる．また，ある n をもつ状態は，3 次元の場合と同様に $L_x L_y / 2\pi\ell^2$ 重に縮退している．

次に，電気伝導を議論するために，x 方向に電場 E かけた場合を考える．ハミルトニアンは

$$\hat{H} = \frac{\hat{p}_x^2}{2m_{\mathrm{e}}} + \frac{(\hat{p}_y + eBx)^2}{2m_{\mathrm{e}}} + eEx \tag{8.57}$$

である．このハミルトニアンも y を含まないので，固有状態は $\hat{p}_y$ の固有状態でもありうる．したがって，固有関数を

$$\psi(x,y;E) = \frac{1}{\sqrt{L_y}} \mathrm{e}^{-iky} \phi(x;E) \tag{8.58}$$

とおくと，$\phi(x;E)$ に対するハミルトニアンは

$$\hat{H}' = \frac{\hat{p}_x^2}{2m_{\mathrm{e}}} + \frac{(eBx - \hbar k)^2}{2m_{\mathrm{e}}} + eEx \tag{8.59}$$

となる．これを

$$\hat{H}' = \frac{\hat{p}_x^2}{2m_{\mathrm{e}}} + \frac{e^2B^2}{2m_{\mathrm{e}}} \left(x - \frac{\hbar k}{eB} + \frac{m_{\mathrm{e}}E}{eB^2} \right)^2 - \frac{m_{\mathrm{e}}E^2}{2B^2} + \frac{\hbar k E}{B} \tag{8.60}$$

と書くと，これは

$$x = X(E) \equiv \frac{\hbar k}{eB} - \frac{m_{\mathrm{e}}E}{eB^2} \tag{8.61}$$

を中心とする調和振動子のハミルトニアンである．したがって，固有状態は，電場のない場合と同様に n, k で指定され，固有関数 $\phi_{n,k}(x;E)$ は，式 (8.46) の右辺で $k\ell^2$ を $X(E)$ で置き換えたものであり，固有エネルギーは

$$E_{n,k} = \hbar\omega_{\rm c}(n+\frac{1}{2}) - \frac{m_{\rm e}E^2}{2B^2} + \frac{\hbar kE}{B} \tag{8.62}$$

である．

次に，これらの固有状態の電流の期待値を求める．磁場中の電子に関して注意すべきことは，以下に示すように，電子の速度の演算子は $\hat{\boldsymbol{p}}/m_{\rm e}$ ではないことである．速度は，位置を時間に関して微分したものであることから，式 (8.57) より

$$\hat{v}_x = \frac{i}{\hbar}[\hat{H}, x] = \frac{\hat{p}_x}{m_{\rm e}} \tag{8.63}$$

$$\hat{v}_y = \frac{i}{\hbar}[\hat{H}, y] = \frac{\hat{p}_y + eBx}{m_{\rm e}} \tag{8.64}$$

となる．なお，一般には $\hat{\boldsymbol{v}} = (\hat{\boldsymbol{p}} + e\boldsymbol{A}(\boldsymbol{r}))/m_{\rm e}$ である．

これから

$$\hat{v}_y\psi_{n,k}(x,y;E) = \frac{eBx - \hbar k}{m_{\rm e}}\psi_{n,k}(x,y;E) \tag{8.65}$$

$$= \left\{\frac{eB}{m_{\rm e}}(x - X(E)) - \frac{E}{B}\right\}\psi_{n,k}(x,y;E) \tag{8.66}$$

となるが，$\psi_{n,k}(x,y;E)$ は，$x = X(E)$ に関して対称または反対称であるから，$x - X(E)$ の期待値は 0 である．したがって，$\hat{v}_y$ の期待値は，$-E/B$ である．また，$\hat{v}_x$ の期待値は 0 であることは容易にわかる．したがって，電子の面密度を $n_{\rm s}$ とすると，電流密度は

$$j_x = 0 \tag{8.67}$$

$$j_y = \frac{en_{\rm s}E}{B} \tag{8.68}$$

であり，電気伝導率テンソルの成分は

$$\sigma_{xx} = \sigma_{yy} = 0 \tag{8.69}$$

$$\sigma_{yx} = -\sigma_{xy} = \frac{en_{\mathrm{s}}}{B} \tag{8.70}$$

となる．なお，電流密度および電気伝導率の次元は，3 次元系のものとは異なることに注意していただきたい．

この結果は，式 (8.18)，(8.20) で不純物による散乱のない場合，即ち，$\tau \to \infty$ として n_{e} を n_{s} に置き換えたものと同じである．即ち，この結果は，古典論でも導くことができる．散乱のある場合には，古典論の結果は，やはり式 (8.18)，(8.20) で n_{e} を n_{s} に置き換えたものが得られる．ところが，この場合には，量子論では全く異なった結果が得られる．それを次に説明しよう．

8.6　量子ホール効果

量子ホール効果とは，ある条件のもとで，2 次元系の電気伝導率の非対角成分 σ_{yx} が，物質や試料の大きさ等によらず $e^2/h\,(h \equiv 2\pi\hbar)$ の整数倍になる，という現象である．この関係は，近似的なものではなく，正確に成り立つものであると信じられている．試料は，不純物がない等の理想的なものである必要はなく，むしろ不純物があるために現象が観測できるのである．量子ホール効果を説明するために，まず，不純物がある場合の強磁場中の電子の状態を考察しよう．

8.6.1　強磁場中の電子状態

ある系の電子の状態を特徴づける量の一つは，状態密度である．その系の固有エネルギーを E_α と書くと，状態密度（単位面積当たり）は，試料の面積を S とすると

$$N(E) = \frac{1}{S}\sum_{\alpha} \delta(E - E_\alpha) \tag{8.71}$$

で定義される．強磁場中の 2 次元系で，不純物がない場合の状態密度は，式 (8.56) から

$$N(E) = \frac{1}{2\pi\ell^2}\sum_{n=0}^{\infty} \delta\{E - \hbar\omega_{\mathrm{c}}(n + \frac{1}{2})\} \tag{8.72}$$

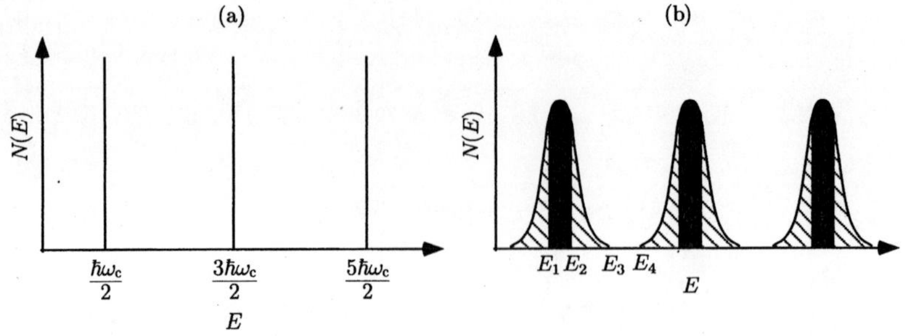

図 8.4 不純物のない場合 (a) とある場合 (b) のランダウ・サブバンドの状態密度
中央の黒い部分が，局在していない状態である．

であることがわかる．即ち，単位面積当たり $1/(2\pi\ell^2)$ 個の状態が縮退したデルタ関数となる．このような，一つの n をもつ固有状態の集合を，**ランダウ・サブバンド**と呼ぶ（図 8.4 (a)）．

これに不純物*[1]が加わったら状態密度はどうなるか．不純物によるポテンシャル・エネルギーを $V(\boldsymbol{r})$ と書いて，式 (8.55) の固有波動関数のうちのある二つだけを考えて，その影響を調べよう．この二つを $\psi_1(\boldsymbol{r})$，$\psi_2(\boldsymbol{r})$ として，それらの固有エネルギーを $\mathcal{E}_1$，$\mathcal{E}_2$ と書く．不純物のある場合には，これらは固有波動関数にはなっていないはずなので，これらの線形結合で近似的な固有波動関数を作る．即ち

$$\psi(\boldsymbol{r}) = a\psi_1(\boldsymbol{r}) + b\psi_2(\boldsymbol{r}) \tag{8.73}$$

とおく．ハミルトニアンは，$V(\boldsymbol{r})$ を不純物のポテンシャル・エネルギーとすると

$$\hat{H} = \hat{H}_0 + V(\boldsymbol{r}) \tag{8.74}$$

$$\hat{H}_0 = \frac{(\hat{\boldsymbol{p}} + e\boldsymbol{A}(\boldsymbol{r}))^2}{2m_e} \tag{8.75}$$

であり，シュレディンガー方程式

$$\hat{H}\psi(\boldsymbol{r}) = E\psi(\boldsymbol{r}) \tag{8.76}$$

を満たすように，a，b を決める．

*[1] MOS でもヘテロ接合でも，半導体界面の凸凹も電子の散乱の要因となるが，ここでは区別しない．

$\hat{H}_0\psi_i(\boldsymbol{r}) = \mathcal{E}_i\psi(\boldsymbol{r})$ $(i=1,2)$ であるから，上の式の両辺に $\psi_1(\boldsymbol{r})$，$\psi_2(\boldsymbol{r})$ をかけて積分すれば

$$(\mathcal{E}_1 + V_{11} - E)a + V_{12}b = 0 \tag{8.77}$$

$$V_{21}a + (\mathcal{E}_2 + V_{22} - E)b = 0 \tag{8.78}$$

を得る．ただし

$$V_{ij} \equiv \int \psi_i^*(\boldsymbol{r})V(\boldsymbol{r})\psi_j(\boldsymbol{r})\,d\boldsymbol{r} \tag{8.79}$$

である．上の式が，$a=b=0$ 以外の解をもつ条件から

$$E = \frac{1}{2}\left[\mathcal{E}_1' + \mathcal{E}_2' \pm \sqrt{4|V_{12}|^2 + (\mathcal{E}_1' - \mathcal{E}_2')^2}\right] \tag{8.80}$$

を得る．ただし，$\mathcal{E}_i' \equiv \mathcal{E}_i + V_{ii}$ である．

重要なことは，$\mathcal{E}_1$ と $\mathcal{E}_2$ が等しい場合でも，不純物によって，固有エネルギーの縮退が解けることである．この場合，式 (8.77)，(8.78) の a，b の係数は，すべて V_{ij} 程度の大きさである．したがって，a と b は同程度の大きさであることがわかる．

一方，$\mathcal{E}_1 \neq \mathcal{E}_2$ で，$\hbar\omega_{\rm c} \gg V_{ij}$ である場合には，式 (8.80) を V_{12} について展開すれば

$$E = \mathcal{E}_i' + O(V_{12}^2/(\hbar\omega_{\rm c})), \quad (i=1,2) \tag{8.81}$$

となる．ここで，$O(V_{12}^2/(\hbar\omega_{\rm c}))$ は，$V_{12}^2/(\hbar\omega_{\rm c})$ のオーダーの量という意味である．この値を式 (8.77)，(8.78) に代入してみれば，$i=1$，$i=2$ の場合に，それぞれ，$b/a = O(V_{12}/(\hbar\omega_{\rm c}))$，$a/b = O(V_{12}/(\hbar\omega_{\rm c}))$ となることがわかる．即ち，二つの固有状態は，あまり混じり合わない．

以上のような考察を多数の固有状態に拡張すれば，不純物ポテンシャルが十分に弱く，その行列要素が $\hbar\omega_{\rm c}$ に比べて十分に小さければ，個々のランダウ・サブバンドは分裂して，不純物ポテンシャルの行列要素程度の幅をもち[*1]，異なるランダウ・サブバンドの状態はあまり混じり合わない，ということがわかる（図 8.4 (b)）．

[*1] これは，あまり正確な言い方ではない．詳しいことは，文献 1) を参照していただきたい．

8.6.2 強磁場中の電子状態と電気伝導率

6.4.1 項で述べたように，2 次元系では固有状態はすべて局在していると考えられている．ただし，強磁場中では話が別である．確かに，ほとんどの固有状態は局在しているが，局在長は，エネルギー E が各ランダウ・サブバンドの中央のエネルギー E_{c} に近いほど長くなり

$$\xi \propto |E - E_{\mathrm{c}}|^{-\nu} \tag{8.82}$$

のように発散すると考えられている[2]．詳しい数値計算によれば，$\nu \approx 2.34$ である[3]．

そうすると，局在していない固有状態は一つだけということになり，本当に一つの状態でマクロに観測できる電流が流せるか，というのは議論のあるところではあるが，実験に使われる試料の大きさは有限であり，それよりも局在長が長い固有状態は局在していないとみなしてよい．したがって，ここでは，図 8.4 (b) のように，各ランダウ・サブバンドの中央には，ある幅をもって局在していない状態があると考えることにする．

このような電子状態の系の電気伝導率はどのように振舞うだろうか．まず σ_{xx} を考える．その一般的な表式は，式 (6.34) の右辺の E_0 の係数で

$$\sigma_{xx} = \frac{2\pi\hbar e^2}{{m_{\mathrm{e}}}^2} \sum_{\alpha,\alpha'} \delta(E_\alpha - \mu)\delta(E_{\alpha'} - E_\alpha)|\langle\alpha|\hat{\Pi}_x|\alpha'\rangle|^2 \tag{8.83}$$

である．ただし，磁場中であるので，$\hat{\boldsymbol{p}}$ を $\hat{\boldsymbol{\Pi}} \equiv \hat{\boldsymbol{p}} + e\boldsymbol{A}(\boldsymbol{r})$ で置き換えなければならない．また，m^* を m_{e} で置き換えた．強磁場中では，電子は，スピンの磁気モーメントが磁場の向きを向いたものしか存在しないので，スピンによる縮重度の因子 2 は省いてある*1．この式から，σ_{xx} は絶対零度では，フェルミ準位にある固有状態だけで決まることがわかる．しかし，σ_{yx} では事情は同じではない．

電場を x 方向に加えた場合の y 方向の電流は，式 (6.29) で $\hat{p}_x$ を $\hat{\Pi}_y$ で置き換えればよい．これを，式 (6.32) のように変形して，右辺の E_0 の係数をとれば

---

*1 実際には，単純なゼーマン・エネルギーの効果だけではないのだが，ここでは，詳しいことは省略する．

$$\sigma_{yx} = \frac{\hbar e^2}{m^{*2}} \sum_{\alpha,\alpha'} \left\{ \pi\delta(E_\alpha - E_{\alpha'})\delta(E_\alpha - \mu) - i\mathcal{P}\frac{f_\alpha - f_{\alpha'}}{(E_\alpha - E_{\alpha'})^2} \right\} \langle\alpha|\hat{\Pi}_y|\alpha'\rangle\langle\alpha'|\hat{\Pi}_x|\alpha\rangle \tag{8.84}$$

となる．この式が式 (8.83) と異なる点は，フェルミ準位（0 K では，フェルミ・エネルギーと化学ポテンシャルは一致する）にある状態以外からの寄与もあることである．実際，$\langle\alpha|\hat{\Pi}_y|\alpha'\rangle\langle\alpha'|\hat{\Pi}_x|\alpha\rangle$ は，α と α' の入れ替えに対して不変ではないので，{ } の中の第 2 項の寄与も 0 にはならない．したがって，σ_{xx} は，化学ポテンシャルが局在した状態の中にあれば 0 であるが，σ_{yx} は必ずしも 0 ではない．そこで，電子の密度を増していくと σ_{xx}，σ_{yx} がどのように変化するかを考えてみよう．

まず，化学ポテンシャル μ が図 8.4 の E_1 より小さい場合には，すべての電子は局在した状態にいるので電流は流れず，σ_{xx} も σ_{yx} も 0 である．μ が局在していない状態の中に入ると，式 (8.83) から，σ_{xx} は正となることがわかる．σ_{yx} も 0 ではなくなるだろうが，式 (8.84) からは符号に関しては何ともいえない．しかし，式 (8.70) で示されている散乱のない場合と比べて，逆の方向に電流が流れるとも思えないので，σ_{yx} も正であると考えられる．また，μ が大きくなれば，伝導に参加する電子が増えるので σ_{yx} は増加すると考えるのが自然である．μ が図 8.4 の E_2 をこえて，また局在した状態の中に入ると，σ_{xx} は 0 となるが，上での考察の通り，σ_{yx} は 0 にはならない．ただし，局在した状態は伝導に寄与しないので，μ が増加しても σ_{yx} は一定である．

以上のような考察から，電子の面密度 n_{s} を増していった場合の電気伝導率の変化は，図 8.5 のようになるはずである．この図で横軸を面密度にするのは，MOS の場合に制御できるのは図 7.2 の電極に加える電圧 V_{G} で，ほぼ n_{s} に比例するからである（比例定数は試料に依存する）．化学ポテンシャル μ と n_{s} との関係は単純でないことに注意していただきたい．これらは，絶対零度では

$$n_{\mathrm{s}} = \int_0^\mu N(E)\, dE \tag{8.85}$$

の関係にある．したがって，$N(E) = 0$ の区間では，μ が変わっても n_{s} は一定であり，μ が図 8.4(b) の E_1, E_2, E_3, E_4 にあるときの n_{s} は，図 8.5 の

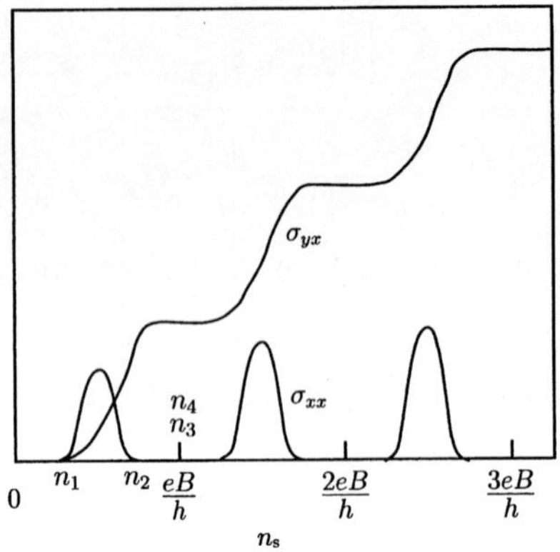

図 8.5　σ_{xx}，σ_{yx} の電子密度への依存性（理論的予想）

n_1, n_2, n_3, n_4 のようになる．異なるランダウ準位が混じり合わないとすれば，図 8.4(b) の状態密度の山の一つを積分したものは $1/(2\pi\ell^2) = eB/h$ である（式 (8.73) 参照）．したがって，μ が状態密度が 0 の範囲にある場合には，n_s はこの値の整数倍になる．σ_{yx} は n_s のこの前後の区間で一定になっているが（プラトーと呼ばれる），その値は上の議論では決まらない．しかし，散乱のない場合には，$n_s = NeB/h$（N は整数）であれば，式 (8.70) から $\sigma_{yx} = Ne^2/h$ となるので，散乱が十分弱ければ，プラトーにおける σ_{yx} の値もこれに近いものと考えられる．

図 8.6 には MOS による実験の例を示す．横軸は V_G と n_s である．この例では，$n_s = eB/h$ のあたりにあるはずのプラトーが見えないが，電子密度が小さいうちは，シリコンと酸化シリコンの界面の凸凹等による電子の散乱が強くて，これまでの議論で仮定していた散乱が十分弱いという条件が満たされないためと考えられる．電子密度が増せば，遮蔽効果のために電子の感じる散乱のポテンシャル・エネルギーが小さくなり，予測通りの結果が得られる．

ただし，この実験を詳しく解釈しようとすれば，伝導帯が縮退していることやスピンの自由度も考えに入れなければならない．実際，1 番目，2 番目，3 番目，$\cdots$ のプラトーが式 (8.56) で表されるランダウ準位の $n = 0, 1, 2, \cdots$ に対応しているわけではない．しかし，基本的なことに関しては理論的な予想は正しいものである．この点に関しては，文献 6) を参照していただきたい．

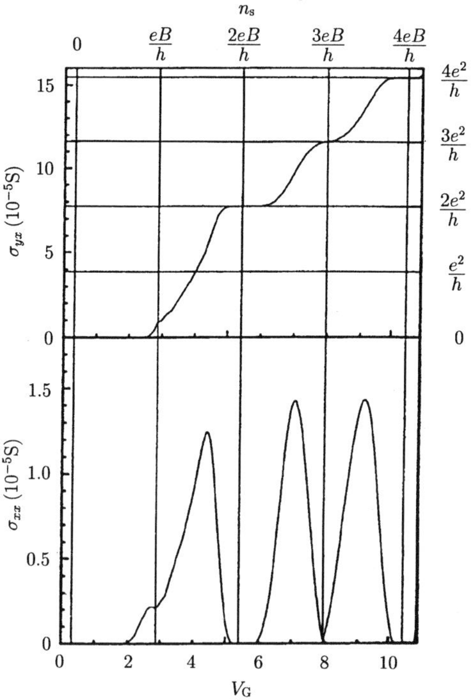

図 8.6　量子ホール効果の実験
試料は MOS で，磁場は 15 T である（文献 5) より）．

精密な実験によれば，プラトーでの σ_{yx}の 値は，実験精度の範囲で正確に e^2/h の整数倍になっている．これが，量子ホール効果である[4,5]．量子ホール効果の驚くべき特徴は，試料が理想的な条件（不純物を全く含まない等）を満たしていなくとも成り立つことである．むしろ，不純物等による電子の散乱が全くなければ，式 (8.70) のように，σ_{yx} は電子密度の関数としてプラトーをもたない形となり，量子ホール効果は観測できない．

8.6.3　量子ホール効果の理論

量子ホール効果は理論的に説明がついているか，という質問に答えるのは難しい．一般に，証明すべき結果がわかっている場合，数学的に完全に厳密でない理論が正しいかどうかを判断するのは，主観的にならざるをえないからである．その点では，実験が出る以前の安藤らの論文[7] は，数学的に厳密ではないが，量子ホール効果を予言したといえる．

ここでは，いくつかある理論の中で実験が行われてから最初に現れたラフリン（Laughlin）の理論を紹介しよう[8]．正しいかどうかはともかく，着想が非凡なことでは際立った理論だからである．ただし，細かい点は，筆者の趣味に合わせて変えてある．

ラフリンの理論では，電子間相互作用は考えないので，ハミルトニアンは

$$\hat{H} = \frac{(\hat{\boldsymbol{p}} + e\boldsymbol{A}(\boldsymbol{r}))^2}{2m_\mathrm{e}} + V(\boldsymbol{r}) \tag{8.86}$$

の形である．$V(\boldsymbol{r})$ は，不純物のポテンシャル・エネルギーである．

まず，不純物のない場合を考える．ベクトル・ポテンシャル $\boldsymbol{A}(\boldsymbol{r})$ を

$$\boldsymbol{A}(\boldsymbol{r}) = (0, Bx - A_0, 0) \tag{8.87}$$

とする．ここで，A_0 は定数であるが，この定数を導入するのがミソである．また，x 方向に大きさ E の電場がかかっているとすると，ハミルトニアンは，式 (8.57) とは少し変わって

$$\hat{H}(A_0) = \frac{\hat{p}_x^2}{2m_\mathrm{e}} + \frac{(\hat{p}_y + eBx - eA_0)^2}{2m_\mathrm{e}} + eEx \tag{8.88}$$

となる．このように，A_0 の関数として書くのは，その依存性が重要であるからである．固有波動関数や，固有エネルギーもこのように書く．式 (8.58) と同様に，固有波動関数を

$$\psi(x, y; A_0) = \frac{1}{\sqrt{L_y}} \mathrm{e}^{-iky} \phi(x; A_0) \tag{8.89}$$

とおくと，$\phi(x; A_0)$ に対するハミルトニアンは

$$\hat{H}'(A_0) = \frac{\hat{p}_x^2}{2m_\mathrm{e}} + \frac{(eBx - eA_0 - \hbar k)^2}{2m_\mathrm{e}} + eEx \tag{8.90}$$

となり，式 (8.46) と同様に，固有波動関数は

$$\phi_{n,k}(x; A_0) \equiv \bar{\phi}_n(x - X(A_0)) \tag{8.91}$$

$$X(A_0) \equiv \frac{\hbar k + eA_0}{eB} - \frac{m_e E}{eB^2} \tag{8.92}$$

で与えられる．また，これに対応する固有エネルギーは

$$E_{n,k}(A_0) = \hbar\omega_c(n + \frac{1}{2}) - \frac{m_e E^2}{2B^2} + \frac{(\hbar k + eA_0)E}{B} \tag{8.93}$$

である．要するに，式 (8.57) から式 (8.62) で $\hbar k$ を $\hbar k + eA_0$ で置き換えればよいということである．

一方，速度に関しては，式 (8.64) と同様にして

$$\hat{v}_y = \frac{\hat{p}_y + eBx - eA_0}{m_e} \tag{8.94}$$

を得るが，式 (8.88) から

$$\frac{\partial \hat{H}(A_0)}{\partial A_0} = -e\hat{v}_y \tag{8.95}$$

であることがわかる．この関係を使って，固有状態 $\psi_{n,k}(x, y; A_0)$ にいる電子が運ぶ電流を計算する．この状態による期待値を $\langle n, k; A_0| \cdots |n, k; A_0\rangle$ と書くと，$-e\hat{v}_y$ の期待値は

$$\begin{aligned}
-e\langle n, k; A_0|\hat{v}_y|n, k; A_0\rangle &= \langle n, k; A_0|\frac{\partial \hat{H}(A_0)}{\partial A_0}|n, k; A_0\rangle \\
&= \frac{\partial}{\partial A_0}\langle n, k; A_0|\hat{H}(A_0)|n, k; A_0\rangle \\
&\quad - \left\{\frac{\partial}{\partial A_0}\langle n, k; A_0|\right\}\hat{H}(A_0)|n, k; A_0\rangle \\
&\quad - \langle n, k; A_0|\hat{H}(A_0)\left\{\frac{\partial}{\partial A_0}|n, k; A_0\rangle\right\}
\end{aligned} \tag{8.96}$$

となるが，最後の 2 項をまとめれば

$$E_{n,k}(A_0)\frac{\partial}{\partial A_0}\langle n, k; A_0|n, k; A_0\rangle \tag{8.97}$$

となる．波動関数が規格化されていればこれは 0 であるから

$$-e\langle n, k; A_0|\hat{v}_y|n, k; A_0\rangle = \frac{\partial}{\partial A_0}E_{n,k}(A_0) = \frac{eE}{B} \tag{8.98}$$

を得る．ただし，式 (8.93) を使った．

ここで，試料の x 方向の幅 L_x のうち，L'_x の部分だけを考えて，これを P と呼ぶ（L'_x はマクロな大きさではあるが，L_x よりは十分に小さいとする）．

電子が，ν 番目のランダウ準位[*1]までを完全に満たしているとすると，P には一つのランダウ準位当たり $L'_x L_y/(2\pi\ell^2)$ 個の状態があるので，電流密度は

$$j_y = -{\sum_k}' \sum_{n=0}^{\nu-1} \frac{e\langle n,k;A_0|\hat{v}_y|n,k;A_0\rangle}{L'_x L_y} = \frac{e\nu E}{2\pi\ell^2 B} = \frac{e^2\nu}{2\pi\hbar}E \tag{8.99}$$

となる．ここで，k に関する和に $'$ がついているのは，$X(A_0)$ が P に含まれる範囲の和であることを示す．したがって

$$\sigma_{yx} = \frac{e^2\nu}{h} \tag{8.100}$$

である．

ここで，注目すべき点は，電子の全エネルギーを

$$E_T(A_0) \equiv {\sum_k}' \sum_{n=0}^{\nu-1} E_{n,k}(A_0) \tag{8.101}$$

と書くと，式 (8.98) から式 (8.99) は

$$j_y = \frac{1}{L'_x L_y}\frac{\partial}{\partial A_0}E_T(A_0) \tag{8.102}$$

と書けることである．測定可能な物理量はベクトル・ポテンシャルの取り方によらないはずなので，$E_T(A_0)$ は A_0 の 1 次式でなければならない．したがって，ΔA_0 を任意の大きさとして

$$j_y = \frac{1}{L'_x L_y}\frac{\Delta E_T(A_0)}{\Delta A_0} \tag{8.103}$$

$$\Delta E_T(A_0) \equiv E_T(A_0 + \Delta A_0) - E_T(A_0) \tag{8.104}$$

とも書ける．$E_{n,k}(A_0)$ の A_0 への依存性がどこからきているかというと，式 (8.92) と式 (8.93) から，各量の変化分に Δ をつけると

---

*1 $n = 0$ を $\nu = 1$ とする．

$$\Delta E_{n,k}(A_0) = eE\Delta X(A_0) \tag{8.105}$$

であることがわかる．即ち，波動関数の中心が電場が作るポテンシャル・エネルギーの傾斜を登ってゆくことによってエネルギーが変わるということである．

ここで，$\Delta A_0 = 2\pi\hbar/(eL_y)$ とすると，式 (8.92) で，k を $2\pi/L_y$ だけ変えたのと同じことである．式 (8.50) から，これは k の間隔に等しい．したがって，波動関数の集合としてはもとにもどる．ただし，A_0 を変えることにより，$X(A_0)$ は一つずれるので，P の一方の端に状態が一つ隣の部分から入ってきて，他の端から一つ出てゆく．もともと P にいた状態を考えれば，一つの状態を端から他の端に移したのと同じことである．これによるエネルギーの変化は eEL'_x であるので，すべてのランダウ準位を考えれば，全エネルギーの変化は

$$\Delta E_T(A_0) = eEL'_x\nu \tag{8.106}$$

であり，式 (8.103) から，式 (8.99) が出ることは簡単にわかる．

さて，ここまでは不純物のない場合を考えていて，上のような議論をしなくとも同じ結論が出せるのであるが，この議論の肝心な部分は不純物のある場合にも成り立つことを巧みに利用したのがラフリンの理論のミソである．

まず，式 (8.94) は，式 (8.64) と同様に y とハミルトニアンとの交換関係によるものであるから，ハミルトニアンに不純物によるポテンシャルが加わっても変わらない．また，式 (8.95) も不純物ポテンシャルがあっても変わらないことは明らかである．

式 (8.96) に関しては，不純物があれば n と k で固有状態を指定することはできない．しかし，図 8.4(b) のようにランダウ・サブバンドが明確に分離していれば n を定義することはできるし，k をその中での一つの固有状態を指定するある量子数であるとすれば，式 (8.96) と式 (8.98) の左の式は成り立つことがわかる．したがって，$E_T(A_0)$ を式 (8.101) のように定義すれば，結局，式 (8.103) も成り立つことがわかる．

不純物のある場合に A_0 を $\Delta A_0 = 2\pi\hbar/(eL_y)$ だけ変えたら固有状態はどうなるかを考えよう．不純物のない場合には，各固有状態が一つずつずれて，固有状態の集合としてはもとにもどることは上にも述べた．不純物のある場合の

固有状態は，このような固有状態の線形結合で作られるから，やはり固有状態の集合としてはもとと同じものになるはずである．しかし，A_0 を変えながらある一つの状態を追ってゆけば，一般にはもとの状態にはもどらない．

ここで，不純物のある場合の固有状態に関して以下の仮定をおく．(1) x 方向の広がりは，磁場のない場合と同様にミクロな大きさであり，L'_x に比べて十分に小さいとする．(2) A_0 を ΔA_0 だけ変えた場合の移動距離もミクロな大きさである．(3) A_0 を変えても他のサブバンドに移ることはないとする．不純物のない場合のように中心の座標が明確に定義できるわけではないので，どの状態がPに属しているかを決める明確な規則は作れないが，とにかくどれであるかを決めておけばよい．

まず，化学ポテンシャルが ν 番目と $\nu+1$ 番目のサブバンドの間にあり，ν 番目以下のサブバンドの状態がすべて満たされている場合を考える．そうすると，仮定の (3) から，電子のいる状態といない状態が入れ替わることはない．A_0 を ΔA_0 だけ変えた場合に，Pに属していた状態でPの外に出るものもあり，Pの外にあったものでPに入るものもある．しかし，このような入れ替わりは，上の2番目の仮定から，Pの両端の近くのミクロな範囲でのみで起こる．したがって，x の負の方向の端で N 個の状態がPに入れば，他の端では N 個の状態がPから出てゆき（逆の過程が起こる場合には，N を負にとる），結局 N 個の状態がPの端から端へ移動したことになるので，エネルギーの変化は

$$\Delta E_T(A_0) = eENL'_x \tag{8.107}$$

であり，式 (8.103) から

$$\sigma_{yx} = \frac{Ne^2}{h} \tag{8.108}$$

を得る．即ち，σ_{yx} が e^2/h の整数倍であることが証明されたのである．

次に，化学ポテンシャルが局在した状態の中にある場合を考えると，上の場合と比べると局在した状態に電子が加わったか，あるいはそこから電子が抜けた場合であり，これらの電子は伝導に関与しないので，σ_{yx} は変わらないはずである．

以上がラフリンの理論であるが，これでは，N は整数であるというだけで，ν

に等しいとはいえないし，負であるかもしれない．また，式 (8.107) には，少々問題があるが，これは章末問題として残しておく．

このように，ラフリンの理論はいろいろと問題があり，筆者も完全に理解しているわけではない．しかし，発表当時，その考え方の斬新さで人々を驚かせ，その後の理論に大いに影響を与えたものであり，一度読んでみる価値は十分にあると考えて，ここに紹介した．

量子ホール効果は，1990 年以来，電気抵抗の標準として用いられている．即ち，国際度量衡局（BIPM）によれば，プラトーにおける抵抗値を

$$R_{yx} \equiv \frac{1}{\sigma_{xy}} = \frac{R_{K-90}}{N}, \quad (N = 1, 2, 3, \cdots) \tag{8.109}$$

として，$R_{K-90} = 25812.807\,\Omega$ が推奨値である．ただし，R_{K-90} が h/e^2 に正確に等しいと認めているわけではない．

文 献

1) T. Ando and Y. Uemura: J. Phys. Soc. Jpn. **36** (1974) 959.
2) T. Ando: J. Phys. Soc. Jpn. **53** (1984) 3101.
3) B. Huckestein and B. Kramer: Phys. Rev. Lett. **64** (1990) 1437.
4) K. von Klitzing, G. Dorda and M. Pepper: Phys. Rev. Lett. **45** (1980) 494.
5) S. Kawaji and J. Wakabayashi: Physics in High Magnetic Fields (S. Chikazumi and N. Miura, eds., Springer-Verlag, 1981) p. 284. *Proc. Oji International Seminar, Hakone, 1980.*
6) 川路紳治：量子効果と磁場（シリーズ物性物理学の新展開，安藤恒也編，1995，丸善）第 3 章.
7) T. Ando, Y. Matsumoto and Y. Uemura: J. Phys. Soc. Jpn. **39** (1975) 279.
8) R.B. Laughlin: Phys. Rev. B **23** (1981) 5632.

章末問題

(1) エネルギー・バンドが

$$\hat{H} = \frac{\hat{p}_x^2}{2m_1} + \frac{\hat{p}_y^2}{2m_2} \tag{8.110}$$

のように異方的な 2 次元電子系の磁場中の固有エネルギーを求めよ．

(2) 式 (8.107) はどのような条件で成り立つか，議論せよ．

第9章
超　伝　導

■ 9.1　超伝導とは

カマリング・オンネス（H. Kamerlingh Onnes）は，1908年にヘリウムの液化に成功し，低温物理学の基礎をきずいた．その後，数Kの低温におけるいろいろな物質のいろいろな性質を測定していたが，1911年に，水銀の電気抵抗が4.2K以下でほとんど0になることを発見した．これが，**超伝導**の発見である[1)]．

カマリング・オンネスが低温における金属の電気抵抗を測定した理由は，当時は，絶対零度では金属の電気抵抗は無限大になるという説があったためである．これは，金属の電気伝導は熱的な励起により原子から電子が分離することによって生ずる，との考えによる．もちろん，それまで測定されている範囲では，抵抗は温度とともに減少することはわかっていたが，温度を下げ続ければ，電子は原子に束縛されて抵抗は増加するはずだと予想されていた．

カマリング・オンネスは，水銀よりも前に，白金や金の抵抗を測定し，温度依存性と不純物の密度への依存性を細かく解析して，純粋な金の抵抗は絶対零度では0になると結論している．これは，現在の理論から見ても正しい結論であるが，超伝導とは関係がない．金の抵抗は，温度の関数として連続的に変化するが，水銀の抵抗は，4.2Kでほとんど不連続に変化するのが異なる点である．このような温度は**臨界温度**（T_cと書く．**転移温度**とも呼ばれる）と呼ばれ，それ以下では，金属中の電子は，T_c以上とは全く異なる状態にあると考えるのが自然である．カマリング・オンネスは，水銀より前に鉛（T_c は 7.2 K）も測定していたのだが，温度の取り方が荒かったためか急激な抵抗の変化に気がつかなかったようで，超伝導が起こるのを見逃している．1911 年の装置では，1.5 K まで到達できたようである．

なお，超伝導に対して，有限の抵抗値をもつ普通の電気伝導を**常伝導**と呼ぶ．また，超伝導になる物質を**超伝導体**と呼ぶ．超伝導体を超伝導の状態にある物質の意味に使う場合もあるが，紛らわしいので，ここではその意味には使わない．

その後の実験的研究で，超伝導はいろいろな金属で起こる普遍的な現象であることはわかったが，そのメカニズムを解明する理論が現れたのは，1957 年になってからのことであった．バーディーン（J. Bardeen），クーパー（L.N. Cooper），シュリーファー（J.R. Schrieffer）による，いわゆる **BCS 理論**である[2)]．

ほとんどの教科書では，超伝導の理論的説明に関してはこの BCS 理論を紹介しているが，BCS 理論を理解するためには，多体問題の基本的な取扱いに慣れていなければならない．固体の中では，電子はクーロン相互作用等によって他の電子の運動に影響を与え，その影響がまた自分にはね返るという複雑な運動をしている．これを電子相関（electron correlation）と呼ぶ．この本では，個々の電子が他の電子と無関係に運動するという，いわゆる**一電子近似**の範囲で問題を議論してきた．これは，基本的には電子相関が重要な役割を果たしていない現象のみを取り上げてきたからである．

しかし，超伝導は，本質的に電子相関による現象である．したがって，これまでとは全く違った取扱い，すなわち，多電子系の量子力学による取扱いが必要である．とはいうものの，多体系の量子力学を学ぶためには，かなりの紙面と労力を要するので，超伝導のためだけにこれをするのは得策ではない．そこで，この本では，ギンズブルグ（V.L. Ginzburg）とランダウ（L.D. Landau）によって BCS 理論の 7 年前に発表された現象論を紹介しよう[3)]．この理論は現象論とはいうものの，超伝導の本質のほとんどすべてをとらえていて，現在でもよく使われている．ミクロなメカニズムがわかっていないにもかかわらず，これだけの理論が構成できたのは実に驚くべきことであり，著者たちの天才ぶりが十分に発揮されているところを味わっていただきたい．

9.2 超伝導の特徴

この節では，実験的に知られている超伝導の特徴を説明する．なお，以下に示すのは，**第1種超伝導体**と呼ばれる金属の特徴である．第2種超伝導体に関しては，別に説明する．

9.2.1 電気抵抗の消失

上でも述べたように，超伝導体では，温度を下げていくと臨界温度 T_c で不連続的に電気抵抗が0になってしまう．第6章での議論によれば，不純物を全く含まない金属の電気抵抗は，絶対零度では0になるはずであるが，明らかに不純物を含んでいる金属でも超伝導になるものがあること，また超伝導では有限温度で抵抗が0になることから，第6章の議論は超伝導にはあてはまらないことがいえる．

9.2.2 マイスナー効果

1933年にマイスナー（W. Meissner）とオッシェンフェルト（R. Ochsenfelt）は，超伝導の状態にある金属を弱い磁場の中に入れても，金属の内部の磁束密度は0であることを発見した[4]．これを**マイスナー効果**（または，**マイスナー–オッシェンフェルト効果**）と呼ぶ．重要なのは，この状態が熱力学的に安定なことである．非常に電気抵抗の小さい物質に磁場を加えると，試料の表面を流れるうず電流のために内部の磁束密度は0に保たれる．もし，マイスナー効果がこのようにして起こるのであるとすれば，試料を磁場の中においてから温度を T_c 以下に下げれば，うず電流は起こらず試料内部の磁束密度は0にはならないはずである．実際には，磁場を加えるのと温度を下げるのとの順序によらず，超伝導状態の金属の内部では磁束密度は0になる．したがって，超伝導の状態にある金属は，単に電気抵抗が0になっているだけではないことがわかる．

なお，上でもそうしているが，混乱を避けるために，**磁場**と**磁束密度**を区別して使うことにする．磁場 $\boldsymbol{H}$ は電磁石や永久磁石によって作られた空間的に一様な磁場であるとする．磁束密度 $\boldsymbol{B}(\boldsymbol{r})$ は，この磁場が作る磁束密度 $\mu_0\boldsymbol{H}$

と試料に流れる電流（以下で説明するように，表面のみに流れる）によって作られる磁束密度の和とする．したがって，試料の内部では，$\boldsymbol{B}(\boldsymbol{r})$ は 0 であるが，$\boldsymbol{H}$ は外部と同じである．実際に電子が感じるのは $\boldsymbol{B}(\boldsymbol{r})$ であるから，マクスウェル方程式や，以下に説明するロンドン方程式に現れる磁束密度は $\boldsymbol{B}(\boldsymbol{r})$ でなければならない．

■ 9.2.3 磁場による臨界温度の低下

マイスナー効果が起こるのは，磁場が十分に弱い場合である．磁場を強くしていくと，**臨界磁場** $H_c(T)$ で常伝導の状態になる．臨界磁場は温度に依存しており，臨界温度では 0 になる．ほとんどの金属では，近似的ではあるが

$$H_c(T) = H_c(0)\left(1 - \frac{T^2}{T_c^2}\right) \tag{9.1}$$

の関係がある．

表 9.1 に，主要な金属の臨界温度 T_c と 0 K における臨界磁場 $H_c(0)$ の値を示す．

表 9.1 主要な金属の臨界温度 T_c と 0 K における臨界磁場 $H_c(0)$

金属名	Al	Ti	V	Zn	Sn	Hg
T_c(K)	1.14	0.39	5.38	0.88	3.72	4.15
$\mu_0 H_c(0)$(Tesla)	0.011	0.01	0.14	0.005	0.031	0.041

■ 9.2.4 2 次の相転移

一般に，温度等の条件を変えることにより，系の性質に根本的な変化が起こる現象を**相転移**と呼ぶ．気体–液体転移，液体–固体転移等が日常でもよく見ることのできる相転移の例である．また，一般に，物質は磁場中では磁場に比例した磁化をもつ（常磁性）が，鉄やコバルト等では，ある温度以下では磁場がなくとも磁化（自発磁化）が発生する（強磁性）．即ち，常磁性–強磁性転移が起こる．

はじめの二つの相転移の特徴は，系の状態が不連続に変わることである．例えば，気体–液体転移では，密度は不連続に変わり，中間の密度の状態は存在しない．また，潜熱が存在し，2 相共存の状態が存在するのも特徴である．気体

から熱を奪うと温度は下がるが，沸点に達すると一部は液体になりはじめ，熱を奪い続けても，全体が液体になるまでは温度は下がらない．これは，液体–固体転移でも同じである．このような相転移を**1次の相転移**と呼ぶ．

これに対して，常磁性–強磁性転移の場合には，温度を下げてゆき転移温度になると試料全体が強磁性になり，2相共存の状態は存在しない．また，潜熱も存在しない．このような相転移は，**2次の相転移**と呼ばれる．

実験によれば，超伝導状態への転移は2次の相転移である．試料の温度を下げてゆき，臨界温度に達すると試料全体が超伝導の状態になり，2相共存の状態も潜熱もない（ただし，磁場中では，1次相転移となる．9.4.3項を参照）．

■ 9.3　ロンドン方程式

■ 9.3.1　マイスナー効果とロンドン方程式

マイスナー効果の項で，超伝導状態にある金属の内部では磁束密度は0であると書いたが，金属の表面で磁束密度が不連続的に0になるわけではない．実際，磁束密度 $\boldsymbol{B}(\boldsymbol{r})$ が不連続であるとすると，電磁場や電流が時間によらないとすれば，マクスウェル方程式

$$\mathrm{rot}\boldsymbol{B}(\boldsymbol{r}) = \mu_0 \boldsymbol{j}(\boldsymbol{r}) \tag{9.2}$$

が成り立たなければならず，電流密度が無限大にならなければならない．

実験でも試料の表面近くでは磁束密度が0ではないことが観測されている．その深さ（**侵入長**）は，例えば，スズでは50 nmである[5),*1]．磁束密度が0でなければ，表面には式(9.2)から決まる電流が流れているはずである．要するに，試料の内部で磁束密度が0であるということは，試料の表面に流れる電流が作る磁束密度が，加えられた磁場によるものを打ち消すのである．

このようなことが起こるからには，式(9.2)の他に，超伝導に特有な磁束密度と電流の関係があるはずである．以下では，この関係を推測してみよう．

9.2節では，超伝導は単に電子の散乱がない状態とは異なる，と述べたが，まずは，そのような状態から出発する．電子が全く自由に動けるとすれば，電場

---

*1　侵入長は，温度と不純物の量に依存する．この値は，純粋なスズの0Kにおける値である．

$\boldsymbol{E}(\boldsymbol{r},t)$ のもとでの，$\boldsymbol{r}$ にいる電子の速度 $\boldsymbol{v}(\boldsymbol{r},t)$ は

$$\frac{\partial \boldsymbol{v}(\boldsymbol{r},t)}{\partial t} = -\frac{e}{m_{\mathrm{e}}}\boldsymbol{E}(\boldsymbol{r},t) \tag{9.3}$$

に従う．ここで，m_{e} は電子の質量である．電子の密度（場所によらないとする）を n_{e} と書くと，電流密度は $\boldsymbol{j}(\boldsymbol{r},t) = -n_{\mathrm{e}}e\boldsymbol{v}(\boldsymbol{r},t)$ であるから

$$\Lambda \equiv \frac{m_{\mathrm{e}}}{n_{\mathrm{e}}e^2} \tag{9.4}$$

と書くと

$$\Lambda\frac{\partial \boldsymbol{j}(\boldsymbol{r},t)}{\partial t} = \boldsymbol{E}(\boldsymbol{r},t) \tag{9.5}$$

が成り立つ．

この式から電流密度と磁束密度の関係を導くためには，マクスウェル方程式の一つ

$$\mathrm{rot}\boldsymbol{E}(\boldsymbol{r},t) = -\frac{\partial \boldsymbol{B}(\boldsymbol{r},t)}{\partial t} \tag{9.6}$$

を利用する．すなわち，式 (9.5) の両辺のローテーションをとると

$$\Lambda\frac{\partial}{\partial t}\mathrm{rot}\boldsymbol{j}(\boldsymbol{r},t) = -\frac{\partial \boldsymbol{B}(\boldsymbol{r},t)}{\partial t} \tag{9.7}$$

が得られる．ここで，時間に関する微分とローテーションを入れ替えた．

この式からは，初期条件，すなわち，ある時刻における磁束密度と電流密度が与えられなければ両者の関係は決まらない．実験によれば，磁場中の超伝導の状態は履歴にはよらないので，これらの関係は初期条件にはよらないはずである．それを考えに入れれば，上の式よりも，むしろ

$$\Lambda\,\mathrm{rot}\boldsymbol{j}(\boldsymbol{r},t) = -\boldsymbol{B}(\boldsymbol{r},t) \tag{9.8}$$

が成り立っていると考えるべきである．この議論はいささか強引ではあるが，簡単な法則が成り立つとすれば，もっともらしい関係である．式 (9.7) から (9.8) へと飛躍したところで，最初の自由な電子のモデルからは離れてしまったことに注意していただきたい．

この方程式を示唆したのは，2 人のロンドン（F. London，H. London）であるので，上の方程式は**ロンドン方程式**と呼ばれる[6)]．

9.3.2 ロンドン方程式の解

ロンドン方程式 (9.8) とマクスウェル方程式 (9.6) を組み合わせて実際に実験で観測された磁束密度や電流の振舞を再現できれば，我々の推測が正しかったことになる．問題は，試料の内部で磁束密度が 0 であることと侵入長の大きさが正しく再現できるか，等である．

話を簡単にするために，侵入長に比べて十分大きい試料のモデルとして，$x<0$ は真空で，$x \geq 0$ には試料があるとする（図 9.1）．

試料が z 方向の大きさ H の磁場中におかれた場合を考えて，$x<0$ での磁束密度は

$$\boldsymbol{B}(\boldsymbol{r}) = (0, 0, \mu_0 H) \tag{9.9}$$

であるとする．試料中，すなわち $x \geq 0$ でも磁束密度は z 軸に平行で，その大きさは表面からの距離にしかよらないはずであるから

$$\boldsymbol{B}(\boldsymbol{r}) = (0, 0, B(x)) \tag{9.10}$$

と書ける．したがって，式 (9.2)，(9.8) と公式 $\mathrm{rot}\,\mathrm{rot} = \mathrm{grad}\,\mathrm{div} - \Delta$ を使うと

$$\lambda_{\mathrm{L}}^2 \frac{d^2}{dx^2} B(x) = B(x) \tag{9.11}$$

$$\lambda_{\mathrm{L}} \equiv \sqrt{\frac{\Lambda}{\mu_0}} \tag{9.12}$$

を得る．

試料の表面では，磁束密度の値は $\mu_0 H$ でなければならないから，上の方程式の解は

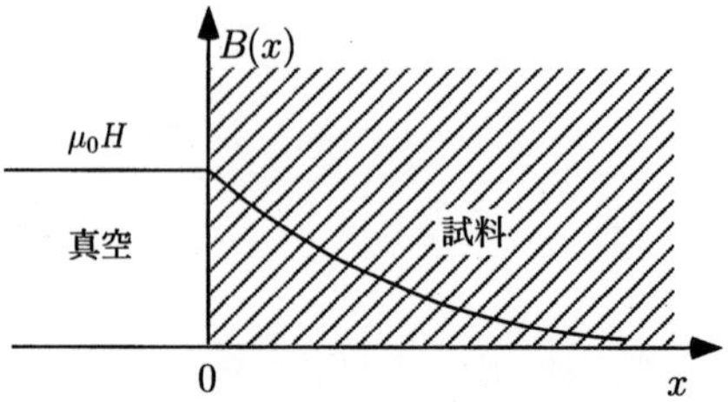

図 9.1　超伝導状態の試料内部での磁束密度

$$B(x) = \mu_0 H e^{-x/\lambda_L} \tag{9.13}$$

である．試料の内部にゆくに従って増大する解は，当然，捨てなくてはならない．この解を見ればわかるように，磁束密度は λ_L 程度までは試料の内部に侵入するので，λ_L を侵入長とみなすことができる．そこで，この侵入長が実験で得られた値を再現するか，が問題である．式 (9.4) から，$\epsilon_0\mu_0 = c^{-2}$ であることを使うと，λ_L は

$$\lambda_L = \sqrt{\frac{m_e c^2 \epsilon_0}{e^2 n_e}} = \sqrt{\frac{m_e c^2}{8\pi}\frac{8\pi\epsilon_0 a_B}{e^2}\frac{1}{a_B n_e}} \tag{9.14}$$

のように書ける．ここで，a_B はボーア半径である．電子の静止エネルギー $m_e c^2$ は 0.511 Mev，水素原子の束縛エネルギー $e^2/(8\pi\epsilon_0 a_B)$ は 13.6 eV であることから

$$\lambda_L = \frac{38.7}{\sqrt{a_B n_e}} = \frac{2.04}{\sqrt{a_B^3 n_e}} \mathrm{nm} \tag{9.15}$$

を得る．

スズの侵入長の実験値は，9.3.1 項で述べたように，50 nm である[5)]．スズの n_e を決めるのは，少々難しい．スズのバンド構造は複雑で，式 (9.8) の導出の際に仮定した自由電子モデルをあてはめるのは，あまりよい近似にはならないと考えられるからである[*1]．それでも，スズは 4 価の物質であるから，伝導電子を 1 原子当たり 4 個として n_e を計算すると，$n_e = 1.45 \times 10^{29}\mathrm{m}^{-3}$ となり[7)]，$\lambda_L = 13.9\,\mathrm{nm}$ を得る．この値は，実験値の数分の 1 ではあるが，大胆な推論から導いたにしては，ロンドン方程式 (9.8) はなかなかよい値を与えると考えるべきであろう．読者は，バンド構造の単純な物質で比べればよいではないかと考えるかもしれないが，そのような金属（例えば，アルカリ金属）は超伝導にはならないのである．また，ピパード（A.B. Pippard）によれば，ロンドン方程式は近似的にのみ成り立つものである[5)]．

[*1] スズには，白色スズ（金属），灰色スズ（半導体）と呼ばれる 2 種類の結晶構造があり，超伝導になるのは白色スズである．熱力学的には 13.2°C 以下では灰色スズが安定であるが，十分低温では，固体–固体相転移は簡単には起こらない．

9.3.3 ロンドン方程式の意味

9.3.1 項では，ロンドン方程式を電磁気学と古典力学だけから導いたが，ここでは，この方程式に量子力学的な考察を加えよう．

まず，量子力学では，磁束密度の影響はベクトル・ポテンシャルを使って書かれることが多いので，$\boldsymbol{B}(\boldsymbol{r}) = \mathrm{rot}\boldsymbol{A}(\boldsymbol{r})$ として，式 (9.8) の代わりに

$$\boldsymbol{j}(\boldsymbol{r}) = -\frac{\boldsymbol{A}(\boldsymbol{r})}{\Lambda} \quad = -\frac{n_{\mathrm{e}}e^2}{m_{\mathrm{e}}}\boldsymbol{A}(\boldsymbol{r}) \tag{9.16}$$

が成り立っていると考える．もちろん，この式が成り立っていれば，式 (9.8) は成り立つが，逆はいえない．また，この式の左辺は観測可能な量であるのに対して，右辺は任意性のある量である．したがって，この式が成り立つとすれば，$\boldsymbol{A}(\boldsymbol{r})$ はある特別なものでなければならない．例えば，$\mathrm{div}\boldsymbol{j}(\boldsymbol{r}) = 0$ であるから，$\mathrm{div}\boldsymbol{A}(\boldsymbol{r}) = 0$ でなければならない．とにかく，ここでは，式 (9.8) を満たすベクトル・ポテンシャルがあったとしよう*1.

8.5.1 項で議論したように，ベクトル・ポテンシャルがある場合の電子の速度は

$$\hat{\boldsymbol{v}} = \frac{\hat{\boldsymbol{p}} + e\boldsymbol{A}(\boldsymbol{r})}{m_{\mathrm{e}}} \tag{9.17}$$

であるから，電流密度演算子は

$$\hat{\boldsymbol{j}}(\boldsymbol{r}) = -e\sum_{i=1}^{N_{\mathrm{e}}} \frac{\hat{\boldsymbol{p}_i} + e\boldsymbol{A}(\boldsymbol{r}_i)}{m_{\mathrm{e}}}\delta(\boldsymbol{r} - \boldsymbol{r}_i) \tag{9.18}$$

で与えられる*2．ここで，i は電子の番号で，N_{e} は試料中の電子の数である．

話を簡単にするために 0 K の場合を考えるとして，ベクトル・ポテンシャル $\boldsymbol{A}(\boldsymbol{r})$ のもとでの基底状態の波動関数を $\Psi_{\boldsymbol{A}}(\boldsymbol{r}_1, \boldsymbol{r}_2, \cdots, \boldsymbol{r}_{N_{\mathrm{e}}})$ と書く．この波動関数は全電子の状態を表すもので，このように，すべての電子の座標の関数である．この状態での演算子 $\hat{O}$ の期待値を $\langle \boldsymbol{A}|\hat{O}|\boldsymbol{A}\rangle$ と書くと

$$\langle \boldsymbol{A}|\hat{O}|\boldsymbol{A}\rangle = \int\cdots\int \Psi_{\boldsymbol{A}}^{*}\hat{O}\,\Psi_{\boldsymbol{A}} d\boldsymbol{r}_1\, d\boldsymbol{r}_2 \cdots d\boldsymbol{r}_{N_{\mathrm{e}}} \tag{9.19}$$

---

*1 このようなベクトル・ポテンシャルの取り方を，ロンドン・ゲージと呼ぶ．

*2 $\hat{\boldsymbol{p}_i}$ と $\delta(\boldsymbol{r} - \boldsymbol{r}_i)$ は交換しないので，正確には，反交換関係で置き換えなければならない．以下も同じである．

である（$\Psi_{\boldsymbol{A}}$ の変数は省略した）．観測される電流密度は

$$\boldsymbol{j}(\boldsymbol{r}) = \langle \boldsymbol{A}|\hat{\boldsymbol{j}}(\boldsymbol{r})|\boldsymbol{A}\rangle = \boldsymbol{j}_P(\boldsymbol{r}) + \boldsymbol{j}_D(\boldsymbol{r}) \tag{9.20}$$

$$\boldsymbol{j}_P(\boldsymbol{r}) \equiv -\frac{e}{m_{\mathrm{e}}}\sum_i \langle \boldsymbol{A}|\hat{\boldsymbol{p}}_i\delta(\boldsymbol{r}-\boldsymbol{r}_i)|\boldsymbol{A}\rangle \tag{9.21}$$

$$\boldsymbol{j}_D(\boldsymbol{r}) \equiv -\frac{e^2}{m_{\mathrm{e}}}\sum_i \langle \boldsymbol{A}|\boldsymbol{A}(\boldsymbol{r}_i)\delta(\boldsymbol{r}-\boldsymbol{r}_i)|\boldsymbol{A}\rangle \tag{9.22}$$

である．ここで，$\boldsymbol{j}_P(\boldsymbol{r})$，$\boldsymbol{j}_D(\boldsymbol{r})$ は，それぞれ，**常磁性電流**（paramagnetic current），**反磁性電流**（diamagnetic current）と呼ばれる．

まず，$\boldsymbol{j}_D(\boldsymbol{r})$ を計算しよう．

$$\langle \boldsymbol{A}|\boldsymbol{A}(\boldsymbol{r}_i)\delta(\boldsymbol{r}-\boldsymbol{r}_i)|\boldsymbol{A}\rangle = \boldsymbol{A}(\boldsymbol{r})\langle \boldsymbol{A}|\delta(\boldsymbol{r}-\boldsymbol{r}_i)|\boldsymbol{A}\rangle \tag{9.23}$$

で，$\langle \boldsymbol{A}|\delta(\boldsymbol{r}-\boldsymbol{r}_i)|\boldsymbol{A}\rangle$ は i 番目の電子が $\boldsymbol{r}$ にいる確率密度であるから，これを i について加えたものは，電子の密度である．即ち

$$\sum_i \langle \boldsymbol{A}|\boldsymbol{A}(\boldsymbol{r}_i)\delta(\boldsymbol{r}-\boldsymbol{r}_i)|\boldsymbol{A}\rangle = n_{\mathrm{e}}\boldsymbol{A}(\boldsymbol{r}) \tag{9.24}$$

であり

$$\boldsymbol{j}_D(\boldsymbol{r}) = -\frac{n_{\mathrm{e}}e^2}{m_{\mathrm{e}}}\boldsymbol{A}(\boldsymbol{r}) \tag{9.25}$$

となるが，この右辺は，式 (9.16) の右辺と同じである．したがって，式 (9.16) が成り立つとすれば，$\boldsymbol{j}_P(\boldsymbol{r}) = 0$ でなければならない．これから，基底状態に関して何がいえるだろうか．

磁束密度が 0 で，$\boldsymbol{A}(\boldsymbol{r}) = 0$ であれば，電流は流れず $\boldsymbol{j}(\boldsymbol{r}) = \boldsymbol{j}_D(\boldsymbol{r}) = 0$ であるから

$$\boldsymbol{j}_P(\boldsymbol{r}) = -\frac{e}{m_{\mathrm{e}}}\sum_i \langle 0|\hat{\boldsymbol{p}}_i\delta(\boldsymbol{r}-\boldsymbol{r}_i)|0\rangle = 0 \tag{9.26}$$

である．また，式 (9.24) は $\Psi_{\boldsymbol{A}}$ を $\boldsymbol{A}(\boldsymbol{r}) = 0$ の場合の波動関数 Ψ_0 で置き換えても成り立つので，超伝導の状態では，磁束密度がある程度小さければ，基底状態はベクトル・ポテンシャルによって変化を受けない，即ち，$\Psi_{\boldsymbol{A}} = \Psi_0$ であると考えられる．基底状態が変化しないから電流が流れるというのは逆説的であるが，$\Psi_{\boldsymbol{A}}$ が超伝導の状態でなくとも式 (9.24) は成り立つので，この場合に

は，$\boldsymbol{j}_P(\boldsymbol{r})$ が $\boldsymbol{j}_D(\boldsymbol{r})$ を打ち消すように波動関数が変化しているはずである．

以上のように，全く古典力学的な考察から導かれたロンドン方程式からでも，超伝導状態の量子力学的な固有状態を解明する手がかりが得られたことを，よく理解していただきたい．

■ 9.4　ギンズブルグ–ランダウの理論

ロンドン方程式は，一応，マイスナー効果を再現することができて，侵入長に関しても，十分低温では定性的には悪くない値を与えるが，これだけでは超伝導状態の多様な性質を説明することはできない．例えば，実験によれば，侵入長は温度が臨界温度に近づくに従って増大する．これは，式 (9.14) の $n_{\rm e}$ を超伝導を担う電子の密度と解釈して，それが臨界温度に近づくと減少すると理解すれば自然であるが，その関係は別に考えなければならない．また，超伝導の状態は，磁場が臨界磁場を超えると壊れてしまうが，ロンドン方程式にはこの過程は含まれていない．

1950 年にギンズブルグとランダウは，超伝導の微視的なメカニズムがまだ不明であったにもかかわらず，大胆な仮定に基づく理論を提案した．この理論は，上に述べたような現象を取り入れられるという点でロンドン方程式よりもはるかに進歩したものであり，現在でも，多く使われている[*1]．

9.4.1　超伝導状態の自由エネルギー

まず，着眼点は，9.2.4 項で説明したように，超伝導の状態への転移が 2 次の相転移であることである．一般に，2 次の相転移には，**秩序パラメータ**と呼ばれる量が伴う．これは，転移を特徴づける量であり，転移温度以上では 0 で，それ以下では温度の低下とともに増大する．常磁性–強磁性転移では，自発磁化がそれに当たる．

ギンズブルグとランダウは，超伝導の状態の秩序パラメータは超伝導を担う電子の波動関数であると考えた．これを $\Psi(\boldsymbol{r})$ と書くことにする．温度や圧力等と違って，$\Psi(\boldsymbol{r})$ の値を我々が自由に与えることはできない．しかし，$\Psi(\boldsymbol{r})$

*1　多少の修正が必要ではあるが．

が与えられたとしたときの自由エネルギーを考えて，それが最小になるような $\Psi(\boldsymbol{r})$ の値が実現されるものであると考えよう．これは，相転移の理論でよく行われることである．ただし，試料が磁場中にある場合には，磁束密度を与えるベクトル・ポテンシャル $\boldsymbol{A}(\boldsymbol{r})$ のことも考えなくてはならない．ベクトル・ポテンシャルも我々が自由に決めることはできないが，$\Psi(\boldsymbol{r})$ と $\boldsymbol{A}(\boldsymbol{r})$ が与えられたとしたときの自由エネルギー密度を $f_{\mathrm{s}}(T, \Psi(\boldsymbol{r}), \boldsymbol{A}(\boldsymbol{r}))$ と書く[*1]．

試料全体の自由エネルギーは

$$F_{\mathrm{s}}[T; \Psi, \boldsymbol{A}] \equiv \iiint_{V_{\mathrm{t}}} f_{\mathrm{s}}(T, \Psi(\boldsymbol{r}), \boldsymbol{A}(\boldsymbol{r}))\, d\boldsymbol{r} \tag{9.27}$$

で，これは，T の関数であり $\Psi(\boldsymbol{r})$ と $\boldsymbol{A}(\boldsymbol{r})$ の汎関数である．ここで，V_{t} は試料の中での積分を意味するが，試料の体積をも意味するとする．実際には，温度と磁場 $\boldsymbol{H}$ を与えれば，自由エネルギーは決まる．これを，$\bar{F}_{\mathrm{s}}(T, H)$ と書くと，それは，後で説明する適当な境界条件のもとでの $F_{\mathrm{s}}[T; \Psi, \boldsymbol{A}]$ の最小値に等しい．なお，以下では，温度が臨界温度 T_{c} に近いか，磁場が臨界磁場に近く，$\Psi(\boldsymbol{r})$ が十分小さい場合を考える．

まず，簡単な場合として，$H = 0$ の場合を考えよう．磁場がなければ，磁束密度も 0 で，試料に電流は流れない．電流は $\Psi(\boldsymbol{r})$ の微分で決まるので，この場合には $\Psi(\boldsymbol{r})$ は場所によらないはずである．$f_{\mathrm{s}}(T, \Psi(\boldsymbol{r}), 0)$ が $\Psi(\boldsymbol{r})$ に関して展開できるとすれば，$\Psi(\boldsymbol{r})$ の位相にはよらないはずであるから

$$f_{\mathrm{s}}(T, \Psi(\boldsymbol{r}), 0) = f_n(T) + \alpha|\Psi(\boldsymbol{r})|^2 + \frac{\beta}{2}|\Psi(\boldsymbol{r})|^4 + \cdots \tag{9.28}$$

$$f_n(T) \equiv f_{\mathrm{s}}(T, 0, 0) \tag{9.29}$$

の形に書けると考えるのが自然である．ここで，$f_n(T)$ は $\Psi(\boldsymbol{r}) = 0$ の場合の自由エネルギー密度であるから，常伝導の状態にあったとした場合の自由エネルギー密度である．常伝導の状態では，自由エネルギーはほとんど磁場によらないのでその磁場依存性は無視する[*2]．

当然，$F_{\mathrm{s}}[T; \Psi, 0] = V_{\mathrm{t}} f_{\mathrm{s}}(T, \Psi(\boldsymbol{r}), 0)$ であるが，その最小値を与える $\Psi(\boldsymbol{r})$ を

[*1] 正確には，$\Psi(\boldsymbol{r})$ と $\boldsymbol{A}(\boldsymbol{r})$ の微分の関数でもあるが，煩わしいので書かないことにする．

[*2] 自由エネルギーが磁場によって無視できない程度変化するためには，$\hbar\omega_{\mathrm{c}}$（ω_{c} はサイクロトロン振動数）がフェルミ・エネルギー程度になることが必要である．

Ψ_m と書くと，臨界温度以上では $\Psi_m = 0$ で，以下では $\Psi_m \neq 0$ でなければならない．展開の 6 次以上は無視するとして，このような振舞が自然な形で得られるための一番簡単な仮定は，β は温度に依存せず，$T < T_{\rm c}$，$T > T_{\rm c}$ でそれぞれ $\alpha < 0$，$\alpha > 0$ となっていることである．そうであれば，$T < T_{\rm c}$ では

$$|\Psi_m| = \sqrt{\frac{|\alpha|}{\beta}} \tag{9.30}$$

で，実現される自由エネルギーの値は

$$\bar{F}_{\rm s}(T,0) = V_{\rm t}\left\{f_n(T) - \frac{\alpha^2}{2\beta}\right\} \tag{9.31}$$

である．

さらに，以後 α を $\alpha(T)$ と書くとして

$$\alpha(T) = a(T - T_{\rm c}), \quad (a > 0) \tag{9.32}$$

の形を仮定する．この温度依存性が臨界磁場の温度依存性に矛盾しないことは，以下のように示すことができる．

まず

$$\bar{F}_{\rm s}(T,0) = V_{\rm t}\left\{f_n(T) - \frac{\mu_0 H_{\rm c}^2(T)}{2}\right\} \tag{9.33}$$

であることを示そう．

試料が大きさ H の磁場中に置かれると，$H < H_{\rm c}(T)$ であれば，表面の近くを除いて，試料の中では磁束密度は 0 である．これは，表面電流が $\mu_0 H$ と同じ大きさで逆向きの磁束密度を作っているからであり，そのエネルギー密度は $\mu_0 H^2/2$ である．また，電子の状態は，表面付近を除けば磁場のないときと同じであるから，試料が十分に大きいとすれば

$$\bar{F}_{\rm s}(T,H) = \bar{F}_{\rm s}(T,0) + V_{\rm t}\frac{\mu_0 H^2}{2} \tag{9.34}$$

である．超伝導から常伝導の状態になるのは磁場中の常伝導状態の自由エネルギーが $\bar{F}_{\rm s}(T,H)$ より小さくなるときである．常伝導の状態では自由エネルギーは磁場にほとんどよらないので，臨界磁場のもとでは

$$V_t f_n(T) = \bar{F}_s(T, H_c(T)) \tag{9.35}$$

が成り立ち，式 (9.34) から式 (9.33) が得られる．これを式 (9.31) と比べると

$$H_c(T) = \frac{|\alpha(T)|}{\sqrt{\mu_0 \beta}} \tag{9.36}$$

であり，(9.32) と比べれば

$$H_c(T) \propto T_c - T \tag{9.37}$$

となって，T が T_c に十分近ければ，式 (9.1) の温度依存性と矛盾しない．

上の議論では，試料が侵入長に比べて非常に大きいとして試料全体の自由エネルギーの比較を行った．相転移の条件は試料全体のエネルギーによって決まるので，それでよいのであるが，磁場がある場合に，試料の表面の近くでの $\Psi(\boldsymbol{r})$ の振舞を議論しなければ，マイスナー効果は導けない．電流が流れている場合には，$\Psi(\boldsymbol{r})$ は場所に依存するはずであり，それに伴って運動エネルギーが生ずるはずである．ギンズブルグとランダウは，運動エネルギーとして

$$\frac{|\{\hat{\boldsymbol{p}} + e^* \boldsymbol{A}(\boldsymbol{r})\}\Psi(\boldsymbol{r})|^2}{2m_e} \tag{9.38}$$

の形を仮定した．彼らによれば，電荷 e^* が電子のそれと異なる理由はない，としているが，後のミクロな理論による導出によれば，この電荷は $2e$ でなければならない[8)]．これは，超伝導の本質は，2 個の電子が対になって運動していることによる．したがって，以後は，$e^* = 2e$ とする[*1]．

以上の考察から，自由エネルギー密度として

$$f_s(T, \Psi(\boldsymbol{r}), \boldsymbol{A}(\boldsymbol{r})) = f_n(T) + \alpha(T)|\Psi(\boldsymbol{r})|^2 + \frac{\beta}{2}|\Psi(\boldsymbol{r})|^4 + \frac{|\{\hat{\boldsymbol{p}} + 2e\boldsymbol{A}(\boldsymbol{r})\}\Psi(\boldsymbol{r})|^2}{2m_e} + \frac{(\mathrm{rot}\boldsymbol{A}(\boldsymbol{r}))^2}{2\mu_0} \tag{9.39}$$

の形を仮定するのは十分にもっともらしい．最後の項は，磁束密度のエネルギー

[*1] 電子が対になっているならば，質量も 2 倍にすべきではないか，と思うかもしれないが，これは，$\Psi(\boldsymbol{r})$ の規格化の問題である．Gor'kov は，電荷以外の修正が必要ないように，規格化定数を決めたようである．

であるが，これは，式 (9.34) との関係が紛らわしいので，一言注意しておく (ギンズブルグ–ランダウの原論文の表記も紛らわしい)．式 (9.39) では，試料の中ではほとんどの場所で磁束密度は 0 であるので，最後の項が式 (9.34) の右辺の第 2 項に直接対応しているわけではない．

9.4.2 ギンズブルグ–ランダウ方程式

以下では，式 (9.39) の形を仮定して，適当な境界条件のもとで式 (9.27) の $F_\mathrm{s}[T;\Psi,\boldsymbol{A}]$ を最小にするような $\Psi(\boldsymbol{r})$，$\boldsymbol{A}(\boldsymbol{r})$ を求めよう．ただし，いきなりこれらを求めるわけにはいかず，これらに対する方程式の形で得られる．

まず，式 (9.39) の右辺の第 2，3 項を積分したものの $\Psi^*(\boldsymbol{r})$ に関する変分を δI_1 と書くと[*1]

$$\delta I_1 = \iiint_{V_\mathrm{t}} \delta\Psi^*(\boldsymbol{r})\{\alpha(T)\Psi(\boldsymbol{r}) + \beta\Psi^*(\boldsymbol{r})\Psi^2(\boldsymbol{r})\}d\boldsymbol{r} \tag{9.40}$$

となる．

次に，式 (9.39) の右辺の第 4 項の分子を積分したものの変分は

$$\begin{aligned}&\iiint_{V_\mathrm{t}} \{\hat{\boldsymbol{p}}\delta\Psi(\boldsymbol{r})\}^* \cdot \{\hat{\boldsymbol{p}} + 2e\boldsymbol{A}(\boldsymbol{r})\}\Psi(\boldsymbol{r})\,d\boldsymbol{r} \\ &\quad + \iiint_{V_\mathrm{t}} \delta\Psi^*(\boldsymbol{r})\{2e\boldsymbol{A}(\boldsymbol{r})\} \cdot \{\hat{\boldsymbol{p}} + 2e\boldsymbol{A}(\boldsymbol{r})\}\Psi(\boldsymbol{r})\,d\boldsymbol{r}\end{aligned} \tag{9.41}$$

である．この式の第 1 項，第 2 項をそれぞれ δI_2，δI_3 と書くと，δI_2 は $\delta\Psi^*(\boldsymbol{r})$ の微分を含むので特別な取扱いが必要である．

まず，ガウスの定理により，S を試料の表面とすると

$$\begin{aligned}&i\hbar\iiint_{V_\mathrm{t}} \mathrm{div}\{\delta\Psi(\boldsymbol{r})^*(\hat{\boldsymbol{p}} + 2e\boldsymbol{A}(\boldsymbol{r}))\Psi(\boldsymbol{r})\}d\boldsymbol{r} \\ &= i\hbar\iint_\mathrm{S} \delta\Psi(\boldsymbol{r})^*(\hat{\boldsymbol{p}} + 2e\boldsymbol{A}(\boldsymbol{r}))\Psi(\boldsymbol{r}) \cdot d\boldsymbol{s}\end{aligned} \tag{9.42}$$

が成り立つ．一方この式の左辺は

$$\delta I_2 - \iiint_{V_\mathrm{t}} \delta\Psi^*(\boldsymbol{r})\hat{\boldsymbol{p}} \cdot (\hat{\boldsymbol{p}} + 2e\boldsymbol{A}(\boldsymbol{r}))\Psi(\boldsymbol{r})\,d\boldsymbol{r} \tag{9.43}$$

[*1] 第 2 章 2.5.1 項で述べたように，$\Psi^*(\boldsymbol{r})$ が $\Psi(\boldsymbol{r})$ と独立であるかのように変分をとるのはインチキであるが，結果オーライである．

と書ける．したがって

$$\delta I_2 = \iiint_{V_t} \delta\Psi^*(\boldsymbol{r})\hat{\boldsymbol{p}}\cdot(\hat{\boldsymbol{p}}+2e\boldsymbol{A}(\boldsymbol{r}))\Psi(\boldsymbol{r})\,d\boldsymbol{r} + i\hbar\iint_S \delta\Psi(\boldsymbol{r})^*(\hat{\boldsymbol{p}}+2e\boldsymbol{A}(\boldsymbol{r}))\Psi(\boldsymbol{r})\cdot d\boldsymbol{s} \tag{9.44}$$

を得る．

以上から，$F_s[T;\Psi,\boldsymbol{A}]$ の $\Psi(\boldsymbol{r})^*$ に関する変分は

$$\delta F_s[T;\Psi,\boldsymbol{A}]_{\Psi^*} = \iiint_{V_t} \delta\Psi^*(\boldsymbol{r})\{\alpha(T)\Psi(\boldsymbol{r}) + \beta\Psi^*(\boldsymbol{r})\Psi^2(\boldsymbol{r}) + \frac{(\hat{\boldsymbol{p}}+2e\boldsymbol{A}(\boldsymbol{r}))^2\Psi(\boldsymbol{r})}{2m_e}\}d\boldsymbol{r} + i\hbar\iint_S \delta\Psi(\boldsymbol{r})^*\frac{(\hat{\boldsymbol{p}}+2e\boldsymbol{A}(\boldsymbol{r}))\Psi(\boldsymbol{r})}{2m_e}\cdot d\boldsymbol{s} \tag{9.45}$$

であることがわかる．

ここで，$\Psi(\boldsymbol{r})$ の境界条件について考えよう．これは，超伝導を担う電子の波動関数であるから，試料の表面では 0 になるべきであると考えたくなるが，そうではない．もしそうであれば，磁場のない場合の $\Psi(\boldsymbol{r})$ が場所によらないという解が成立しなくなってしまう．電子の波動関数を原子の大きさの程度の距離で見れば，表面では 0 になっているはずであるが，$\Psi(\boldsymbol{r})$ は波動関数を原子の大きさ程度よりは大きく，超伝導における特徴的な長さ（例えば，侵入長）よりは小さい領域で平均したものと考えるべきである．実際，熱力学的な関数である $F_s[T;\Psi,\boldsymbol{A}]$ に現れるものは，このような，ある程度マクロな量であるべきである．したがって，$\Psi(\boldsymbol{r})$ の値は，試料表面でも自由にとれるとしよう．そうすると，$\delta F_s[T;\Psi,\boldsymbol{A}]_{\Psi^*}=0$ から，試料の中では

$$\alpha(T)\Psi(\boldsymbol{r}) + \beta\Psi^*(\boldsymbol{r})\Psi^2(\boldsymbol{r}) + \frac{(\hat{\boldsymbol{p}}+2e\boldsymbol{A}(\boldsymbol{r}))^2\Psi(\boldsymbol{r})}{2m_e} = 0 \tag{9.46}$$

試料の表面では

$$(\hat{\boldsymbol{p}}+2e\boldsymbol{A}(\boldsymbol{r}))_n\Psi(\boldsymbol{r}) = 0 \tag{9.47}$$

という方程式を得る．ただし，添字の n は，表面に垂直な成分を表す．これらの方程式は，**ギンズブルグ–ランダウ方程式**と呼ばれる．

次に，$F_{\mathrm{s}}[T;\Psi,\boldsymbol{A}]$ の $\boldsymbol{A}(\boldsymbol{r})$ に関する変分を考えよう．まず，$(\mathrm{rot}\boldsymbol{A}(\boldsymbol{r}))^2$ を積分したものの $A_z(\boldsymbol{r})$ に関する変分をとると

$$\delta\iiint_{V_{\mathrm{t}}}(\mathrm{rot}\boldsymbol{A})^2 d\boldsymbol{r} = 2\iiint_{V_{\mathrm{t}}}\frac{\partial\delta A_z}{\partial y}\left(\frac{\partial A_z}{\partial y}-\frac{\partial A_y}{\partial z}\right)d\boldsymbol{r} + 2\iiint_{V_{\mathrm{t}}}\frac{\partial\delta A_z}{\partial x}\left(\frac{\partial A_z}{\partial x}-\frac{\partial A_x}{\partial z}\right)d\boldsymbol{r} \quad (9.48)$$

となる．なお，ここでは，$\boldsymbol{A}(\boldsymbol{r})$ の変数は省略する．この式の右辺は，部分積分により

$$-2\iiint_{V_{\mathrm{t}}}\delta A_z\left\{\frac{\partial^2 A_z}{\partial x^2}+\frac{\partial^2 A_z}{\partial y^2}-\frac{\partial}{\partial z}\left(\frac{\partial A_x}{\partial x}+\frac{\partial A_y}{\partial y}\right)\right\}d\boldsymbol{r} \quad (9.49)$$

となるが，これは，$\mathrm{div}\boldsymbol{A}(\boldsymbol{r})=0$ を使うと

$$-2\iiint_{V_{\mathrm{t}}}\delta A_z\Delta A_z d\boldsymbol{r} \quad (9.50)$$

となることがわかる．なお，部分積分により表面積分が生ずるが，$\boldsymbol{A}(\boldsymbol{r})$ は試料の外と連続的につながらなければならないので表面では自由度はなく，$\delta\boldsymbol{A}(\boldsymbol{r})=0$ である．

同様に，$A_x(\boldsymbol{r})$，$A_y(\boldsymbol{r})$ についても変分をとれば

$$\delta\iiint_{V_{\mathrm{t}}}(\mathrm{rot}\boldsymbol{A})^2 d\boldsymbol{r} = -2\iiint_{V_{\mathrm{t}}}\delta\boldsymbol{A}(\boldsymbol{r})\cdot\Delta\boldsymbol{A}(\boldsymbol{r})d\boldsymbol{r} \quad (9.51)$$

となる．

したがって，式 (9.39) の右辺の第 4 項を積分したものの変分を合わせると，$F_{\mathrm{s}}[T;\Psi,\boldsymbol{A}]$ の $\boldsymbol{A}(\boldsymbol{r})$ に関する変分は

$$\delta F_{\mathrm{s}}[T;\Psi,\boldsymbol{A}]_A = -\iiint_{V_{\mathrm{t}}}\delta\boldsymbol{A}(\boldsymbol{r})\cdot\left[\frac{\Delta\boldsymbol{A}(\boldsymbol{r})}{\mu_0}+\boldsymbol{j}(\boldsymbol{r})\right]d\boldsymbol{r} \quad (9.52)$$

$$\boldsymbol{j}(\boldsymbol{r}) \equiv -\frac{e}{m_{\mathrm{e}}}[\Psi(\boldsymbol{r})^*\{\hat{\boldsymbol{p}}+2e\boldsymbol{A}(\boldsymbol{r})\}\Psi(\boldsymbol{r})+\mathrm{c.c.}] \quad (9.53)$$

となる．ここで，c.c. は複素共役を表す．したがって，$\delta F_{\mathrm{s}}[T;\Psi,\boldsymbol{A}]_A=0$ から

$$-\Delta\boldsymbol{A}(\boldsymbol{r}) = \mathrm{rot}\boldsymbol{B}(\boldsymbol{r}) = \mu_0\boldsymbol{j}(\boldsymbol{r}) \quad (9.54)$$

を得るが，アンペールの法則から $\boldsymbol{j}(\boldsymbol{r})$ は電流密度であるといえる．当然，その定義からもっともらしい結果である．

9.4.3 ギンズブルグ–ランダウ方程式の解

試料が超伝導の状態にあるときの電流や磁場の分布は，式 (9.46)，(9.54) を式 (9.47) の境界条件のもとで解けば得られる．ただし，このような非線形微分方程式を解くのは簡単ではない．そこで，方程式の簡単化を試みる．

まず，$\boldsymbol{A}(\boldsymbol{r})$ を適当にとれば，$\Psi(\boldsymbol{r})$ は実数になることを示す．ある $\boldsymbol{A}(\boldsymbol{r})$ に対して，方程式を満たす $\Psi(\boldsymbol{r})$ が複素数であったとして

$$\Psi(\boldsymbol{r}) = |\Psi(\boldsymbol{r})|\mathrm{e}^{i\phi(\boldsymbol{r})} \tag{9.55}$$

の形に書く．式 (9.46)，(9.54)，(9.47) および (9.53) では，$\Psi(\boldsymbol{r})$ の微分はすべて $(\hat{\boldsymbol{p}} + 2e\boldsymbol{A}(\boldsymbol{r}))\Psi(\boldsymbol{r})$ という形になっているが

$$(\hat{\boldsymbol{p}} + 2e\boldsymbol{A}(\boldsymbol{r}))\Psi(\boldsymbol{r}) = \mathrm{e}^{i\phi(\boldsymbol{r})}(\hat{\boldsymbol{p}} + \hbar\nabla\phi(\boldsymbol{r}) + 2e\boldsymbol{A}(\boldsymbol{r}))|\Psi(\boldsymbol{r})| \tag{9.56}$$

であるから，$\boldsymbol{A}(\boldsymbol{r})$ を $\boldsymbol{A}(\boldsymbol{r}) - \hbar\nabla\phi(\boldsymbol{r})/(2e)$ で置き換えれば，$\Psi(\boldsymbol{r})$ を $|\Psi(\boldsymbol{r})|$ で置き換えてよい．これは，いわゆるゲージ変換で，磁束密度 $B(\boldsymbol{r})$ には影響を与えない．

以後は，$\Psi(\boldsymbol{r})$ を実数とすると，式 (9.53) は

$$\boldsymbol{j}(\boldsymbol{r}) = -\frac{4e^2}{m_{\mathrm{e}}}\boldsymbol{A}(\boldsymbol{r})\Psi^2(\boldsymbol{r}) \tag{9.57}$$

となり，ロンドン方程式 (9.16) の形になる．

次に，9.3.2 項と同じ場合を考える．即ち，$x < 0$ は真空で，$x \geq 0$ には試料があり，大きさ H の磁場が z 方向に加えられている．この場合，電流は y 方向に流れるので，式 (9.57) から，$\boldsymbol{A}(\boldsymbol{r})$ も y 方向を向いていなければならない．また，$A_y(\boldsymbol{r})$ が y に依存すると $\mathrm{div}\boldsymbol{A}(\boldsymbol{r}) = 0$ に反するし，z に依存すれば磁束密度が x 成分をもってしまうので

$$\boldsymbol{A}(\boldsymbol{r}) = (0, A(x), 0) \tag{9.58}$$

の形でなければならない．また，$\Psi(\boldsymbol{r})$ も位相の自由度がなければ x のみに依存するはずであるから，$\Psi(\boldsymbol{r}) = \Psi(x)$ と書く．

以上のことから，式 (9.46)，(9.54) は

$$\left\{\alpha(T) + \beta\Psi^2(x) - \frac{\hbar^2}{2m_{\rm e}}\frac{d^2}{dx^2} + \frac{2e^2A^2(x)}{m_{\rm e}}\right\}\Psi(x) = 0 \tag{9.59}$$

$$\frac{d^2}{dx^2}A(x) = \frac{4e^2\mu_0}{m_{\rm e}}A(x)\Psi^2(x) \tag{9.60}$$

の形となる．境界条件（式 (9.47)）は

$$\left.\frac{d}{dx}\Psi(x)\right|_{x=0} = 0 \tag{9.61}$$

となる．また，試料表面での磁束密度の連続性の条件は

$$\mu_0 H = \left.\frac{dA(x)}{dx}\right|_{x=0} \tag{9.62}$$

である．

これだけ簡略化してもこれらの方程式を解くのは簡単ではないが，臨界温度以下で磁場が十分に弱い場合を考えよう．式 (9.59) で $A(x)$ を無視すれば

$$\Psi(x) = \Psi_m \equiv \sqrt{\frac{|\alpha(T)|}{\beta}} \tag{9.63}$$

という解が存在する．したがって，式 (9.60)，(9.62) から

$$A(x) = -\mu_0 H\lambda_L {\rm e}^{-x/\lambda_{\rm L}} \tag{9.64}$$

$$\lambda_L \equiv \sqrt{\frac{m_{\rm e}}{4e^2\mu_0\Psi_m^2}} \tag{9.65}$$

を得る．ただし，$A(\infty) = 0$ とした．

ここで，式 (9.59) で $A(x)$ を無視できる条件は

$$\frac{2e^2A^2(x)}{m_{\rm e}} \ll |\alpha(T)| \tag{9.66}$$

であるが，式 (9.36)，(9.63)～(9.65) から，この条件は

$$\frac{H^2}{H_{\rm c}^2(T)} \ll 1 \tag{9.67}$$

と同じであることが容易にわかる．したがって，臨界磁場より十分小さい磁場

のもとでは，式 (9.16) の形のロンドン方程式は正しいことがわかる．

磁場が臨界磁場に比べて無視できない場合には，$\Psi(x)$ が x に依存するので，簡単な解は存在しない．また，磁場の x 依存性も，単純な指数関数にはならない．ただし，次の 9.4.4 項で定義する物質に固有のパラメータ κ が 1 に比べて十分小さい場合には，臨界磁場中でも $\Psi(x)$ がほとんど場所に依存しない解が存在する．詳しくは，文献 3) を参照していただきたい．

磁場が臨界磁場より大きくなるとギンズブルグ–ランダウ方程式の解が存在しなくなるわけではない．解は存在するが，自由エネルギーが常伝導状態のものより大きくなってしまうのである．したがって，磁場中で試料の温度を上げてゆき，$H_{\mathrm{c}}(T)$ が磁場と等しくなると，0 でない $\Psi(\boldsymbol{r})$ をもった状態から，常伝導状態に転移する．この場合の転移は 1 次転移であり，2 相共存状態も潜熱も存在する．

9.4.4　第 2 種の超伝導体

ギンズブルグ–ランダウの論文には，試料の表面以外でも $\Psi(\boldsymbol{r})$ が場所に依存する解が存在する可能性が示してある．式 (9.59) で，$\Psi(x)$ が十分に小さい解があるとして，3 次の項を無視する．また，$\Psi(x)$ が小さければ電流も小さいので，それが作る磁束密度も小さく，試料の中でも磁束密度は $B(x) = \mu_0 H$ であるとする．そうすると，x_0 は適当な値をとるとして，式 (9.59) は

$$\left\{-\frac{\hbar^2}{2m_{\mathrm{e}}}\frac{d^2}{dx^2} + \frac{2e^2\mu_0^2 H^2 (x-x_0)^2}{m_{\mathrm{e}}}\right\}\Psi(x) = |\alpha(T)|\Psi(x) \tag{9.68}$$

となる．これは，バネ定数 $4(e\mu_0 H)^2/m_{\mathrm{e}}$ の調和振動子のシュレディンガー方程式の形で，磁場の大きさが

$$|\alpha(T)| = \frac{2\hbar e\mu_0 H}{m_{\mathrm{e}}}(n+\frac{1}{2}), \quad (n = 0, 1, 2, \cdots) \tag{9.69}$$

を満たせば，正常な解（$x = \pm\infty$ で無限大にならない）が存在する．この条件は，式 (9.36) から

$$\frac{H}{H_{\mathrm{c}}(T)} = \frac{\sqrt{2}\kappa}{2n+1} \tag{9.70}$$

$$\kappa \equiv \frac{m_e}{e\hbar}\sqrt{\frac{\beta}{2\mu_0}} \tag{9.71}$$

と書ける．定数 κ は物質特有の温度に依存しない定数であるが，$\kappa > 1/\sqrt{2}$ であれば，$H > H_c(T)$ で上の条件を満たす磁場が存在する．文献 3) では，著者たちは，$\kappa > 1/\sqrt{2}$ であるような物質は見つかっていない，としてこの解をこれ以上考察していないが，実は，これは大きな発見であった．

アブリコソフ (A.A. Abrikosov) は，この問題を注意深く考察して，$\kappa > 1/\sqrt{2}$ の場合，式 (9.46) の $\Psi(\boldsymbol{r})$ の非線形項やベクトル・ポテンシャルの $\boldsymbol{r}$ 依存性を考慮すれば，ある磁場の範囲 $H_{c1}(T) < H < H_{c2}(T)$ （$H_{c1}(T) < H_c(T) < H_{c2}(T)$） で，$\Psi(\boldsymbol{r})$ と磁束密度が 2 次元的に周期的な構造をなす状態が存在することを示した[9]．このような状態を**混合状態**（mixed state）と呼ぶ[*1]．混合状態でも $\Psi(\boldsymbol{r}) \neq 0$ である以上は電気抵抗は 0 であるので，実用的には非常に重要である．混合状態が実現するような物質を**第 2 種超伝導体**と呼ぶ．混合状

図 9.2 混合状態における磁場に垂直な面内での $|\Psi(\boldsymbol{r})|^2$ の空間的変化（理論的予想）数値は，最大値（三角形の中心でとる）に対する比で，円の中心では 0 である（文献 10) より）．

[*1] これに対して，試料の表面以外では磁束密度が 0 で $\Psi(\boldsymbol{r})$ が場所によらない状態を純粋状態 (pure state) と呼ぶ．

態での $|\Psi(\boldsymbol{r})|^2$ の空間的変化（理論的予想）を図 9.2 に示す．磁束密度は，円の中心では最大になっている．この点のまわりには磁束密度を打ち消すような電流が流れていて，磁束密度は，中心を離れると急速に小さくなる．これを，磁束の糸のようだ，というので，**渦糸**（vortex line）と呼ぶ．また，このような 2 次元的周期構造を**アブリコソフ構造**（Abrikosov structure），または，**渦糸構造**（vortex structure）と呼ぶ．格子の大きさは，$\lambda_{\rm L}/\kappa$ の程度である．これは，次のように理解できる．

式 (9.68)，(9.69) で，$n = 0$ の解は

$$\Psi(x) \propto \mathrm{e}^{-(x-x_0)^2/l^2} \tag{9.72}$$

$$l \equiv \sqrt{\frac{\hbar}{2e\mu_0 H}} \tag{9.73}$$

の形である．格子構造は，このような解を重ね合わせて作るので，格子の間隔も l 程度となる．磁場が $H_{\rm c2}(T)$ 程度の大きさで，$H \approx \kappa H_{\rm c}(T)$ であれば（すぐ後を参照），式 (9.36)，(9.65) および (9.71) から，$l \approx \lambda_{\rm L}/\kappa$ を得る．なお，アブリコソフの論文では，4 角格子の方が自由エネルギーが低いとしているが，実際に観測されるのは 3 角格子のようである．

超伝導の応用の主なものは電磁石であるが，自分の作る磁場によって超伝導が壊されてしまうので，$H_{\rm c2}(T)$ の大きい物質は重要である．アブリコソフによれば

$$H_{\rm c2}(T) = \sqrt{2}\kappa H_{\rm c}(T) \tag{9.74}$$

であるから，$\kappa \gg 1$ であれば $H_{\rm c2}(T)$ は $H_{\rm c}(T)$ より非常に大きくなる．

第 1 種超伝導体では，磁場 H が $H_{\rm c}(T)$ より大きくなると試料の中の磁束密度は 0 から $\mu_0 H$ に突然変わるが，第 2 種超伝導体では H が $H_{\rm c1}(T)$ に達すると磁束密度が増加しはじめて，$H_{\rm c2}(T)$ になったところで，連続的に $\mu_0 H$ に等しくなる．実験では，H に対して

$$M \equiv \bar{B} - \mu_0 H \tag{9.75}$$

で定義される磁化 M を示すことが多い．ここで，$\bar{B}$ は磁束密度の空間平均で

ある．図 9.3 に理論的に予想される磁化の振舞を示す[*1]．図 9.4 には，実験の例を示す．純粋な鉛は第 1 種超伝導体であるが，不純物を添加していくと第 2 種超伝導体になり，$H_{c2}(T)$ が増加することが明確に見てとれる．これは，ミクロな理論の予言と一致している[12)]．

以上のように，ギンズブルグ–ランダウ理論は，超伝導の機構が全くわかっていなかったにもかかわらず，第 2 種超伝導体の発見をもたらした．ミクロな理論が出た後でも，アブリコソフ構造等を直接議論するのは難しく，結局はギンズブルグ–ランダウ方程式を導いてそれを使うのである．実用的に重要な物質には第 2 種超伝導体も多いので，彼らの功績は非常に大きいというべきである．

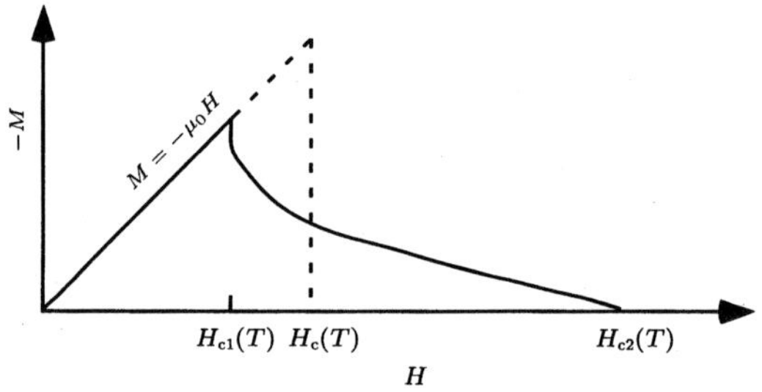

図 9.3　第 1 種（点線），第 2 種（実線）超伝導体の磁化の磁場への依存性（模式図）

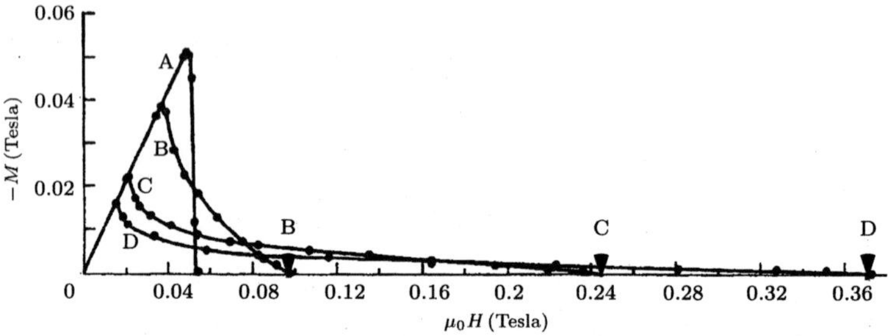

図 9.4　鉛にインジウムを添加した試料における磁化の磁場への依存性
インジウムの量（重量比%）は，A: 0，B: 2.08，C: 8.23，D: 20.4 である．矢印は，各試料の $H_{c2}(T)$ を表す．温度は，4.2 K（文献 11) より）．

---

*1　第 2 種超伝導体では，$H=H_c(T)$ となったところで磁化の振舞に特別なことは起こらないので，この測定から $H_c(T)$ を直接求めることはできない．$H_c(T)$ は，式 (9.33) で定義されるので，比熱の測定から求めることは理論的には可能である．また，図 9.3 の曲線の下の面積が $\mu_0 H_c^2(T)/2$ に等しいことを示すことができる．

文　献

1) H. Kamerlingh Onnes: Comm. Phys. Lab. Univ. Leiden, Nos. **119**, **120**, **122** (1911).
2) J. Bardeen, L.N. Cooper and J.R. Schrieffer: Phys. Rev. **108** (1957) 1175.
3) V.L. Ginzburg and L.D. Landau: Zh. eksper. teor. Fiz. **20** (1950) 1064（川畑有郷，斯波弘行，鳥谷部達訳：超伝導（物理学会論文選集 153，1966，日本物理学会）p. 143）.
4) W. Meissner and R. Ocshenfeld: Naturwiss. **21** (1933) 787.
5) A.B. Pippard : Proc. Roy. Soc. **A216** (1953) 547.
6) F. London and H. London: Proc. Roy. Soc. **A149** (1935) 71.
7) C. Kittel: Quantum Theory of Solids (John Wiley & Sons) p. 150.
8) L.P. Gor'kov: Zh. eksper. teor. Fiz. **36** (1959) 1918 (Soviet Physics JETP **9** (1959) 1364).
9) A.A. Abrikosov: Zh. eksper. teor. Fiz. **32** (1957) 1442 (Soviet Physics JETP **5** (1957) 1174).
10) W.H. Kleiner, L.M. Roth and S.H. Autler: Phys. Rev. **133** (1964) A1226.
11) J.D. Livingston: Phys. Rev. **129** (1963) 1943.
12) L.P. Gor'kov: Zh. eksper. teor. Fiz. **37** (1959) 1407 (Soviet Physics JETP **10** (1960) 998). なお，この論文には，非常に誤植が多いので注意していただきたい．例えば，式 (15) の下の ρ の定義は，$\rho = \frac{1}{2}\pi T_c \tau_{tr}$ となっているが，正しくは，$\rho = 1/(2\pi T_c \tau_{tr})$ である．

章末問題

(1) 超伝導体の侵入長の測り方を考えよ．

(2) 超伝導体の導線に電流が流れている場合の電流分布を求めよ．

(3) 侵入長より十分太いドーナツ型の超伝導体の穴の中を通る磁束は，$\pi\hbar/e$ の整数倍であることを示せ（ヒント：図 9.5 のようなドーナツの芯を通る積分路 C の上では磁束密度は 0 であるから，電流密度も 0 で

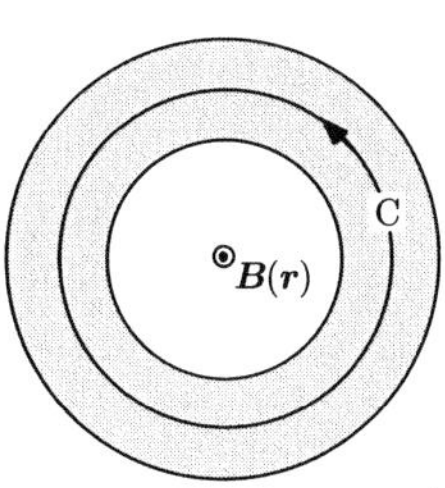

図 9.5

$$\oint_{\mathrm{C}} \boldsymbol{j}(\boldsymbol{r}) \cdot d\boldsymbol{r} = 0 \tag{9.76}$$

である．電流密度は，式 (9.53) で与えられるが，C 上では $|\Psi(\boldsymbol{r})|$ は一定であるとして，$\Psi(\boldsymbol{r}) = \Psi_0 \exp\{i\theta(\boldsymbol{r})\}$ の形を仮定してみよ）．

章末問題解答

第 1 章

(1) 式 (1.26) の右辺の被積分関数は周期 a の周期関数であるので，a の長さの区間にわたって積分する場合には，どこで積分しても積分の値は変わらない．したがって

$$V_{\nu',\nu} = \frac{1}{a}\int_{-a/2}^{a/2} V(x)\{\cos(G_\nu - G_{\nu'})x + i\sin(G_\nu - G_{\nu'})x\}dx$$

と表せるが，右辺の虚数部は $V(x)$ の対称性により 0 になることは容易にわかる．

さらに，$V(x)$ が図 1.1 のように $x=0$ の近くで負になっている場合には，$|G_\nu - G_{\nu'}|$ が $1/a$ に比べてあまり大きくなければ，上の式の右辺の積分で，$\cos(G_\nu - G_{\nu'})x$ の因子のために $x=0$ の近くの寄与が大きいので $V_{\nu',\nu}$ は負となる．

(2) 固有波動関数は，式 (1.34) から

$$\psi_{k+}(x) = i\sqrt{\frac{2}{L}}\sin\left\{\frac{\pi}{a}(2\nu-1)x\right\}$$

$$\psi_{k-}(x) = \sqrt{\frac{2}{L}}\cos\left\{\frac{\pi}{a}(2\nu-1)x\right\}$$

となる．これから，$\psi_{k-}(x)$ は $V(x)$ が小さい（負で絶対値が大きい）場所に大きな振幅をもっているので，$E_-(k) < E_+(k)$ であることが理解できる．

(3) 図 1.4 のようなポテンシャル・エネルギーの中の電子の固有波動関数は，エネルギーを E として

$$q \equiv \frac{\sqrt{2m_e E}}{\hbar}, \quad Q \equiv \frac{\sqrt{2m_e(E+U_0)}}{\hbar}$$

とすると

$$\psi(x)=\begin{cases} Ae^{iqx}+Be^{-iqx}, & (-3a/4<x<-a/4)\\ Ce^{iQx}+De^{-iQx}, & (-a/4<x<a/4)\\ Fe^{iqx}+Ge^{-iqx}, & (a/4<x<3a/4)\end{cases}$$

の形に書ける．これを $e^{ikx}u(x)$ の形とみなすと，$u(x)=u(x+a)$ から

$$F=Ae^{i(k-q)a},\quad G=Be^{i(k+q)a}$$

でなければならない．この条件と，上の $\psi(x)$ の式の右辺が $x=\pm a/4$ で滑らかにつながるための条件から，A，B 等を消去すれば，式 (1.38) を得る．

(4) 式 (1.36) で，$u_{nk}(x)$ が周期 a の周期関数であることから

$$W_n(x-la)=\sum_k e^{ik(x-la)}u_{nk}(x)$$

である．したがって

$$\begin{aligned}\int_0^L & W_n^*(x-la)W_{n'}(x-l'a)dx\\ &=\frac{1}{N}\sum_{k,k'}e^{i(kl-k'l')a}\int_0^L \psi *_{nk}(x)\psi_{n'k'}(x)dx\\ &=\frac{1}{N}\sum_k e^{ik(l-l')a}\delta_{n,n'}=\delta_{l,l'}\delta_{n,n'}\end{aligned}$$

となることがわかる．なお，$\psi_{nk}(x)$ が正規直交系をなすことと式 (1.40) の $\sum_k$ の定義を使った．

また

$$\frac{1}{N}\sum_{l=1}^{N}e^{i(k-k')la}=\delta_{k,k'}$$

であることと $\psi_{nk}(x)$ が正規完全直交系をなすことを使えば，式 (1.53) を，式 (1.51) を用いれば，式 (1.54) が成り立つことを容易に示すことができる．

(5) 省略

第2章

(1) 図 2.5 で，$\boldsymbol{a}_2+\boldsymbol{a}_3$，$\boldsymbol{a}_1+\boldsymbol{a}_3$，$\boldsymbol{a}_1+\boldsymbol{a}_2$ のベクトルは，立方体の各辺に平行で長さが等しいベクトルである．したがって，これらのベクトルと $\boldsymbol{a}_1$，$\boldsymbol{a}_2$，$\boldsymbol{a}_3$ の組み合わせにより，ある原子の位置から任意の原子の位置に移動できる．

(2) 省略

(3) 図 2.5 で座標軸を立方体の辺に平行にとると，辺の長さを a として

$$\boldsymbol{a}_1 = \frac{a}{2}(1,-1,-1), \quad \boldsymbol{a}_2 = \frac{a}{2}(1,1,1), \quad \boldsymbol{a}_3 = \frac{a}{2}(-1,-1,1)$$

となる．したがって，式 (2.17) から，例えば

$$\boldsymbol{G}_3 = \frac{2\pi}{a}(0,-1,1)$$

を得るが，これは，図 2.6 の $\boldsymbol{a}_3$ と同等である．

第 3 章

(1) 規格化定数 $C_{\boldsymbol{n}}$ は

$$\langle \Phi_{\boldsymbol{n}}|\Phi_{\boldsymbol{n}}\rangle \equiv \int_{-\infty}^{\infty}\cdots\int_{-\infty}^{\infty}|\Phi_{\boldsymbol{n}}(\boldsymbol{X})|^2 dX_1\cdots dX_N = 1$$

となるように決める．ただし

$$\langle \Phi_0|\Phi_0\rangle = 1$$

とする．$q \neq q'$ なら $[b_q, b_{q'}^\dagger] = 0$ であるから（式 (3.25)），上の式の左辺を計算するときに $b_q^{n_q}(b_q^\dagger)^{n_q}$ をまとめて考えてよい．以下では，下付きの q を省略することにして，交換関係を利用して b を右に一つずつ送ってゆくと

$$\begin{aligned} b^n(b^\dagger)^n &= b^{n-1}b^\dagger b(b^\dagger)^{n-1} + b^{n-1}(b^\dagger)^{n-1} \\ &= b^{n-1}(b^\dagger)^2 b(b^\dagger)^{n-2} + 2b^{n-1}(b^\dagger)^{n-1} \\ &\ \ \vdots \\ &= b^{n-1}(b^\dagger)^n b + nb^{n-1}(b^\dagger)^{n-1} \end{aligned}$$

となる．これを繰り返してゆけば

$$\begin{aligned} &\int_{-\infty}^{\infty}\cdots\int_{-\infty}^{\infty}\Phi_0^*(\boldsymbol{X})\left(\prod_q b_q^{n_q}(b_q^\dagger)^{n_q}\right)\Phi_0(\boldsymbol{X})dX_1 dX_2\cdots dX_N \\ &= \prod_q n_q! \end{aligned}$$

であることを示すことができる．

(2) まず，$\hat{P}_{\mathrm{t}} Q_q = 0, \quad (q \neq 0)$ を証明する．

$$\hat{P}_{\mathrm{t}} = -i\hbar\sum_{l=1}^{N}\frac{\partial}{\partial X_l}$$

であるから，式 (3.7) から

$$\hat{P}_{\rm t}Q_q = \frac{1}{\sqrt{N}}\sum_{l=1}^{N} {\rm e}^{-ilaq} = 0$$

である．したがって，$[\hat{P}_{\rm t}, Q_q] = 0$ である．また，当然 $[\hat{P}_{\rm t}, \hat{P}_q] = 0$ であるから，$[\hat{P}_{\rm t}, b_q^\dagger] = 0$ であり

$$\hat{P}_{\rm t}\Phi_{\boldsymbol{n}}(\boldsymbol{X}) = C_{\boldsymbol{n}}\left(\prod_q (b_q^\dagger)^{n_q}\right)\hat{P}_{\rm t}\Phi_0(\boldsymbol{X})$$

である．$\Phi_0(\boldsymbol{X})$ は式 (3.21) で与えられるが

$$\hat{P}_{\rm t}\varphi_q(Q_q^{(\pm)}) = -(\hat{P}_{\rm t}Q_q^{(\pm)})\frac{Q_q^{(\pm)}}{\ell_q^2}\varphi_q(Q_q^{(\pm)}) = 0$$

から，$\hat{P}_{\rm t}\Phi_0(\boldsymbol{X}) = 0$ が示せる．したがって，$\hat{P}_{\rm t}$ の期待値は 0 である．

第 4 章

(1) 式 (4.67) の右辺は温度によらないから，左辺を温度で微分すると

$$\int_{-\infty}^{\infty} D_{\rm t}(E)g_{\rm F}(E)\left(E-\mu+T\frac{d\mu}{dT}\right)dE = 0$$

$$g_{\rm F}(E) = \frac{{\rm e}^{\beta(E-\mu)}}{({\rm e}^{\beta(E-\mu)}+1)^2}$$

を得る．$|E-\mu| \lesssim k_{\rm B}T$ 以外では $g_{\rm F}(E) \ll 1$ であるから，十分低温では，$D_{\rm t}(E)$ を μ のまわりで展開して，$g_{\rm F}(E)$ が $E=\mu$ に関して対称であることを使うと

$$T\frac{d\mu}{dT}D_{\rm t}(\mu)\int_{-\infty}^{\infty} g_{\rm F}(E)\,dE + D_{\rm t}'(\mu)\int_{-\infty}^{\infty}(E-\mu)^2 g_{\rm F}(E)\,dE = 0$$

となり（$D_{\rm t}'(E) \equiv dD_{\rm t}(E)/dE$），これから

$$\frac{d\mu}{dT} = -\frac{D_{\rm t}'(\mu)}{D_{\rm t}(\mu)}\frac{\pi^2}{3}k_{\rm B}^2 T$$

を得る．この式は，右辺に μ を含むが，μ が T で展開できるとすれば，T の最低次では，$d\mu/dT$ は右辺の μ を $E_{\rm F}$ で置き換えたものであり

$$\mu = E_{\rm F} - \frac{D_{\rm t}'(E_{\rm F})}{D_{\rm t}(E_{\rm F})}\frac{\pi^2}{6}k_{\rm B}^2 T^2$$

となることがいえる．

(2) 式 (4.46) で化学ポテンシャル μ の温度依存性を考慮すると，問題 (1) の結果から，低温における比熱への補正は，T^2 に比例することがわかる．

(3) 伝導帯，価電子帯の状態数（スピンの縮重度も含む）を M とすると，分配関数は

$$Z(T)=\sum_{N=0}^{M} Z_N(T), \quad Z_N(T)\equiv ({}_M C_N)^2 \mathrm{e}^{-N\beta E_\mathrm{g}}$$

である．ここで，$Z_N(T)$ は，N 個の電子が励起されている場合の寄与である．この $Z_N(T)$ が最大になるような N が励起されている電子の期待値である．スターリングの公式 $\log N! \approx N\log N - N$ を使うと

$$\log Z_N(T)=2\{M\log M-(M-N)\log(M-N)-N\log N\}-N\beta E_\mathrm{g}$$

であり

$$\frac{\partial}{\partial N}\log Z_N(T)=2\{\log(M-N)\log N\}-\beta E_\mathrm{g}=0$$

から，十分低温で $N \ll M$ であるとすれば，$N/M=\mathrm{e}^{-\beta E_\mathrm{g}/2}$ を得る．$E_\mathrm{g}/2$ の 2 は，$Z_N(T)$ の ${}_M C_N$ の 2 乗からくることを確認していただきたい．これは，エントロピーの効果である．

(4) 式 (4.43) で定義される状態密度 $D_\mathrm{t}(E)$ は

$$D_\mathrm{t}(E)=2V_\mathrm{t}\int \delta\left(E-\frac{\hbar^2\boldsymbol{k}^2}{2m_\mathrm{e}}\right)\frac{d\boldsymbol{k}}{(2\pi)^3}$$

であり，$\boldsymbol{k}$ の方向についての積分を先に行えば

$$D_\mathrm{t}(E)=V_\mathrm{t}\frac{8\pi}{(2\pi)^3}\int_0^\infty \delta\left(E-\frac{\hbar^2\boldsymbol{k}}{2m_\mathrm{e}}\right)k^2dk=V_\mathrm{t}\frac{\sqrt{2Em_\mathrm{e}^3}}{\pi^2\hbar^3}$$

となる．

(5) 省略

第 5 章

(1) ハミルトニアン $\hat{H}_\mathrm{i}=eEx$ の摂動によって波動関数 $\psi_\alpha(\boldsymbol{r})$ が $\psi_{\bar{\alpha}}(\boldsymbol{r})$ に変化したとすると，分極は

$$P_x=-\frac{e}{V_\mathrm{t}}\sum_{\alpha}^{\mathrm{oc.}}\{\langle\bar{\alpha}|x|\bar{\alpha}\rangle-\langle\alpha|x|\alpha\rangle\}$$

である．誘電率は，$\epsilon=\epsilon_0+P/E$ で，式 (5.43) で $\omega=0$ としたものと一致する．

(2) 省略

(3) 省略

(4) 温度が上がれば体積が増すので，ポテンシャル・エネルギーの行列要素が小さくなり，エネルギー・ギャップは減少する．

第6章

(1) クーロン・ポテンシャルの場合には，$1/\tau$ は発散するが，$1/\tau_{\mathrm{tr}}$ は有限となる．デルタ関数型ポテンシャルの場合には，$1/\tau = 1/\tau_{\mathrm{tr}}$ である．

(2) 省略

第7章

(1) 単位面積当たり，スピン自由度当たりの状態密度は

$$D(E) = \int \delta\left(E - \frac{\hbar^2 k^2}{2m_{\mathrm{e}}}\right) d\boldsymbol{k} = \frac{m_{\mathrm{e}}}{\pi\hbar^2}$$

である．積分は，当然，2 次元である．

(2) クーロン・ポテンシャルは 3 次元の場合と同じであるとすると，固有エネルギーは，a_{B} を 3 次元原子のボーア半径として

$$E_n = -\frac{\hbar^2}{2m_{\mathrm{e}}a_{\mathrm{B}}^2}\frac{1}{(n+\frac{1}{2})^2}, \quad (n = 0, 1, 2, \cdots)$$

である．基底状態のエネルギーは，3 次元のものの 4 倍である．

(3) 例えば，磁場を使った実験で，磁場の垂直成分のみが有効であることを確かめる．

第8章

(1) ベクトル・ポテンシャルは，ランダウ・ゲージ $A(\boldsymbol{r}) = (0, Bx, 0)$ とすると，ハミルトニアンは

$$\hat{H} = \frac{\hat{p}_x^2}{2m_1} + \frac{(\hat{p}_y + eBx)^2}{2m_2}$$

となり，固有波動関数を $\psi(x, y) = \mathrm{e}^{-iky}\phi(x)$ とおくと，シュレディンガー方程式は

$$\left\{\frac{\hat{p}_x^2}{2m_1} + \frac{(eB)^2}{2m_2}\left(x - \frac{\hbar k}{eB}\right)^2\right\}\phi(x) = E\phi(x)$$

となる．これは，質量 m_1 の質点がバネ定数 $(eB)^2/m_2$ のバネにつながれている調和振動子のシュレディンガー方程式と同等であるから，固有エネルギーは

$$E = \frac{\hbar eB}{\sqrt{m_1 m_2}}\left(n + \frac{1}{2}\right), \quad (n = 0, 1, 2, \cdots)$$

である．

(2) 不純物のある場合には，同じランダウ準位の中の固有状態でも固有エネルギーに違いがあり，ある幅 ΔE_{L} をもって分布する（図 8.4(b)）．したがって，式 (8.107) の右辺には，$N \times \Delta E_{\mathrm{L}}$ 程度の不確定さがあるので，この式が正しいためには，$\Delta E_{\mathrm{L}} \ll eEL'_x$ でなければならない．

実際，久保理論は $E \to 0$ の極限で成り立つので，有限の幅の試料の場合には，久保理論で量子ホール効果は導けないのではないか，という意見も出た．

第 9 章

(1) 単純なアイデアとしては，円柱形の試料にコイルを巻きつけ，円柱の軸に平行に加えた磁場を増減してコイルに生ずる起電力を測る．起電力はコイルを貫く磁束に比例するから，試料に侵入する磁束の大きさがわかる．実際には，コイルの導線の太さが有限であることを考慮しなければならない．

(2) ロンドン方程式と，マクスウェル方程式は，$\boldsymbol{j}(\boldsymbol{r})$ と $-\boldsymbol{B}(\boldsymbol{r})$ の入れ替えによって，互いに形が入れ替わるので，円筒形の試料では，9.3.2 項で求めた解で，電流と磁場密度を入れ替えた（一方の符号を逆にして）形の解も可能である．この解では，電流が試料の表面から侵入長程度の範囲を試料の軸方向に流れている．このように，超伝導の線では，電流は，表面近くのみを流れるのである．

(3) 超伝導電子の波動関数として，$\Psi(\boldsymbol{r}) = \Psi_0 \exp i\theta(\boldsymbol{r})$ の形を仮定すると，電流密度は，式 (9.53) から

$$\boldsymbol{j}(\boldsymbol{r}) = -\frac{2e}{m_{\mathrm{e}}}|\Psi_0|^2(\hbar\nabla\theta(\boldsymbol{r}) + 2e\boldsymbol{A}(\boldsymbol{r}))^2$$

となる．これに，式 (9.76) を適用するが，一般に，$\boldsymbol{r}_1$，$\boldsymbol{r}_2$ をそれぞれ始点，終点とする任意の積分路上での積分では

$$\int_{\boldsymbol{r}_1}^{\boldsymbol{r}_2} \nabla\theta(\boldsymbol{r}) \cdot d\boldsymbol{r} = \theta(\boldsymbol{r}_2) - \theta(\boldsymbol{r}_1)$$

である．閉曲線上の積分で $\boldsymbol{r}_1 = \boldsymbol{r}_2$ である場合に，$\Psi(\boldsymbol{r}_1) = \Psi(\boldsymbol{r}_2)$ であるためには，$\theta(\boldsymbol{r}_1) - \theta(\boldsymbol{r}_2) = 2\pi n$（$n$ は整数）でなければならない．一方，C をへりとする面を S とすると，ストークスの定理により，C を貫く磁束 Φ は

$$\Phi = \int_{\mathrm{S}} \boldsymbol{B}(\boldsymbol{r}) \cdot d\boldsymbol{s} = \oint_{\mathrm{C}} \boldsymbol{A}(\boldsymbol{r}) \cdot d\boldsymbol{r}$$

である．これらから

$$\Phi = \frac{\pi\hbar}{e}n, \quad (n \text{ は整数})$$

を得る．

付録 A.　並進演算子

$$\hat{T}_a \equiv \exp\left\{a\frac{d}{dx}\right\} \tag{A.1}$$

とすると x の任意の関数 $f(x)$ に対して

$$\hat{T}_a f(x) = \sum_{n=0}^{\infty} \frac{a^n}{n!}\frac{d^n}{dx^n} f(x) = f(x+a) \tag{A.2}$$

となる（テイラー級数が収束するという条件が必要）．したがって $V(x) = V(x+a)$ である場合には

$$\hat{T}_a\{V(x)f(x)\} = V(x)f(x+a) = V(x)\hat{T}_a f(x) \tag{A.3}$$

であり，$[\hat{T}_a, V(x)] = 0$ である．また，$\hat{T}_a$ と運動量演算子が交換することは明らかであるから，$\hat{T}_a$ とハミルトニアンは交換する．

付録 B.　群速度と位相速度

一般に，波の速度は波長（波数）に依存する．例えば，ガラスの中では光の速度は波長によるので，プリズムによる分光が可能になるわけである．このような場合，速度とは何か，というのは単純ではない．

話を簡単にするために，1 次元系を考える．波数 k の波の振動数を $\omega(k)$ とすると，振幅は

$$A(x,t) = a\mathrm{e}^{i(kx-\omega(k)t)} \tag{B.1}$$

の形である．この波は，Δt だけ時間がたてば，$\Delta x \equiv \omega(k)\Delta t/k$ だけ移動する．即ち，位相が一定の場所は速度 $\omega(k)/k$ で移動する．この速度を位相速度と呼ぶ．しかし，この速度は，信号やエネルギーが運ばれる速度ではないと考えられている．

実際，式 (B.1) のような純粋な正弦波では情報は伝えられない．永遠に振幅も波長も変わらない光が送られてきても，何の情報にもならないからである．情報を伝えるためには，何らかの波束を送る必要がある．そこで，$t=0$ で，$A(x,0) = a(x)\mathrm{e}^{ikx}$ の形の波束を作ったとする．ここで，$a(x)$ は，x が $2\pi/k$ の程度変化してもあまり変わらない関数である．即ち，$A(x,0)$ は図 B.1(a) のような関数である．$A(x,0)$ のフー

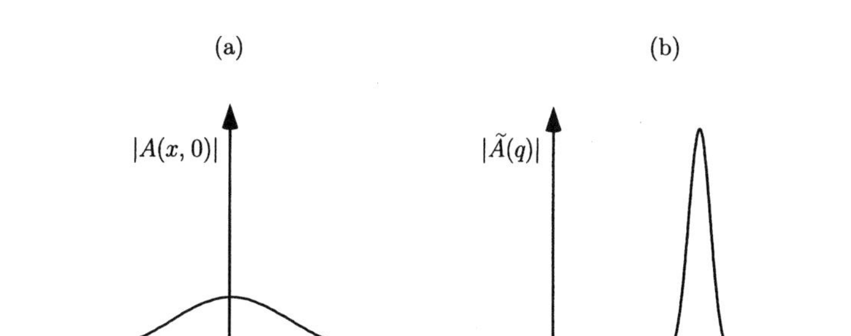

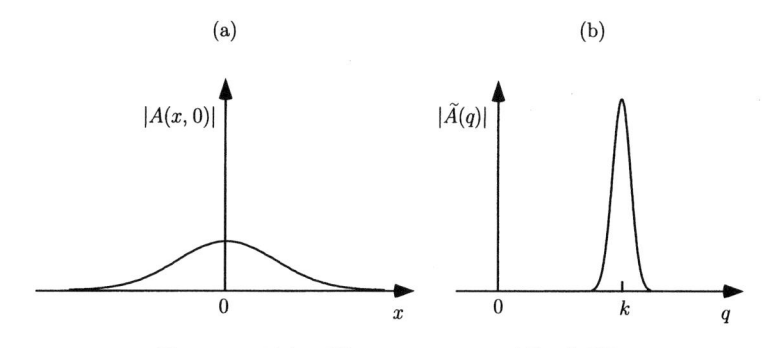

図 B.1　(a) 波束の形と (b) そのフーリエ変換の絶対値

リエ変換 $\tilde{A}(q)$ は，図 B.1(b) のような，$q=k$ から離れると急激に小さくなる関数になる．波数 q の成分は，$t>0$ では $\mathrm{e}^{i(qx-\omega(q)t)}$ のように振舞うので，この波束の振幅は，それらの重ね合わせとして

$$A(x,t)=\int \tilde{A}(q)\mathrm{e}^{i(qx-\omega(q)t)}\frac{dq}{2\pi} \tag{B.2}$$

で与えられる．ある t の値に対して，$A(x,t)$ の値が一番大きくなる x を求めよう．この x が波束の中心の座標と考えてよい．上で示した $\tilde{A}(q)$ の形から，この式の積分は，q が k に近いところだけが効くので，右辺の指数関数の引数を $q=k$ のまわりで展開する．また，$\tilde{A}(q)$ に関しては，これを $|\tilde{A}(q)|\mathrm{e}^{i\alpha(q)}$ と書いて $\alpha(q)$ を展開すれば

$$\begin{aligned}A(x,t)=&\,\mathrm{e}^{i(\alpha(k)+kx-\omega(k)t)}\\&\times\int|\tilde{A}(q)|\mathrm{e}^{i(q-k)(\alpha'(k)+x-v_g(k)t)}\frac{dq}{2\pi}\end{aligned} \tag{B.3}$$

$$v_g(k)\equiv\frac{d\omega(k)}{dk},\quad \alpha'(k)\equiv\frac{d\alpha(k)}{dk} \tag{B.4}$$

となる．$|\tilde{A}(q)|$ の関数形が図 B.1(b) のようであれば，右辺の積分が最大になるのは，被積分関数の指数関数が振動しない場合，即ち，$x=v_g(k)t-\alpha'(k)$ の場合である．したがって，波束の振幅が最大である点は，速度 $v_g(k)$ で移動する．これを，波によって情報やエネルギーが運ばれる速度と考えて，群速度と呼ぶ．

周期的ポテンシャル中の電子に関しては，ハミルトニアンの固有状態が波数の固有状態になっていないので，この議論をそのまま使うわけにはいかないが，電流を計算する場合には，式 (B.4) で与えられる群速度を使うべきことが，以下のようにして示せる．

電流の演算子 $\hat{I}$ は

$$\hat{I}=-\frac{e\hat{p}}{m_\mathrm{e}} \tag{B.5}$$

で与えられる．固有状態 (n,k) の運ぶ電流の期待値は

$$\begin{aligned}I_{nk}&=-\frac{e}{m_\mathrm{e}}\int\psi^*_{nk}(x)\hat{p}\psi_{nk}(x)dx\\&=-\frac{e}{m_\mathrm{e}}\int u^*_{nk}(x)(\hbar k+\hat{p})u_{nk}(x)dx\end{aligned} \tag{B.6}$$

である．これが，式 (1.43) で与えられる I_{nk} に等しいことを示そう．

上と同様に，状態 (n,k) の固有エネルギーも $u_{nk}(x)$ を使って

$$E_n(k)=\int u^*_{nk}(x)\mathcal{H}_k u_{nk}(x)dx \tag{B.7}$$

$$\mathcal{H}_k\equiv\frac{(\hbar k+\hat{p})^2}{2m_\mathrm{e}}+V(x) \tag{B.8}$$

のように表すことができる．したがって

$$\frac{dE_n(k)}{dk} = \int u_{nk}^*(x) \frac{\hbar(\hbar k + \hat{p})}{m_e} u_{nk}(x) dx + \int \left[\frac{\partial u_{nk}^*(x)}{\partial k} \mathcal{H}_k u_{nk}(x) + u_{nk}^*(x) \mathcal{H}_k \frac{\partial u_{nk}(x)}{\partial k} \right] dx \qquad \text{(B.9)}$$

である．

一方，$u_{nk}(x)$ は，方程式

$$\mathcal{H}_k u_{nk}(x) = E_n(k) u_{nk}(x) \qquad \text{(B.10)}$$

を満たすことは容易にわかる．したがって，$\mathcal{H}_k$ がエルミート演算子であることを使えば，式 (B.9) の右辺の第 2 項は

$$E_n(k) \int \left[\frac{\partial u_{nk}^*(x)}{\partial k} u_{nk}(x) + u_{nk}^*(x) \frac{\partial u_{nk}(x)}{\partial k} \right] dx = E_n(k) \frac{\partial}{\partial k} \int |u_{nk}(x)|^2 \, dx \qquad \text{(B.11)}$$

となり，$u_{nk}(x)$ は規格化されているので，これは 0 である．したがって，式 (B.6), (B.9) から，電流の期待値は，第 1 章の式 (1.43) のようになることがわかる．

付録C. 遮蔽効果

金属中に密度 $\delta\rho(\boldsymbol{r})$ の電荷を入れたとして，その結果起こる電子の密度の変化を $\delta n(\boldsymbol{r})$ とすると，電気ポテンシャル $\phi(\boldsymbol{r})$ は，ポアッソン方程式

$$\Delta\phi(\boldsymbol{r}) = -\frac{\delta\rho(\boldsymbol{r}) - e\delta n(\boldsymbol{r})}{\epsilon_0} \tag{C.1}$$

を満たす．右辺に電子の寄与が入っているのは，電子間相互作用を取り入れていることになる．電子の電荷が $\delta\rho(\boldsymbol{r})$ を完全に打ち消さないのは，密度の変化による運動エネルギーとの兼ね合いによるからである．

ここで，$\delta\rho(\boldsymbol{r})$ は，$\mathrm{e}^{i\boldsymbol{q}\cdot\boldsymbol{r}}$ のように変化するとする．当然，$\delta n(\boldsymbol{r})$ も $\phi(\boldsymbol{r})$ も同様に変化するはずである．したがって，式 (C.1) から

$$\phi(\boldsymbol{r}) = \frac{\delta\rho(\boldsymbol{r}) - e\delta n(\boldsymbol{r})}{\epsilon_0 \boldsymbol{q}^2} \tag{C.2}$$

を得るから，これらの電荷による静電エネルギーは

$$\int \frac{\{\delta\rho(\boldsymbol{r}) - e\delta n(\boldsymbol{r})\}^2}{2\epsilon_0 \boldsymbol{q}^2} d\boldsymbol{r} \tag{C.3}$$

である．分母の因子 2 は，$\delta n(\boldsymbol{r})$ が $\delta\rho(\boldsymbol{r})$ に比例するという仮定による．

次に，運動エネルギーの変化であるが，まず電子密度が場所によらず δn だけ増加したとして，このときのフェルミ・エネルギーが E_{F} から δE_{F} だけ増加したとする．伝導帯のエネルギーを $E_n(\boldsymbol{k})$ とすると，これらの量は

$$\delta n = \frac{2}{V_{\mathrm{t}}} \sum_{\boldsymbol{k}}{}' 1 \tag{C.4}$$

の関係にある．ただし，和は，$E_{\mathrm{F}} \le E_n(\boldsymbol{k}) \le E_{\mathrm{F}} + \delta E_{\mathrm{F}}$ の範囲でとる（V_{t} は，系の体積）．

この関係は，状態密度を使って書ける．即ち，状態密度を

$$D(E) = \frac{1}{V_{\mathrm{t}}} \sum_{\boldsymbol{k}} \delta(E - E_n(\boldsymbol{k})) \tag{C.5}$$

と定義すると

$$\delta n = 2 \int_{E_{\mathrm{F}}}^{E_{\mathrm{F}}+\delta E_{\mathrm{F}}} D(E)\, dE = 2D(E_{\mathrm{F}})\delta E_{\mathrm{F}} \tag{C.6}$$

である（δE_{F} は十分に小さいとした）．増加した電子のエネルギーの増分の平均は $\delta E_{\mathrm{F}}/2$ であるから，エネルギー密度の変化は

$$\frac{\delta E_{\mathrm{F}}}{2}\delta n = \frac{\delta n^2}{4D(E_{\mathrm{F}})} \tag{C.7}$$

である．ここで，δn は場所に依存するがその変化が十分に緩やかであるとすれば，各場所でこの式が使えると考えられる．したがって，式 (C.3) と合わせて，電子密度の変化によるエネルギーの増加は

$$\int \left[\frac{\{\delta\rho(\boldsymbol{r}) - e\delta n(\boldsymbol{r})\}^2}{2\epsilon_0 \boldsymbol{q}^2} + \frac{\{\delta n(\boldsymbol{r})\}^2}{4D(E_{\mathrm{F}})} \right] d\boldsymbol{r} \tag{C.8}$$

となる．

外から加えた電荷 $\delta\rho(\boldsymbol{r})$ が与えられた場合，$\delta n(\boldsymbol{r})$ はこのエネルギーが最小になるように決まるはずであるから，$\delta n(\boldsymbol{r})$ に関して変分をとれば

$$\delta n(\boldsymbol{r}) = \frac{2eD(E_{\mathrm{F}})\delta\rho(\boldsymbol{r})}{\epsilon_0 \boldsymbol{q}^2 + 2e^2 D(E_{\mathrm{F}})} \tag{C.9}$$

を得る．

電子が感じるポテンシャル・エネルギーは，式 (C.2) から

$$V(\boldsymbol{r}) = -e\phi(\boldsymbol{r}) = -\frac{e\delta\rho(\boldsymbol{r})}{\tilde{\epsilon}(\boldsymbol{q})q^2} \tag{C.10}$$

$$\tilde{\epsilon}(\boldsymbol{q}) \equiv \epsilon_0 + \frac{2e^2 D(E_{\mathrm{F}})}{q^2} \tag{C.11}$$

となる．ここまでは，$\delta\rho(\boldsymbol{r})$ は $\mathrm{e}^{i\boldsymbol{q}\cdot\boldsymbol{r}}$ の形の場所への依存性を仮定してきたが，任意の依存性の場合もこれからポテンシャル・エネルギーを求めることができる．例えば，$\boldsymbol{r} = 0$ に点電荷 Q がある場合には

$$\delta\rho(\boldsymbol{r}) = Q\delta(\boldsymbol{r}) = \frac{Q}{(2\pi)^3} \int \mathrm{e}^{i\boldsymbol{q}\cdot\boldsymbol{r}} d\boldsymbol{q} \tag{C.12}$$

であるから，式 (C.10) を重ね合わせることにより

$$V(\boldsymbol{r}) = -\frac{eQ}{(2\pi)^3} \int \frac{\mathrm{e}^{i\boldsymbol{q}\cdot\boldsymbol{r}}}{\tilde{\epsilon}(\boldsymbol{q})q^2}\, d\boldsymbol{q} = -\frac{eQ}{4\pi\epsilon_0 r}\mathrm{e}^{-\kappa r} \tag{C.13}$$

$$\kappa \equiv \sqrt{\frac{2e^2 D(E_{\mathrm{F}})}{\epsilon_0}} \tag{C.14}$$

となる．κ は，トーマス–フェルミ波数と呼ばれる．この式は，Q が正であれば，電子がそれを打ち消すように点電荷のまわりに集まるので，$V(\boldsymbol{r})$ は遠方でクーロン・ポテンシャルよりも小さくなることを示している．この $V(\boldsymbol{r})$ は，遮蔽されたクーロン・ポテンシャルと呼ばれる．

付録 D. ヤコビの行列式

一般に，変数 $\boldsymbol{x} \equiv (x_1, x_2, \cdots, x_N)$ に関する積分を，変数 $\boldsymbol{y} \equiv (y_1, y_2, \cdots, y_N)$ に関する積分に変換すると，$\partial x_i / \partial y_j \, (i, j = 1, 2 \cdots, N)$ を成分とする行列式（ヤコビの行列式）の絶対値 J によって

$$\int \cdots dx_1 \, dx_2 \cdots dx_N = \int \cdots J \, dy_1 \, d_2 \cdots dy_N \tag{D.1}$$

のように表される[1]．なお，ヤコビの行列式は

$$\frac{\partial(x_1, x_2, \cdots, x_N)}{\partial(y_1, y_2, \cdots, y_N)} \tag{D.2}$$

と書かれる．

一般に J は $\boldsymbol{y}$ に依存するが，$\boldsymbol{x}$ と $\boldsymbol{y}$ との関係が線形である，即ち，$\boldsymbol{y}$ に依存しない行列 A によって

$$\boldsymbol{x} = A\boldsymbol{y} \tag{D.3}$$

のように表されるならば，J は A の行列式 $|A|$ の絶対値であり，定数である．

式 (D.3) の逆変換が存在すれば

$$\boldsymbol{y} = A^{-1}\boldsymbol{x} \tag{D.4}$$

であり，逆行列が存在するので，$|A| \neq 0$ である．

文　献

1)　高木貞治：解析概論（岩波書店）第 8 章．

付録 E.　カノニカル分布と大カノニカル分布

まず，カノニカル分布では，固有状態 α にいる電子数の期待値 $\langle n_\alpha \rangle$ は

$$\langle n_\alpha \rangle = \frac{1}{Z(T, N_\mathrm{e})} {\sum_{\boldsymbol{n}}}' n_\alpha \mathrm{e}^{-\beta E_\mathrm{e}(\boldsymbol{n})} \tag{E.1}$$

$$Z(T, N_\mathrm{e}) \equiv {\sum_{\boldsymbol{n}}}' \mathrm{e}^{-\beta E_\mathrm{e}(\boldsymbol{n})} \tag{E.2}$$

で与えられる．ここで

$$E_\mathrm{e}(\boldsymbol{n}) \equiv \sum_\gamma E_\gamma n_\gamma \tag{E.3}$$

で，${\sum_{\boldsymbol{n}}}'$ は，$\boldsymbol{n}$ に関する和を

$$\sum_\gamma n_\gamma = N_\mathrm{e} \tag{E.4}$$

の制限のもとで $n_\gamma = 0, 1$ のすべての組み合わせについてとることを意味する．

式 (E.1)，(E.2) から

$$\langle n_\alpha \rangle = -k_\mathrm{B} T \frac{\partial}{\partial E_\alpha} \log Z(T, N_\mathrm{e}) \tag{E.5}$$

であることは簡単にわかる．

次に

$$N(\boldsymbol{n}) \equiv \sum_\gamma n_\gamma \tag{E.6}$$

とおいて，式 (E.1)，(E.2) で $E_\mathrm{e}(\boldsymbol{n})$ を $E_\mathrm{e}(\boldsymbol{n}) - \mu N(\boldsymbol{n})$ で置き換えると，式 (E.4) の制限から，式 (E.3) で E_γ を $E_\gamma - \mu$ で置き換えたのと同じである．これは，エネルギーの原点をずらしたにすぎないから，以後はそのような $Z(T, N_\mathrm{e})$ を使う．

大分配関数 $Z_\mathrm{G}(T, \mu)$ は

$$Z_\mathrm{G}(T, \mu) \equiv \sum_{\boldsymbol{n}} \mathrm{e}^{-\beta \{E(\boldsymbol{n}) - \mu N(\boldsymbol{n})\}} \tag{E.7}$$

で定義され，$\boldsymbol{n}$ に関する和は，$n_\gamma = 0, 1$ のすべての組み合わせについてとる．この和を，$N(\boldsymbol{n}) = M$ の項ごとにまとめると

$$Z_{\mathrm{G}}(T, \mu) = \sum_{M=1}^{\infty} Z(T, M) \tag{E.8}$$

と書ける．ここで，μ の値を適当にとって，この式の右辺で $M \approx N_{\mathrm{e}}$ の項以外の寄与が無視できて，そのような項に対しては

$$\langle n_\alpha \rangle \approx -k_{\mathrm{B}} T \frac{\partial}{\partial E_\alpha} \log Z(T, M) \tag{E.9}$$

が成り立つとすれば

$$\begin{aligned} -k_{\mathrm{B}} T \frac{\partial}{\partial E_\alpha} \log Z_{\mathrm{G}}(T, \mu) &= -\frac{k_{\mathrm{B}} T}{Z_{\mathrm{G}}(T, \mu)} \sum_{M=1}^{\infty} \frac{\partial}{\partial E_\alpha} Z(T, M) \\ &\approx \langle n_\alpha \rangle \end{aligned} \tag{E.10}$$

が成り立つ．

実際，式 (E.8) の右辺に実質的に寄与するのは $|M - N_{\mathrm{e}}| \lesssim \sqrt{N_{\mathrm{e}}} \ll N_{\mathrm{e}}$ であることを示すことができるが，この点に関しては，量子等系力学の教科書を参照していただきたい．

大分配関数 $Z_{\mathrm{G}}(T, \mu)$ は簡単に計算できて

$$\begin{aligned} Z_{\mathrm{G}}(T, \mu) &= \prod_\gamma \left\{ \sum_{n_\gamma = 0}^{1} \mathrm{e}^{-\beta(E_\gamma - \mu) n_\gamma} \right\} \\ &= \prod_\gamma \left\{ 1 + \mathrm{e}^{-\beta(E_\gamma - \mu)} \right\} \end{aligned} \tag{E.11}$$

となる．式 (E.10) とこの式から

$$\langle n_\alpha \rangle = -k_{\mathrm{B}} T \frac{\partial}{\partial E_\alpha} \log(1 + \mathrm{e}^{-\beta(E_\alpha - \mu)}) = \frac{1}{\mathrm{e}^{\beta(E_\alpha - \mu)} + 1} \tag{E.12}$$

を得る．

付録F.　直接ギャップと間接ギャップ

絶縁体のエネルギー・バンドのギャップには，直接ギャップと間接ギャップの 2 種類がある．電子で満たされている一番エネルギーの高いバンド（価電子帯，valence band）を $E_{\mathrm{v}}(\boldsymbol{k})$，その直上のバンド（伝導帯，conduction band）を $E_{\mathrm{c}}(\boldsymbol{k})$ と書くと，ブリユアン・ゾーンの中での $E_{\mathrm{c}}(\boldsymbol{k}) - E_{\mathrm{v}}(\boldsymbol{k})$ の最小値が直接ギャップ，$E_{\mathrm{c}}(\boldsymbol{k})$ の最小値と $E_{\mathrm{v}}(\boldsymbol{k})$ の最大値の差が間接ギャップである．図 F.1 のようなエネルギー・バンドであれば，E_{d}，E_{i} がそれぞれ，直接，間接ギャップである．当然，一般に $E_{\mathrm{d}} \geq E_{\mathrm{i}}$ である．周期律表の IV 族の元素の固体，ダイヤモンド，シリコン，ゲルマニウムのバンド構造は，だいたいこのような形をしている．

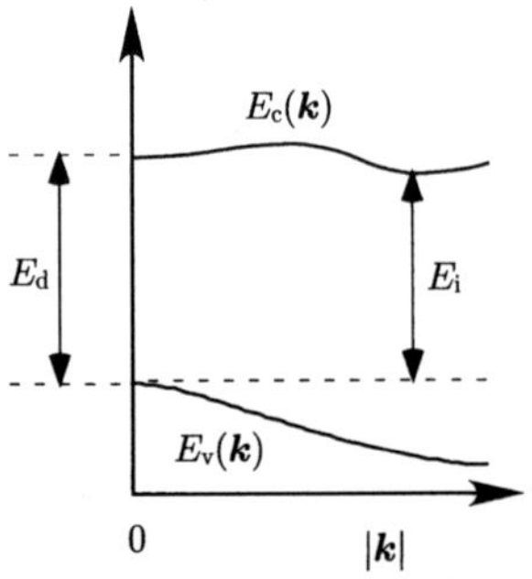

図 F.1　直接ギャップ E_{d} と間接ギャップ E_{i} が異なるエネルギー・バンド構造の模式図

直接ギャップは，光の吸収によって測定できる．間接ギャップは，電気伝導率の温度依存性から決めることができる．即ち，電子が伝導帯に励起される確率は $\exp(-E_{\mathrm{i}}/2k_{\mathrm{B}}T)$ に比例するので（第 4 章 4.3.2 項参照），電気伝導率もほぼこれに比例する．

付録 G.　物質中のマクスウェル方程式について

物質中，特に金属中では，振動電場による電子の分極は，電流とみなすこともできる．即ち，電流密度と分極の関係は

$$\boldsymbol{j}(\boldsymbol{r},t) = \frac{\partial \boldsymbol{P}(\boldsymbol{r},t)}{\partial t} \tag{G.1}$$

であるから，$\epsilon(\omega)\boldsymbol{E}(\boldsymbol{r},t) = \epsilon_0\boldsymbol{E}(\boldsymbol{r},t) + \boldsymbol{P}(\boldsymbol{r},t)$ から

$$\mathrm{rot}\boldsymbol{B}(\boldsymbol{r},t) = \epsilon(\omega)\mu_0\frac{\partial \boldsymbol{E}(\boldsymbol{r},t)}{\partial t} = \mu_0\boldsymbol{j}(\boldsymbol{r},t) + \epsilon_0\mu_0\frac{\partial \boldsymbol{E}(\boldsymbol{r},t)}{\partial t} \tag{G.2}$$

となる．どちらの表し方をするかは趣味の問題である．場合によっては

$$\mathrm{rot}\boldsymbol{B}(\boldsymbol{r},t) = \mu_0\boldsymbol{j}(\boldsymbol{r},t) + \epsilon(\omega)\mu_0\frac{\partial \boldsymbol{E}(\boldsymbol{r},t)}{\partial t} \tag{G.3}$$

のような式も見られるが，これは，金属の場合に，第 5 章の式 (5.42) の和の中で α も α' も伝導帯からの寄与による項を電流とみなして，それ以外を誘電率としているのであって，二重に数えているわけではない．

ただし，時間によらない電流がある場合には，これを分極で置き換えることはできない．

また，問題にしているのは横波であるので，式 (5.66) も固体中でも成り立つ．

索　　引

欧　文

ア　行

カ　行

サ　行

マ 行

ヤ 行

ラ 行

ワ 行

著者略歴

川畑有郷（かわばた ありさと）

1939年　北京市に生まれる
1969年　東京大学大学院理学系研究科物理学専攻
　　　　博士課程修了
1969−1972年　東京大学物性研究所助手
1972−1976年　京都大学基礎物理学研究所助教授
1976−1979年　学習院大学理学部助教授
現　在　学習院大学理学部教授
　　　　理学博士

[物理の考え方 3]
固体物理学　　　　定価はカバーに表示

2007年9月5日　初版第1刷
2014年10月25日　第3刷

著　者　川　畑　有　郷
発行者　朝　倉　邦　造
発行所　株式会社　朝　倉　書　店
東京都新宿区新小川町 6-29
郵便番号　162-8707
電　話　03(3260)0141
FAX　03(3260)0180
http://www.asakura.co.jp

〈検印省略〉

中央印刷・渡辺製本

ISBN 978-4-254-13743-9　C 3342　Printed in Japan